清华开发者书库

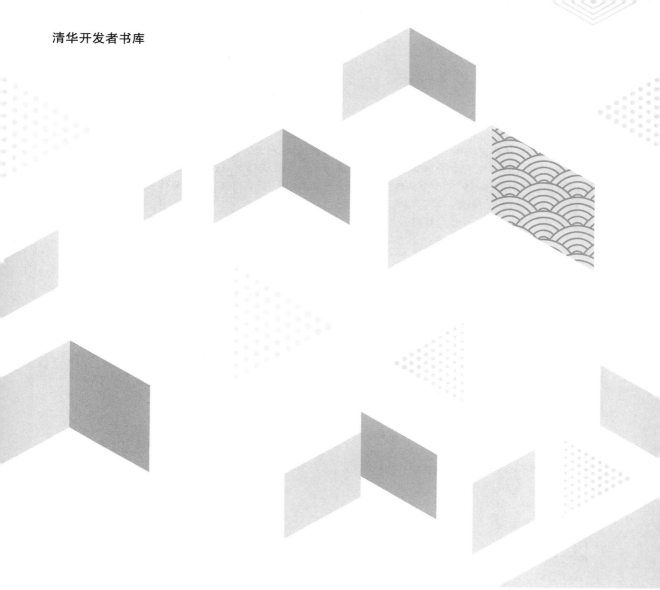

C#编程开发实战

C# Programming and Development Practices

微课视频版

郭佳佳　涂振　陈林　◎编著

清华大学出版社
北京

内 容 简 介

本书通过通俗易懂的语言和丰富的案例，详细介绍了 C# 在云平台开发的相关技术。全书共分为 16 章，内容包括云平台概述、C# 初识、C# 项目初步构建、常量与变量的使用、表达式与运算符、流程控制语句、数组与集合的使用、面向对象应用、Windows 窗体的认识、ADO.NET 应用、文件流技术、异常处理与线程、网络编程、GDI+ 图形应用、程序调试 Windows 项目打包及天信通云仓管理系统综合案例。所有知识点都结合实际案例进行介绍，涉及的程序代码给出了详细的注释，可以使读者轻松体会 C# 应用程序的开发精髓，迅速提高开发技能。

本书适合作为高等学校计算机类各专业 C# 语言课程的教材，也可以作为 C# 技术开发者的参考书。

本书封面贴有清华大学出版社防伪标签，无标签者不得销售。
版权所有，侵权必究。举报：010-62782989，beiqinquan@tup.tsinghua.edu.cn。

图书在版编目（CIP）数据

C# 编程开发实战：微课视频版/郭佳佳，涂振，陈林编著. —北京：清华大学出版社，2023.5
（清华开发者书库）
ISBN 978-7-302-61740-2

Ⅰ. ①C… Ⅱ. ①郭… ②涂… ③陈… Ⅲ. ①C 语言－程序设计 Ⅳ. ①TP312.8

中国版本图书馆 CIP 数据核字（2022）第 157359 号

责任编辑：曾 珊 李 晔
封面设计：吴 刚
责任校对：韩天竹
责任印制：朱雨萌

出版发行：清华大学出版社
    网　　址：http://www.tup.com.cn, http://www.wqbook.com
    地　　址：北京清华大学学研大厦 A 座　　邮　编：100084
    社 总 机：010-83470000　　邮　购：010-62786544
    投稿与读者服务：010-62776969, c-service@tup.tsinghua.edu.cn
    质量反馈：010-62772015, zhiliang@tup.tsinghua.edu.cn
    课件下载：http://www.tup.com.cn, 010-83470236
印 装 者：三河市君旺印务有限公司
经　　销：全国新华书店
开　　本：185mm×260mm　　印　张：22　　字　数：539 千字
版　　次：2023 年 6 月第 1 版　　印　次：2023 年 6 月第 1 次印刷
印　　数：1～1500
定　　价：89.00 元

产品编号：091800-01

前 言
PREFACE

随着市场对云计算日益增长的需求,很多公司都建立了云计算开发平台,从多种角度、以多种形式进行云技术的开发。这是开发者打造云战略的一个平台。该平台提供了云的部署及管理应用所需的基于云的开发和应用缩放或者基础设施的管理,也可用于进行开源软件和硬件相结合的应用程序开发。

C#语言作为微软.NET平台的重要组成部分,以其简单、快捷的编程方式,成为Windows窗口程序和Web应用程序的主流开发工具。

本书采用基础语法与实例相结合的方法,在介绍C#基础语法以及各种编程对象的同时,将这些语言和对象融合到具体实际案例中。通过实现这些实例,读者可以更深入地理解C#的基础语法。

本书主要由两部分组成:第一部分是C#基础语法,由前9章组成,其中第1~5章内容由涂振编写,第6~9章由陈林编写;第二部分是高级编程,由第10~16章组成,由郭佳佳编写。具体内容如下:

第1章简述云平台的定义、特征、服务类型、服务的安全性,通过开源的项目与商业化云平台加深对云平台的理解。

第2章讲解C#语言的特点、C#与.NET框架的关系、Visual Studio 2019的安装卸载。

第3章介绍Visual Studio 2019开发环境,讲解C#程序的结构、代码书写规则和命名规范。并通过创建一个"Hello World!"小程序来了解C#的程序结构。

第4章介绍C#基础语法——变量和常量,通过实现计算圆的面积和周长的案例来理解C#的基础语法。

第5章介绍表达式与运算符,通过实现控制台简易计算器案例来理解C#中的运算符与表达式的知识点。

第6章介绍选择语句、循环语句和跳转语句的概念及用法,通过实现九九乘法表的案例来深入理解C#中各种语句的用法。

第7章介绍数组与集合。首先介绍一维数组和二维数组,然后介绍数组的各种操作,如遍历、删除、排序、合并和拆分等。

第8章介绍结构的概念和使用、类的概念和使用、属性和方法的使用。通过两个案例来理解C#中的概念。

第9章介绍Windows应用程序的常用控件:文本类控件、选择类控件、分组控件、ListView控件、TreeView控件和DateTimePicker控件等。

第10章介绍数据库的基础知识,在ADO.NET中提供了连接数据库对象(Connection

对象)、执行 SQL 语句对象(Command 对象)、读取数据对象(DataReader 对象)、数据适配器对象(DataAdapter 对象)以及数据集对象(DataSet 对象)。

第 11 章介绍文件的处理技术以及如何以数据流的形式写入和读取文件。通过实例实现来理解 C♯ 中 System.IO 命名空间下的各种类的使用。

第 12 章介绍异常处理的概念及异常处理语句,通过实例来了解 C♯ 中异常处理的必要性和异常处理的使用方法。除此之外,还介绍线程类 Thread 的基本操作。

第 13 章介绍利用 C♯ 进行网络编程的基础知识,着重介绍 System.NET、System.NET.Sockets 和 System.NET.Mail 命名空间中的类的用法。

第 14 章介绍 GDI+基本绘图知识,其中包括 Graphics 对象、Pen 对象和 Brush 对象。Graphics 类是一切 GDI+操作的基础类,通过 GDI+可以绘制直线、矩形、椭圆形、弧形、扇形和多边形等几何图形。

第 15 章介绍程序调试的必要性和程序调试过程、Windows Installer 的创建生成,详细介绍 C♯ 程序打包的过程。

第 16 章介绍天信通云仓管理系统综合案例的完成过程。

本书由涂振统稿,郭佳佳负责校对,在此向他们表示感谢。作者在编写过程中参考了国内外的一些优秀教材,在此对这些教材的作者表示感谢。

由于作者水平所限,本书难免存在一些疏漏,希望读者指正。

编 者

2023 年 1 月

学习建议

本书适用于大专及以上院校的计算机、电子、信息、物联网、通信工程类专业的学生。课程采用理论知识与实践相结合,参考学时为 108 学时(含 2 学时"综合复习")。

本书主要介绍软件工程的相关基础知识和 C♯ 编程基础语法知识。通过本书的学习,可了解软件工程相关的基础知识。掌握 C♯ 语言的语法知识,能够利用 C♯ 语言编写一些简单的 C♯ 程序。通过项目实践培养学生开发和设计 C♯ 程序的基本操作技能和工作岗位适应能力,提高学生的行业竞争能力。

本课程的主要知识点、要求及课时分配见下表。

各章序号	知识单元(章节)	知识点	要求	推荐学时
1	云平台概述	云平台的特征	掌握	2
		云平台的服务类型	掌握	
		云平台的安全性	了解	
		开源项目与商业化平台	掌握	
2	C♯初识	C♯简述	掌握	2
		Visual Studio 2019 安装	掌握	
3	C♯项目初步构建	创建项目	掌握	4
		菜单栏、工具栏、工具箱、属性窗口的使用	掌握	
		认识 C♯ 项目	掌握	
4	变量与常量的使用	值类型的定义和使用	掌握	6
		引用类型的定义和使用	掌握	
		类型转换	掌握	
		string 类的使用	掌握	
		变量的赋值和引用	掌握	
		常量的定义和赋值	掌握	
5	表达式与运算符	算数运算符的使用	掌握	8
		赋值运算符的使用	掌握	
		关系运算符、逻辑运算符和位运算符的使用	掌握	
		条件运算符和其他运算符的使用	掌握	
		表达式的使用	掌握	
		运算符的优先级	掌握	
6	流程控制语句	if…else 语句的使用	掌握	8
		switch 语句的使用	掌握	
		C♯ 中循环语句的使用	掌握	
		break 和 continue 语句的使用	掌握	
		嵌套循环的使用	掌握	

续表

各章序号	知识单元（章节）	知识点	要求	推荐学时
7	数组与集合的使用	一维数组的定义及初始化	理解	8
		二维数组的定义及初始化	掌握	
		ArryayList 类和 List 类的使用	掌握	
		Hashtable 类的使用	掌握	
		数组与列表的区别	掌握	
8	面向对象应用	结构体的使用	掌握	8
		类、抽象类与抽象方法的使用	掌握	
		接口、索引器、委托的使用	掌握	
		事件的定义、订阅和引发	掌握	
		类面向对象的特性	掌握	
		属性与方法的使用	掌握	
9	Windows 窗体的认识	Windows 应用程序的创建	掌握	12
		Windows 窗体的属性及事件	掌握	
		Windows 中常见控件的使用	掌握	
		消息框 MessageBox 的使用	掌握	
		单文档和多文档应用程序的使用	掌握	
		菜单和工具控件的使用	掌握	
		对话框的使用	掌握	
		ListView 控件和 TreeView 控件的使用	掌握	
		日期控件、ImageList 控件和 MonthCalendar 控件的使用	掌握	
		ErrorProvider 控件的使用	了解	
		Timer 控件和 ProgressBar 控件的使用	掌握	
10	ADO. NET 应用	ADO. NET 简介	理解	8
		Connection 对象和 Command 对象的使用	掌握	
		DataReader 对象和 DataAdapter 对象	掌握	
		DataSet 对象的使用	掌握	
		DataGridView 控件	掌握	
11	文件流技术	System. IO 命名空间	理解	6
		File 类和 Directory 类的使用	掌握	
		FileInfo 类和 DirectoryInfo 类的使用	掌握	
		数据流的使用	掌握	
12	异常处理与线程	异常处理概述	理解	6
		try…catch 语句的使用	掌握	
		throw 语句的使用	掌握	
		try…catch…finally 语句的使用	掌握	
		线程简介	理解	
		线程的基本操作	掌握	
13	网络编程	网络编程基础	掌握	6
		Socket 类的使用	掌握	

续表

各章序号	知识单元（章节）	知识点	要求	推荐学时
14	GDI+图形应用	GDI+概述	掌握	6
		GDI+绘图基础	掌握	
		基本图形绘制	掌握	
		柱形图、折线图、饼图的绘制	掌握	
15	程序调试与Windows项目打包	程序调试	掌握	4
		创建Windows安装程序	掌握	
16	综合案例：天信通云仓管理系统	项目的创建、完成	掌握	12

注：建议最后增加"综合复习"的环节，归纳总结已学内容，推荐学时为2学时。

目 录
CONTENTS

第1章 云平台概述 ··· 1
   1.1 特征 ▶ ··· 1
   1.2 云平台的服务类型 ··· 1
   1.3 云平台服务的安全性 ·· 2
   1.4 开源项目与商业化云平台 ·· 2
      1.4.1 开源项目 ·· 2
      1.4.2 商业化云平台 ·· 3
   本章小结 ·· 4

第2章 C♯初识 ·· 5
   2.1 C♯简述 ▶ ··· 5
      2.1.1 C♯特点 ··· 6
      2.1.2 C♯与.NET 框架 ·· 6
   2.2 Visual Studio 2019 的安装 ··· 7
      2.2.1 Visual Studio 2019 版本介绍 ··· 7
      2.2.2 Visual Studio 2019 安装过程 ··· 8
   本章小结 ·· 10

第3章 C♯项目初步构建 ··· 11
   3.1 Microsoft Visual Studio 环境介绍 ·· 11
      3.1.1 创建项目 ▶ ·· 11
      3.1.2 菜单栏 ·· 14
      3.1.3 工具栏 ·· 16
      3.1.4 工具箱 ·· 16
      3.1.5 属性 ··· 16
   3.2 认识 C♯项目 ··· 17
      3.2.1 案例描述 ··· 17
      3.2.2 知识引入 ··· 17
      3.2.3 案例实现 ··· 20
   本章小结 ·· 22

第4章 变量与常量的使用 23

4.1 数据类型应用 ▶ 23
- 4.1.1 案例描述 23
- 4.1.2 知识引入 23
- 4.1.3 案例实现 32

4.2 变量与常量在程序中的用法 ▶ 33
- 4.2.1 案例描述 33
- 4.2.2 知识引入 34
- 4.2.3 案例实现 35

本章小结 36

第5章 表达式与运算符 37

5.1 利用运算进行字符串加密 ▶ 37
- 5.1.1 案例描述 37
- 5.1.2 知识引入 37
- 5.1.3 案例实现 43

5.2 控制台版简单计算器 45
- 5.2.1 案例描述 45
- 5.2.2 知识引入 45
- 5.2.3 案例实现 47

本章小结 49

第6章 流程控制语句 50

6.1 选择语句的应用 ▶ 50
- 6.1.1 案例描述 50
- 6.1.2 知识引入 50
- 6.1.3 案例实现 53

6.2 循环语句输出九九乘法表 ▶ 56
- 6.2.1 案例描述 56
- 6.2.2 知识引入 56
- 6.2.3 案例实现 59

本章小结 60

第7章 数组与集合的使用 61

7.1 数组的冒泡排序 ▶ 61
- 7.1.1 案例描述 61
- 7.1.2 知识引入 61
- 7.1.3 案例实现 63

7.2 集合与数组的对比 ▶ ·· 66
7.2.1 案例描述 ·· 66
7.2.2 知识引入 ·· 66
7.2.3 案例实现 ·· 71
本章小结 ·· 72

第 8 章 面向对象应用 ·· 73

8.1 结构的使用 ▶ ·· 73
8.1.1 案例描述 ·· 73
8.1.2 知识引入 ·· 73
8.1.3 案例实现 ·· 75
8.2 如何使用类 ▶ ·· 76
8.2.1 案例描述 ·· 76
8.2.2 知识引入 ·· 76
8.2.3 案例实现 ·· 93
8.3 属性与方法的使用 ▶ ·· 95
8.3.1 案例描述 ·· 95
8.3.2 知识引入 ·· 97
8.3.3 案例实现 ·· 106
本章小结 ·· 114

第 9 章 Windows 窗体的认识 ··· 115

9.1 Windows 基础控件应用 ▶ ·· 115
9.1.1 案例描述 ·· 115
9.1.2 知识引入 ▶ ··· 115
9.1.3 案例实现 ·· 147
9.2 Windows 高级控件应用 ▶ ·· 161
9.2.1 案例描述 ·· 161
9.2.2 知识引入 ·· 162
9.2.3 案例实现 ·· 183
本章小结 ·· 187

第 10 章 ADO.NET 应用 ·· 188

10.1 ADO.NET 如何获取数据 ▶ ··· 188
10.1.1 案例描述 ·· 188
10.1.2 知识引入 ·· 188
10.1.3 案例实现 ·· 201
10.2 DataGridView 的使用 ▶ ·· 203
10.2.1 案例描述 ·· 203

　　　　10.2.2　知识引入 ··· 204
　　　　10.2.3　案例实现 ··· 212
　本章小结 ·· 222

第 11 章　文件流技术 ··· 223

　11.1　文件的基本操作 ▶ ··· 223
　　　　11.1.1　案例描述 ··· 223
　　　　11.1.2　知识引入 ··· 223
　　　　11.1.3　案例实现 ··· 231
　11.2　文件夹的基本操作 ▶ ··· 236
　　　　11.2.1　案例描述 ··· 236
　　　　11.2.2　知识引入 ··· 237
　　　　11.2.3　案例实现 ··· 240
　本章小结 ·· 240

第 12 章　异常处理与线程 ··· 241

　12.1　异常处理语句应用 ▶ ··· 241
　　　　12.1.1　案例描述 ··· 241
　　　　12.1.2　知识引入 ··· 241
　　　　12.1.3　案例实现 ··· 243
　12.2　线程的使用 ▶ ·· 246
　　　　12.2.1　案例描述 ··· 246
　　　　12.2.2　知识引入 ··· 246
　　　　12.2.3　案例实现 ··· 248
　本章小结 ·· 249

第 13 章　网络编程 ·· 250

　13.1　Socket 编程基础 ▶ ·· 250
　　　　13.1.1　案例描述 ··· 250
　　　　13.1.2　知识引入 ··· 250
　　　　13.1.3　案例实现 ··· 259
　13.2　局域网聊天应用 ▶ ··· 261
　　　　13.2.1　案例描述 ··· 261
　　　　13.2.2　知识引入 ··· 261
　　　　13.2.3　案例实现 ··· 264
　本章小结 ·· 269

第 14 章　GDI＋图形应用 ··· 270

　14.1　GDI＋基础认识 ▶ ··· 270

14.1.1	案例描述	270
14.1.2	知识引入	271
14.1.3	案例实现	276

14.2 GDI+绘图 ··· 276
    14.2.1 案例描述 ··· 276
    14.2.2 知识引入 ··· 277
    14.2.3 案例实现 ··· 278

本章小结 ··· 278

第15章 程序调试与Windows项目打包 ······························ 279

15.1 程序调试 ··· 279
    15.1.1 案例描述 ··· 279
    15.1.2 知识引入 ··· 279
    15.1.3 案例实现 ··· 283

15.2 制作Windows安装程序 ·· 285
    15.2.1 案例描述 ··· 285
    15.2.2 知识引入 ··· 285
    15.2.3 案例实现 ··· 291

本章小结 ··· 295

第16章 综合案例：天信通云仓管理系统 ······························ 296

16.1 系统描述 ··· 296
16.2 数据库设计 ·· 297
16.3 登录 ·· 299
    16.3.1 界面设计 ··· 299
    16.3.2 后台代码实现 ·· 299

16.4 首页 ·· 300
    16.4.1 界面设计 ··· 300
    16.4.2 后台代码实现 ·· 303

16.5 数据维护 ··· 304
    16.5.1 物资类型 ··· 305
    16.5.2 物资编码 ··· 311
    16.5.3 计量单位 ··· 317

16.6 主要业务 ··· 320
    16.6.1 入库信息 ··· 321
    16.6.2 出库信息 ··· 325
    16.6.3 状态信息 ··· 330

参考文献 ·· 336

微课视频清单

序号	视频名称	时长/min	对应位置
1	云平台概述	14	1.1 节节首
2	初识	22	2.1 节节首
3	项目初步构建	23	3.1.1 节
4	数据类型	25	4.1 节节首
5	变量常量	9	4.2 节节首
6	表达式运算符	21	5.1 节节首
7	选择语句	8	6.1 节节首
8	循环语句	11	6.2 节节首
9	数组的使用	7	7.1 节节首
10	集合的使用	13	7.2 节节首
11	结构体的使用	5	8.1 节节首
12	如何使用类	31	8.2 节节首
13	属性和方法的使用	11	8.3 节节首
14	Windows 基础控件 1	29	9.1 节节首
15	Windows 基础控件 2	16	9.1.2 节
16	Windows 高级控件	13	9.2 节节首
17	ADO.NET	31	10.1 节节首
18	DataGridView 的使用	10	10.2 节节首
19	文件操作	14	11.1 节节首
20	文件夹操作	5	11.2 节节首
21	异常处理	9	12.1 节节首
22	线程的使用	7	12.2 节节首
23	Socket 编程基础	19	13.1 节节首
24	基于 TCP 协议的编程	4	13.2 节节首
25	GDI+基础认识	8	14.1 节节首
26	GDI+图形绘制	12	14.2 节节首
27	程序调试	12	15.1 节节首
28	Windows 程序的打包	8	15.2 节节首

第 1 章 云平台概述

云平台是指基于硬件资源和软件资源的服务,提供计算、网络和存储能力。云计算平台可以划分为 3 类:以数据存储为主的存储型云平台,以数据处理为主的计算型云平台以及计算和数据存储处理兼顾的综合云计算平台。

1.1 特征

云平台一般具备如下特征。

硬件管理对使用者/购买者高度抽象:用户根本不知道数据是在位于哪里的哪几台机器处理的,也不知道是怎样处理的,当用户需要某种应用时,用户向"云"发出指示,在很短的时间内,结果就呈现在他的屏幕上。云计算分布式的资源向用户隐藏了实现细节,并最终以整体的形式呈现给用户。

使用者/购买者对基础设施的投入被转换为 OPEX(Operating Expense,即运营成本)。企业和机构不再需要规划属于自己的数据中心,也不需要将精力耗费在与自己主营业务无关的 IT 管理上。他们只需要向"云"发出指示,就可以得到不同程度、不同类型的信息服务。节省下来的时间、精力、金钱,就都可以投入到企业的运营中去了。对于个人用户而言,也不再需要投入大量费用购买软件,云中的服务已经提供了他所需要的功能,任何问题都可以解决。基础设施的能力具备高度的弹性(增和减),可以根据需要进行动态扩展和配置。

视频 1
云平台概述

1.2 云平台的服务类型

1. 软件即服务

软件即服务的应用完全运行在云中。软件即服务面向用户,提供稳定的在线应用软件。用户购买的是软件的使用权,而不是购买软件的所有权。用户只需使用网络接口便可访问应用软件。对于一般的用户来说,他们通常使用如同浏览器一样的简单客户端。最流行的软件即服务的应用可能是 Salesforce.com,当然同时还有许多像它一样的其他应用。供应商的服务器被虚拟分区以满足不同客户的应用需求。对客户来说,软件即服务的方式无须在服务器和软件上进行前期投入。对应用开发商来说,只需为大量客户维护唯一版本的应用程序。

2. 平台即服务

平台即服务的含义是:一个云平台为应用的开发提供云端的服务,而不是建造自己的客户端基础设施。例如，一个新的平台即应用服务的应用开发者在云平台上进行研发，云平台直接的使用者是开发人员而不是普通用户，它为开发者提供了稳定的开发环境。

3. 附加服务

每一个安装在本地的应用程序本身就可以给用户提供有用的功能，而一个应用有时候可以通过访问云中的特殊的应用服务来加强功能。因为这些服务只对特定的应用起作用，所以它们可以被看成一种附加服务。例如 Apple 的 iTunes，客户端的桌面应用对播放音乐及其他一些基本功能非常有用，而一个附加服务则可以让用户在这一基础上购买音频和视频。微软的托管服务提供了一个企业级的例子，它通过增加一些其他以云为基础的功能（如垃圾信息过滤功能、档案功能等）来给本地所安装的交换服务提供附加服务。

1.3 云平台服务的安全性

云计算在带给用户便捷的同时，它的安全问题也成为业界关注的焦点。

（1）特权用户的接入。在公司以外的场所处理敏感信息可能会带来风险，因为这将绕过企业 IT 部门对这些信息进行的"物理、逻辑和人工的控制"。企业需要对处理这些信息的管理员进行充分了解，并要求服务提供商提供详尽的管理员信息。

（2）可审查性。用户对自己数据的完整性和安全性负有最终的责任。传统服务提供商需要通过外部审计和安全认证，但一些云计算提供商却拒绝接受这样的审查。

（3）数据位置。在使用云计算服务时，用户并不清楚自己的数据存储在哪里，用户甚至都不知道数据位于哪个国家。用户应当询问服务提供商数据是否存储在专门管辖的位置，以及他们是否遵循当地的隐私协议。

（4）数据隔离。在云计算的体系下，所有用户的数据都位于共享环境之中。加密能够起一定作用，但还是不够。用户应当了解云计算提供商是否将一些数据与另一些隔离开，以及加密服务是否是由专家设计并测试。如果加密系统出现问题，那么所有数据都将不能再使用。

（5）数据恢复。就算用户不知道数据存储的位置，云计算提供商也应当告诉用户在发生灾难时，用户数据和服务将会面临什么样的情况。任何没有经过备份的数据和应用程序在出现问题时，用户需要询问服务提供商是否有能力恢复数据，以及需要多长时间。

（6）调查支持。在云计算环境下，调查不恰当的或是非法的活动是难以实现的，因为来自多个用户的数据可能会存放在一起，并且有可能会在多台主机或数据中心之间转移。如果服务提供商没有这方面的措施，那么在有违法行为发生时，用户将难以调查。

（7）长期生存性。理想情况下，云计算提供商将不会破产或是被大公司收购。但是用户仍需要确认，在这类问题发生的情况下，自己的数据会不会受到影响，如何拿回自己的数据，以及拿回的数据是否能够被导入到替代的应用程序中。

1.4 开源项目与商业化云平台

1.4.1 开源项目

1. AbiCloud

AbiCloud 是一款用于公司业务的开源的云计算平台，使公司能够以快速、简单和可扩展的方式创建和管理大型、复杂的 IT 基础设施（包括虚拟服务器、网络、应用、存储设备等）。Abiquo 公司位于美国加利福尼亚州红木市，它提供的云计算服务包括为企业创造和管理私人云服务、公共云服务和混合云服务，能让企业用户把他们的计算机和移动设备中的占据大量资源的数据转移到更大、更安全的服务器上。

2．Hadoop

该计划是完全模仿 Google 体系架构做的一个开源项目，主要包括 Map Reduce 和 HDFS 文件系统。

3．Eucalyptus 项目

该项目创建了一个使企业能够使用其内部 IT 资源（包括服务器、存储系统、网络设备）的开源界面，以建立能够和 Amazon EC2 兼容的云。

4．MongoDB（10gen）

MongoDB 是一个高性能、开源、无模式的文档型数据库，它在许多场景下可用于替代传统的关系型数据库或键/值存储方式。MongoDB 由 C++写就，其名字来自 humongous 这个单词的中间部分，从名字可见其野心所在就是海量数据的处理。关于它的一个最简洁的描述为：scalable、high-performance、open source、schema-free、document-oriented database（可扩展、高性能、开源、无模式的文档型数据库）。

5．Enomalism 弹性计算平台

它提供了一个功能类似于 EC2 的云计算框架。Enomalism 基于 Linux，同时支持 Xen 和 Kernel Virtual Machine（KVM）。与其他纯 IaaS 解决方案不同的是，Enomalism 提供了一个基于 Turbo Gears Web 应用程序框架和 Python 的软件栈。

6．Nimbus（网格中间件 Globus）

Nimbus 面向科学计算需求，通过一组开源工具来实现基础设施即服务（IaaS）的云计算解决方案。

1.4.2 商业化云平台

1．微软

技术特性：整合其所有软件及数据服务。

核心技术：大型应用软件开发技术。

企业服务：Azure 平台。

开发语言：.NET。

2．Google

技术特性：存储及运算水平扩充能力。

核心技术：平行分散技术 MapReduce、BigTable、GFS。

企业服务：Google AppEngine，应用代管服务。

开发语言：Python、Java。

3．IBM

技术特性：整合其所有软件及硬件服务。

核心技术：网格技术、分布式存储、动态负载。

企业服务：虚拟资源池提供企业云计算整合方案。

4. Oracle

技术特性:软硬件弹性虚拟平台。

核心技术:Oracle 的数据存储技术、Sun 开源技术。

企业服务:EC2 上的 Oracle 数据库、OracleVM、Sun xVM。

5. Amazon

技术特性:弹性虚拟平台。

核心技术:虚拟化技术 Xen。

企业服务:EC2、S3、SimpleDB、SQS。

6. Salesforce

技术特性:弹性可定制商务软件。

核心技术:应用平台整合技术。

企业服务:Force.com 服务。

开发语言:Java、APEX。

7. 旺田云服务

技术特性:按需求可定制平台化软件。

核心技术:应用平台整合技术。

企业服务:netfarmer 服务提供不同行业信息化平台。

开发语言:Deluge(Data Enriched Language for the Universal Grid Environment)。

8. EMC

技术特性:信息存储系统及虚拟化技术。

核心技术:VMware 的虚拟化技术、存储技术。

企业服务:Atoms 云存储系统、私有云解决方案。

9. 阿里巴巴

技术特性:弹性可定制商务软件。

核心技术:应用平台整合技术。

企业服务:软件互联平台、云电子商务平台。

10. 中国移动

技术特性:坚实的网络技术、丰富的带宽资源。

核心技术:底层集群部署技术、资源池虚拟技术、网络相关技术。

企业服务:BigCloud 大云平台。

本章小结

本章简述了云平台的定义,读者通过了解云平台的特征、服务类型、服务的安全性和开源的项目与商业化云平台来更加深入地理解云平台。

第 2 章 C♯初识

2.1 C♯简述

视频2
初识

C♯是一种面向对象的编程语言,主要用于开发可以运行在.NET 平台上的应用程序。C♯的语言体系都构建在.NET 框架上,近几年 C♯的应用呈现上升趋势,这也说明了 C♯语言的简单、现代、面向对象和类型安全等特点正在受到更多人的欢迎,如图 2-1 所示。本节将详细介绍 C♯语言的特点以及 C♯与.NET 的关系。

Rank	Change	Language	Share	Trend
1		Python	28.73 %	+4.5 %
2		Java	20.0 %	-2.1 %
3		JavaScript	8.35 %	-0.1 %
4		C#	7.43 %	-0.5 %
5		PHP	6.83 %	-1.0 %
6		C/C++	5.87 %	-0.3 %
7		R	3.92 %	-0.2 %
8		Objective-C	2.7 %	-0.6 %
9		Swift	2.41 %	-0.3 %
10		MATLAB	1.87 %	-0.3 %
11	↑	TypeScript	1.76 %	+0.2 %
12	↓	Ruby	1.44 %	-0.2 %
13	↑↑↑	Kotlin	1.43 %	+0.4 %
14	↓	VBA	1.41 %	-0.0 %
15	↑↑	Go	1.21 %	+0.3 %
16	↓↓	Scala	1.15 %	-0.1 %
17	↓↓	Visual Basic	1.1 %	-0.1 %
18	↑↑	Rust	0.63 %	+0.3 %
19	↓	Perl	0.58 %	-0.1 %
20	↓	Lua	0.37 %	-0.0 %
21		Haskell	0.3 %	+0.0 %
22		Delphi	0.27 %	+0.0 %
23		Julia	0.26 %	+0.1 %

图 2-1 编程语言排行榜

2.1.1 C#特点

C#是微软公司设计的一种编程语言,是从C和C++派生来的一种简单、现代、面向对象和类型安全的编程语言,并且能够与.NET框架完美结合。C#具有以下突出的特点:

(1) 语法简洁。不允许直接操作内存,去掉了指针操作。

(2) 彻底的面向对象设计。C#具有面向对象语言所应有的一切特性:封装、继承和多态。

(3) 与Web紧密结合。C#支持绝大多数的Web标准,如HTML、XML、SOAP等。

(4) 强大的安全性机制。可以消除软件开发中常见的错误(如语法错误),.NET提供的垃圾回收器能够帮助开发者有效地管理内存资源。

(5) 兼容性。因为C#遵循.NET的公共语言规范(CLS),从而能够保证与其他语言开发的组件兼容。

(6) 灵活的版本处理技术。C#语言本身内置的版本控制功能使开发人员更便于开发和维护。

(7) 完善的错误、异常处理机制。C#提供了完善的错误和异常处理机制,使程序在交付使用时能够更加健壮。

2.1.2 C#与.NET框架

.NET Framework框架是微软公司推出的一个全新的编程平台,C#目前的4.8版本是专门为与微软公司的.NET Framework一起使用而设计的(.NET Framework是一个功能非常丰富的平台,可开发、部署和执行分布式应用程序)。C#就其本身而言只是一种语言,尽管它是用户生成面向.NET环境的代码,但它本身不是.NET的一部分。.NET支持的一些特性,C#并不支持。而C#语言支持的另一些特性,.NET却不支持(如运算符重载)。在安装Visual Studio 2019的同时,.NET Framework 4.8也自动安装到计算机中。

简单地说,.NET Framework框架是一个创建、部署和运行应用程序的多语言平台环境,包含了一个非常庞大的代码库。.NET Framework框架的体系结构如图2-2所示。

.NET Framework框架包括两个主要组件:公共语言运行库(CLR)和.NET Framework类库(FCL)。其中公共语言运行库是.NET框架的基础,它提供内存管理、线程管理和远程处理等核心

图2-2 .NET Framework框架组成图

服务。公共语言运行库提取.NET应用程序,将其编译成本机的处理器代码,同时进行安全性检查。

.NET Framework框架的另一个主要组件是类库集,它是一个综合性的面向对象的可重用类型集合,包括类、接口和值类型组成的库,是建立.NET Framework框架应用程序、组件和控件的基础。

如图2-3所示,C#和.NET技术的其他语言编写的代码通过各自的编译器编译成MSIL,再通过JIT编译器编译成相应的操作系统专用代码。这种编译方式实现了代码托

管,提高了程序的运行效率。

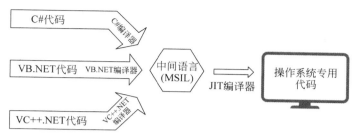

图 2-3 .NET Framework 编译原理图

2.2 Visual Studio 2019 的安装

2.2.1 Visual Studio 2019 版本介绍

Visual Studio 2019 在原来版本的基础上做了改进,具体如下:
(1) 改进了 C++ 文件的 IntelliSense 性能。
(2) 使用多个常用的仿真程序进行本地开发。
(3) 简化了解决方案资源管理器中的测试访问。
(4) 一流的 Git 体验,可直接在 Visual Studio 中创建和克隆存储库,管理分支并处理合并冲突。
(5) Kubernetes 支持现在包含在 Microsoft Azure 工作负载中。
(6) 与云连接,充分利用 Visual Studio 2019,随时了解最新信息。

Visual Studio 2019 仍然和其他版本一样分为 3 个版本,每个版本的特点如下:
(1) 个人版:Visual Studio Community。
使用免费、功能完备的可扩展工具,面向构建非企业应用程序的开发人员。
Visual Studio 2019 免费版为官方正式授权版;
软件大小:4.89GB;
语言:简体中文;
Visual Studio 2019 是微软开发的一款功能强大的 IDE 编辑器,可完美开发 Windows、iOS 和 Android 程序,并且已内置安卓模拟器,开发人员不必为跨平台的程序运行烦恼。
(2) 专业版:Visual Studio Professional。
专业开发人员工具和服务,面向单个开发人员或小团队。
Visual Studio 2019 旗舰版为官方正式授权版;
软件大小:7.79GB;
语言:简体中文;
Visual Studio 2019 旗舰版功能强大,可直接编辑 Windows、Android、iOS 应用程序,新版本内含集成的设计器、编辑器、调试器和探查器,采用 C、C++、JavaScript、Python、TypeScript、Visual Basic、F 等进行编码。

(3) 企业版：Visual Studio Enterprise。

具备高级功能的企业级解决方案（包括高级测试和DevOps），面向应对各种规模或复杂程度项目的团队。

软件大小：18GB；

Visual Studio 使你能够准确、高效地编写代码，并且不会丢失当前的文件上下文。可以轻松地放大到详细信息，例如调用结构、相关函数、签入和测试状态。还可以利用功能来重构、识别和修复代码问题。通过利用微软公司、合作伙伴和社区提供的工具、控件和模板，扩展 Visual Studio 功能，根据喜好进行进一步的操作和自定义。

在任意提供商（包括 GitHub）托管的 Git 存储库中管理源代码。也可以使用 Azure DevOps 管理整个项目的代码、Bug（错误）和工作项。使用 Visual Studio 调试程序，通过代码的历史数据可跨语言快速查找并修复 Bug。利用分析工具发现并诊断性能问题，无须离开调试工作流。

2.2.2　Visual Studio 2019 安装过程

在浏览器中输入网址 https://visualstudio.microsoft.com/zh-hans/vs/，单击"下载 Visual Studio"按钮。Visual Studio 2019 安装文件下载界面如图 2-4 所示。

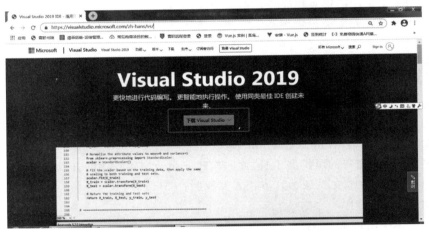

图 2-4　Visual Studio 2019 安装文件下载界面

双击下载的 Visual Studio 2019 安装程序打开界面如图 2-5 所示。

图 2-5　安装图 1

单击"继续"按钮进入如图 2-6 所示界面。

图 2-6 安装图 2

验证、安装完成之后进入如图 2-7 所示界面。

图 2-7 安装图 3

下载安装验证完成之后自动进入安装组件选择界面，如图 2-8 所示。

图 2-8 选择安装组件

工作负载这里可以选择需要的功能,在此选择.NET 桌面开发、ASP.NET 和 Web 开发即可。然后单击"安装"按钮,进入如图 2-9 所示界面。

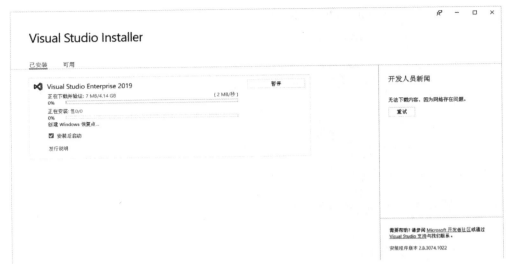

图 2-9 下载安装组件

安装完成之后即进入重启提示界面,如图 2-10 所示。

图 2-10 完成安装

单击"重启"按钮,重新启动计算机完成安装过程。

本章小结

本章首先讲解了 C#语言的特点、C#与.NET 框架的关系,通过这两个部分的内容对 C#语言有了进一步的了解。随后以图文并茂的方式讲解了 Visual Studio 2019 集成开发环境的安装。

第 3 章 C♯项目初步构建

3.1 Microsoft Visual Studio 环境介绍

Microsoft Visual Studio 是一套完整的开发工具集,用户可以利用它生成 ASP.NET Web 应用程序、XML WebServices、桌面应用程序和移动应用程序。它提供了在设计、开发、调试和部署 Web 应用程序、XML WebServices 和传统的客户端应用程序所需的工具。

3.1.1 创建项目

创建项目的过程非常简单,首先要启动 Microsoft Visual Studio 开发环境。选择"开始"→"所有程序"→Visual Studio 2019 命令,即可进入 Microsoft Visual Studio 开发环境。界面如图 3-1 所示。

视频 3 项目初步构建

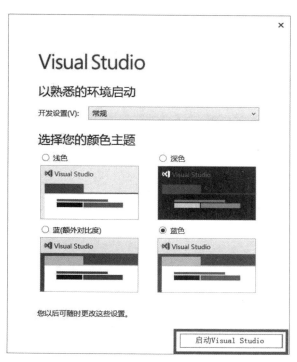

图 3-1 启动界面

第一次启动时显示如图 3-2 所示对话框,在其中选择 Visual C# 开发设置。

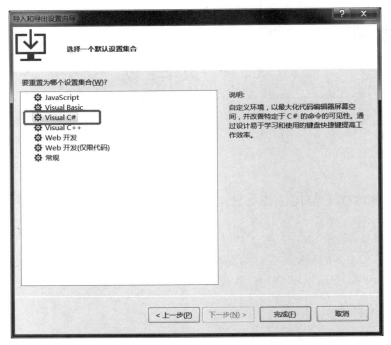

图 3-2　开发环境设置

提示:如果选错了,按以下方法更改:单击"工具"→"导入和导出设置"→"重置所有设置"命令。

Microsoft Visual Studio 的起始页界面如图 3-3 所示。

图 3-3　起始页

启动 Microsoft Visual Studio 开发环境之后，可以通过两种方法创建项目：一种是选择"文件"→"新建"→"项目"命令，如图 3-4 所示；另一种是在"起始页"中选择"创建新项目"命令，如图 3-5 所示。

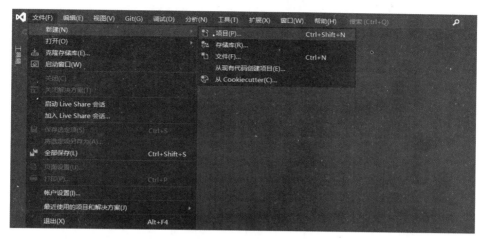

图 3-4 新建项目 1

图 3-5 新建项目 2

单击如图 3-5 中的"创建新项目"按钮，弹出如图 3-6 所示的"创建新项目"对话框。

选择创建"Windows 窗体应用程序"后，如图 3-7 所示用户可以对新建的项目进行命名、选择保存的位置、是否创建解决方案目录的设定。在命名时可以使用用户自定义的名称，也可使用默认名，用户可以单击"浏览"按钮设置项目保存的位置。需要注意的是，解决方案名称与项目名称一定要统一，然后单击"创建"按钮，完成项目的创建。

图 3-6　新建项目 3

图 3-7　项目名称和选择保存位置

3.1.2　菜单栏

菜单栏显示了所有可用的命令。通过单击鼠标可以执行菜单命令,也可以通过 Alt 键加上菜单项对应的字母执行菜单命令。部分菜单命令及其作用如表 3-1 所示。

表 3-1 菜单栏功能表

菜单项	菜单命令	作用
文件	新建	建立一个新的项目、网站、文件等
	打开	打开一个已经存在的项目、文件等
	关闭	关闭当前页面
	关闭解决方案	关闭当前解决方案
	全部保存	将项目中所有文件保存
	导出模板	将当前项目作为模板保存起来，生成.zip文件
	页面设置	设置打印机及打印属性
	打印	打印选择的指定内容
	最近的文件	打开最近操作的文件（如类文件）
	最近使用的项目和解决方案	打开最近操作的文件（如解决方案）
	退出	退出集成开发环境
编辑	撤销	撤销上一步操作
	重做	重做上一步所做的修改
	撤销上次全局操作	撤销上一步全局操作
	重做上次全局操作	重做上一步所做的全局修改
	剪切	将选定内容放入剪贴板，同时删除文档中所选的内容
	复制	将选定内容放入剪贴板，但不删除文档中所选的内容
	粘贴	将剪贴板中的内容粘贴到当前光标处
	删除	删除所选定内容
	全选	选择当前文档中全部内容
	查找和替换	在当前窗口文件中查找指定内容，可将查找到的内容替换为指定信息
	转到	选择定位到"结果"窗格的那一行
	书签	显示书签功能菜单
视图	代码	显示代码编辑窗口
	设计器	打开设计器窗口
	服务器资源管理器	显示服务器资源管理器窗口
	解决方案资源管理器	显示解决方案资源管理器窗口
	类视图	显示类视图窗口
	代码定义窗口	显示代码定义窗口
	对象浏览器	显示对象浏览器窗口
	错误列表	显示错误列表窗口
	输出	显示输出窗口
	属性窗口	显示属性窗口
	任务列表	显示任务列表窗口
	工具箱	显示工具箱窗口
	查找结果	显示查找结果
	其他窗口	显示其他窗口（如命令窗口、起始页等）
	工具栏	打开工具栏菜单（如标准工具栏、调试工具栏）
	全屏显示	将当前窗体全屏显示
	向后导航	将控制权移交给下一任务
	向前导航	将控制权移交给上一任务
	属性页	为用户控件显示属性页

3.1.3 工具栏

为了使操作更方便、快捷，菜单项中常用的命令按功能分组分别放入相应的工具栏。通过工具栏即可迅速访问它们。常用的工具栏有标准工具栏和调试工具栏，界面如图3-8所示。下面分别进行介绍。

图3-8 工具栏

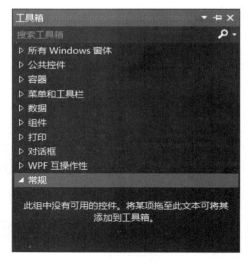

图3-9 工具箱

3.1.4 工具箱

工具箱是Microsoft Visual Studio的重要工具，每个开发人员都必须对这个工具非常熟悉。工具箱提供了进行Windows窗体应用程序开发所必需的控件。通过工具，开发人员可以方便地进行可视化的窗体设计，简化了程序设计的工作量，提高了工作效率。

工具箱中包含了建立应用程序的各种控件以及非图形化的组件。工具箱由不同的选项卡组成，各类控件、组件分别放在"所有Windows窗体""公共控件""数据""组件""常规"等选项卡下面，如图3-9所示。

3.1.5 属性

在"属性"面板中可查看控件、类、项目的属性。窗口的左边显示属性的名称，右边显示相对应的属性，底部显示所选属性的说明信息，如图3-10所示。

"属性"面板采用了两种方式管理属性和方法，分别为按类型方式和按字母排序方式。可以根据习惯采用不同的方式。

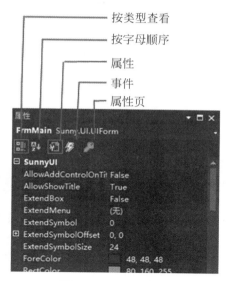

图 3-10 "属性"面板

3.2 认识 C♯项目

3.2.1 案例描述

在 C♯项目中包含了很多的项目文件,我们可以在项目的源文件中写出自己想要实现的程序,如图 3-11 所示。单击"运行"按钮即可运行 C♯项目,如图 3-12 所示。下面通过一个案例来认识一下 C♯项目。

图 3-11 案例图　　　　　　　　　　图 3-12 运行结果

3.2.2 知识引入

1. C♯程序结构

C♯程序的结构大体可以分为注释、命名空间、类、Main 方法、标识符、关键字和语句。下面对 C♯程序的结构进行详细介绍。

1) 注释

编译器编译程序时不执行注释的代码或文字,其主要功能是对某行或某段代码进行说明,以方便对代码的理解与维护。这一过程就好像是超市中各商品的下面都附有价格标签,对商品的价格进行说明。注释可以分为行注释和块注释两种,行注释都以"//"开头。

如果注释的行数较少,一般使用行注释。对于连续多行的大段注释,则使用块注释,块注释通常以"/*"开始,以"*/"结束,注释的内容放在它们之间。例如:

```
/*程序主入口*/
//主程序入口
```

注意:注释可以出现在代码的任意位置,但是不能分隔关键字和标识符。

2) 命名空间

C#程序是利用命名空间组织起来的。命名空间既用作程序的"内部"组织系统,也用作向"外部"公开的组织系统(即一种向其他程序公开自己拥有的程序元素的方法)。如果要调用某个命名空间中的类或者方法,首先需要使用 using 指令引入命名空间,using 指令将命名空间名所标识的命名空间内的类型成员导入当前编译单元中,从而可以直接使用每个被导入的类型的标识符,而不必加上它们的完全限定名。

C#中的各命名空间就好像是一个存储了不同类型的仓库,而 using 指令就好比是一把钥匙,命名空间的名称就好比仓库的名称,可以通过钥匙打开指定名称的仓库,从而在仓库中获取所需的物品。

using 指令的基本形式为

```
using 命名空间名;
```

如:namespace HelloWorld。

提示:

(1) 同一个命名空间是指逻辑上属于一个范围,物理上的存储不一定要相同。

(2) 用户也可以在项目的命名空间中定义命名空间,只是这样定义,不能用 using 来引用自定义的命名空间。

3) 类

类是一种数据结构,它可以封装数据成员、函数成员和其他的类。类是创建对象的模板。C#中所有的语句都必须位于类内。因此,类是C#语言的核心和基本构成模块。C#支持自定义类,使用C#编程就是编写自己的类来描述实际需要解决的问题。

类就好比一个企业有各个不同的部门,如行政部、后勤部、研发部、秘书室和人事部等,在各个部门中都有自己的工作方法,相当于在类中定义的变量、方法等。如果要完成一个重要的工作,仅靠一个部门是不行的,可能要研发部、市场部等多个部门一起配合才可以顺利完成,这时可以让这几个部门临时组成一个工作小组,对项目进行研发,这个小组就相当于类的继承,也就是该小组可以动用这几个部门中的所有资源和设备。

使用任何新的类之前都必须声明它,一个类一旦被声明,就可以当作一种新的类型来使用。在 C#中通过使用 class 关键字来声明类,声明形式如下:

```
[类修饰符] class [类名] [基类或接口]
[类体]
```

提示:在 C#中,类名首字母需大写。如:class Program、class Student。

4) Main 方法

Main 方法是程序的入口点,C#程序中必须包含一个 Main 方法,在该方法中可以创建对象和调用其他方法,一个 C#程序中只能有一个 Main 方法,并且在 C#中所有的 Main 方法都必须是静态的。C#是一种面向对象的编程语言,Main 方法既是程序的启动入口点,也是一个类的成员。由于程序启动时还没有创建类的对象,因此,必须将入口点 Main 方法定义为静态方法,使它可以不依赖于类的实例对象而执行。

Main 方法就相当于汽车的电瓶,在生产汽车时,将各个零件进行组装,相当于程序的编写。当汽车组装完成后,就要检测汽车是否可用,如果想启动汽车,就必须通过电瓶来启动汽车的各个部件,如发动机、车灯等,电瓶就相当于启动汽车的入口点。

可以用 3 个修饰符修饰 Main 方法,分别是 public、static 和 void。

- public:说明 Main 方法是共有的,在类的外面也可以调用整个方法。
- static:说明方法是一个静态方法,即这个方法属于类的本身,而不是这个类的特定对象。调用静态方法不能使用类的实例化对象,必须直接使用类名来调用。
- void:此修饰符说明方法无返回值。

5) 标识符及关键字

标识符是指在程序中用来表示事物的单词,例如,System 命名空间中的类 Console,以及 Console 类的方法 WriteLine 都是标识符。标识符的命名有 3 个基本规则,分别介绍如下。

- 标识符只能由数字、字母和下画线组成。
- 标识符必须以字母或者下画线开头。
- 标识符不能是关键字。

注意:在对类、变量、方法等进行命名时,不要与标识符和关键字重名。

所谓关键字,是指在 C#语言中具有特殊意义的单词,它们被 C#设定为保留字,不能随意使用。例如,在"Hello World!"程序中的 static 和 void 都是关键字。

6) C#语句

语句是构造所有 C#程序的基本单位。语句可以声明局部变量或常数、调用方法、创建对象或将值赋给变量、属性或字段,语句通常以分号终止。

2. 程序编写规范

下面的内容中将详细介绍代码的书写规则以及命名规范,使用代码书写规则和命名规范可以使程序代码更加规范化,对代码的理解与维护起到至关重要的作用。

1) 代码书写规则

代码书写规则通常对应用程序的功能没有影响,但它们对于改善源代码的理解是有帮助的。养成良好的习惯对于软件的开发和维护都是很有益的。下面介绍一些代码书写规则。

（1）尽量使用接口，然后使用类实现接口，以提高程序的灵活性。

（2）一行不要超过 80 个字符。

（3）尽量不要手工更改计算机生成的代码，若必须更改，一定要改成和计算机生成的代码一样的风格。

（4）关键的语句（包括声明关键的变量）必须要写注释。

（5）建议局部变量在最接近使用它的地方声明。

（6）不要使用 goto 系列语句，除非是用在跳出深层循环时。

（7）避免写超过 5 个参数的方法。如果要传递多个参数，则使用结构。

（8）避免书写代码量过大的 try…catch 模块。

（9）避免在同一个文件中放置多个类。

（10）生成和构建一个长的字符串时，一定要使用 StringBuilder 类型，而不用 string 类型。

（11）switch 语句一定要有 default 语句来处理意外情况。

（12）对于 if 语句，应该使用一对"{ }"把语句块包括起来。

（13）尽量不使用 this 关键字引用。

2）命名规范

命名规范在编写代码中起到很重要的作用，虽然不遵循命名规范，程序也可以运行，但是使用命名规范可以很直观地了解代码所代表的含义。下面列出一些命名规范，供读者参考。

（1）用 Pascal 规则来命名方法和类型，Pascal 的命名规则是第一个字母必须大写，并且后面的连接词的第一个字母均为大写。

（2）用 Camel 规则来命名局部变量和方法的参数，该规则是指名称中第一个单词的第一个字母小写，后面连接词的首字母也大写。

（3）所有的成员变量前加前缀"_"。

（4）接口的名称加前缀"I"。

（5）方法的命名，一般将其命名为动宾短语。

（6）所有的成员变量声明在类的顶端，用一个换行把它和方法分开。

（7）用有意义的名字定义命名空间，如公司名、产品名。

（8）使用某个控件的值时，尽量命名为局部变量。

注意：在类中定义私有变量和私有方法，变量和方法只能在该类中使用，不能对类进行实例化，也不能对其进行调用。

3.2.3 案例实现

1. 案例分析

如图 3-11 中所示的案例是一个非常简单的 C# 控制台项目，向控制台输出一条信息。

2. 代码实现

从菜单中选择"文件"→"新建"→"项目"命令,出现新建项目窗口,如图 3-13 所示。

图 3-13　创建控制台项目

单击"下一步"按钮,就创建了一个 C# 的控制台应用程序。在 Main 方法中输入如图 3-14 所示的代码。

在 Microsoft Visual Studio 的菜单栏中选择"生成"→"生成解决方案"命令。如果程序没有错误,那么在窗口下方不会出现错误和警告,状态栏中会显示"生成成功",说明程序编译成功,可以运行了。

3. 运行效果

案例的运行结果如图 3-15 所示。

图 3-14　代码示例　　　　　　　　　图 3-15　运行效果

本章小结

本章首先介绍了 Visual Studio 2019 的环境,然后介绍了 C♯ 程序的结构、代码书写规则和命名规范。在 C♯ 程序的结构中,命名空间、类以及 C♯ 语句是需要重点掌握的内容。命名空间在 C♯ 中占有非常重要的地位,我们可以通过引用命名空间,将命名空间中的成员引入到当前的编译单元中。而类是 C♯ 语言的核心和基本单元模块,程序员通过编写类来表述实际开发过程中需要解决的问题。本章列出了程序编写中需要注意的规则和命名规范。用户在程序代码编写的过程中,应当养成良好的编程习惯。

第 4 章 变量与常量的使用

4.1 数据类型应用

4.1.1 案例描述

在 C♯ 编程中,我们需要处理不同类型的数据,为了便于处理,C♯ 把数据划分为不同的类型。如图 4-1 所示,是一个简单的登录提示界面,里面包含了不同的类型的数据,通过本章的学习我们会学会如何来表示这些数据。

视频 4 数据类型

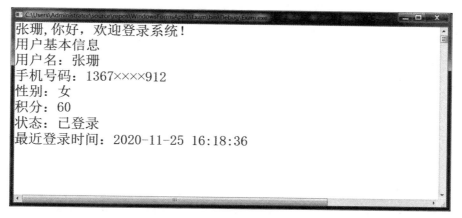

图 4-1 案例展示图

4.1.2 知识引入

在 C♯ 中的变量类型根据其定义可以分为两种:一种是值类型,另一种是引用类型。这两种数据类型的差异在于存储方式,值类型的变量本身直接存储数据;而引用类型则存储实际数据的引用,程序通过引用找到真正的数据。

1. 值类型

值类型变量直接存储其数据值,主要包含整型、字符型、浮点型、布尔型等,结构、枚举也属于值类型。值类型具有如下特性:

(1) 值类型变量都存储在堆栈中。

(2) 访问值类型变量时,一般都是直接访问其实例。

(3) 每个值类型变量都有自己的数据副本，因此对一个值类型变量的操作不会影响其他变量。

(4) 复制值类型变量时，复制的是变量的值，而不是变量的地址。

(5) 值类型变量不能为 null，必须具有一个确定的值。

(6) 值类型是从 System.ValueType 类继承而来的类型。

下面详细介绍值类型中包含的几种数据类型。

1）整数类型

整数类型的数据值只能是整数，计算机语言所提供的数据类型有一定的范围，整数类型的表示范围如表 4-1 所示。

表 4-1 整数类型范围说明表

类型标识符	描 述	可表示的数值范围
sbyte	8 位有符号整数	$-128 \sim +127$
byte	8 位无符号整数	$0 \sim 255$
short	16 位有符号整数	$-32768 \sim +32767$
ushort	16 位无符号整数	$0 \sim 65535$
int	32 位有符号整数	$-2147483648 \sim +2147483647$
uint	32 位无符号整数	$0 \sim 2^{32}-1$
long	64 位有符号整数	$-9223372036854775808 \sim +9223372036854775807$
ulong	64 位无符号整数	$0 \sim 2^{64}-1$

```
int intOne = 330;        //声明一个 int 类型的变量 intOne
byte btOne = 201;        //声明一个 byte 类型的变量 btOne
```

说明：如果将 byte 类型变量 btOne 赋值为 266，重新编译程序，则会出现错误提示。

2）浮点类型

浮点类型主要用于处理含有小数的数据类型，主要包含两种：单精度浮点型（float）和双精度浮点型（double），其区别在于取值范围和精度的不同。

float 类型是 32 位宽，double 类型是 64 位宽。

- 单精度：取值范围为 $1.5 \times 10^{-45} \sim 3.4 \times 10^{38}$，精度为 7 位数。
- 双精度：取值范围为 $5.0 \times 10^{-324} \sim 1.7 \times 10^{308}$，精度为 15 或 16 位数。

3）小数类型

小数类型（decimal）占用 16 字节（128 位），主要为了满足需要高精度的财务和金融计算领域的需求。

小数类型数据的取值范围和精度如下：

取值范围为 $1.0 \times 10^{-28} \sim 7.9 \times 10^{28}$，精度为 29 位数。

注意：小数类型数据必须跟 m 或者 M 后缀来表示它是 decimal 类型的，如 3.14m、0.28m 等，否则就会被解释成标准的浮点类型数据，导致数据类型不匹配。例如，

```
138f 代表 float 类型的数值 138.0
518u 代表 uint 类型的数值 518
36897123ul 代表 ulong 类型的数值 36897123
22.1m 代表 decimal 类型的数值 22.1
```

数据类型选择小技巧：
- 凡是要表示带符号的整数时，先考虑使用 int 型；
- 凡是需要不带符号的整数时，先考虑使用 uint 型；
- 凡是需要做科学计算，并且精度要求不是很高时，先考虑使用 double 型。

4）字符类型

字符类型的类型标识符是 char，采用 Unicode 字符集。

凡是在单引号中的一个字符，就代表一个字符常数。例如，

'你'、'A'、'?'、'6'、'2'

注意：在表示一个字符常数时，单引号内的有效字符数量必须且只能是一个，并且不能是单引号或者反斜杠(\)。

为了表示单引号和反斜杠等特殊的字符常数，C♯提供了转义符，具体描述如表 4-2 所示。

表 4-2　C♯常用的转义符

转义符	字符名称
\'	单引号
\"	双引号
\\	反斜杠
\0	空字符(Null)
\a	发出一个警告
\b	倒退一个字符
\f	换页
\n	新的一行
\r	换行并移到同一行的最前面
\t	水平方向的 Tab
\v	垂直方向的 Tab

5）布尔类型

布尔类型主要用来表示 true/false 值，布尔类型的类型标识符是 bool。

布尔类型常数只有两种值：true(代表"真")和 false(代表"假")。

布尔类型数据主要应用在流程控制中。

布尔类型示例如下：

```
bool b = 5 > 3;          //b 的值为 true
b = false;
bool x = 927;            // 这样赋值显然是错误的，编译器会返回错误提示
```

2．引用类型

引用类型是构建 C♯应用程序的主要对象类型数据。在应用程序执行的过程中，预先定义的对象类型以 new 创建对象实例，并且存储在堆栈中。堆栈是一种由系统弹性配置的内存空间，没有特定大小及存活时间，因此可以被弹性地运用于对象的访问。

引用类型具有如下特征:
(1) 必须在托管堆中为引用类型变量分配内存。
(2) 必须使用 new 关键字来创建引用类型变量。
(3) 在托管堆中分配的每个对象都有与之相关联的附加成员,并且成员必须被初始化。
(4) 引用类型变量是由垃圾回收机制来管理的。
(5) 多个引用类型变量可以引用同一个对象,这种情形下,对一个变量的操作会影响另一个变量所引用的同一对象。
(6) 引用类型被赋值前的值都是 null。

所有被称为"类"的都是引用类型,主要包括类、接口、数组和委托。

1) object 类型

object 类型是系统提供的基类型,是所有类型的基类,C#中所有的类型都直接或间接派生于对象类型。

对于任一个 object 变量,均可以赋予任何类型的值。例如,

```
double d = 3.14;
object obj1;
obj1 = d;
obj1 = 'k';
```

对于 object 变量,声明时必须使用 object 关键字。

2) string 类型

一个字符串是被双引号包含的一系列字符。

string 类型是专门用于对字符串进行操作的。

C#支持两种形式的字符串常数。

(1) 常规字符串常数,例如,

```
"this is a test"
"C#程序设计教程"
```

如编写如下代码:

```
string str1 = "A string";
string str2 = "Another string.";
Console.WriteLine("{0}\n{1}",str1,str2);
```

运行结果如图 4-2 所示。

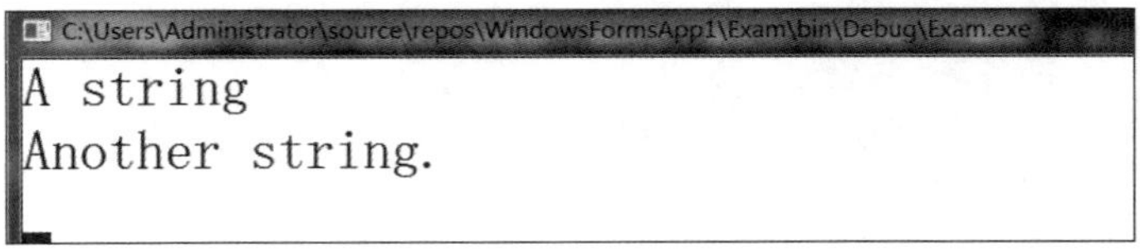

图 4-2　代码运行效果图

(2) 逐字字符串常数。

逐字字符串常数以@开头,后跟一对双引号,在双引号中放入字符。例如,

```
@"电子高专"
@"This is a book."
```

逐字字符串常数同常规字符串常数的区别如下：

在逐字字符串常数的双引号中,每个字符都代表其最原始的意义,在逐字字符串常数中没有转义字符。

注意：如果要包含双引号("),就必须在一行中使用两个双引号(" ")。

```
string str1;                              //定义字符串类型
string str2 = "hello,world";              //常规字符串常数:hello,world
string str3 = @"hello,world";             //逐字字符串常数:hello,world
string str4 = "hello\tworld";             //hello    world
string str5 = @"hello\tworld";            //hello\tworld
string str6 = "He said \"Hello\" to you"; //He said "Hello" to you
string str7 = @"He said ""Hello"" to you";//He said "Hello" to you
```

3. 类型转换

数据类型在一定条件下是可以相互转换的。

C#允许使用两种转换的方式：隐式转换和显式转换。

1) 隐式转换

隐式转换是系统默认的、不需要加以声明就可以进行的转换。

隐式数据转换的使用方法如下：

```
int i = 518;        //a 为整型数据
long b = i;         //b 为长整型数据
float f = i;        //f 为单精度浮点型数据
```

2) 显式转换

显式转换又叫强制类型转换,显式转换要明确指定转换类型。

显式转换格式：

(类型标识符) 表达式

含义为将表达式的值的类型转换为类型标识符的类型。

例如：

```
(char)65       //把 int 类型的 65 转换成 char 类型
```

注意：

（1）显式转换可能会导致错误。

（2）要将 float、double、decimal 转换为整数,可通过舍入得到最接近的整型值,如果这个整型值超出目标域,则出现转换异常。

```
(int)8.17m     //转换的结果为 8
(int)3e31f     //将产生溢出错误
```

(1) 字符串与数值之间的转换。

C♯中不仅仅存在数值类型数据之间的互相转换,字符串和数值之间也是可以互相转换的,只是方法不同而已。

① 数值型转换为字符串。

数值型数据转换为字符串用 ToString()方法即可实现。

```
int numInt = 10;
string strNum = numInt.ToString();
```

② 字符串转化为数值型。

字符串数据转换为数值型使用 Parse()方法。

字符串转换为整型：int.Parse(string);

字符串转换为双精度浮点型：double.Parse(string);

字符串转换为单精度浮点型：float.Parse(string)。

```
string str = "45";
int number = int.Parse(str);
string str = "14";
double number = double.Parse(str);
string str = "15";
float number = float.Parse(str);
```

注意：Parse()方法括号中的参数只能是字符串,不能是其他数据类型。

(2) 用 Convert 类实现数据类型转换。

通过前面的学习可知,.NET Framework 提供了很多类库,其中 Convert 类就是专门进行类型转换的类,它能够实现各种基本数据类型之间的相互转换,转换方法如表 4-3 所示。

表 4-3 Convert 类常用类型转换方法

方　　法	说　　明
Convert.Toint32()	转换为整数(int)
Convert.ToChar()	转换为字符型(int)
Convert.ToString()	转换为字符串型(int)
Convert.ToDateTime()	转换为日期型(int)
Convert.ToDouble()	转换为双精度浮点型(int)
Convert.ToSingle()	转换为单精度浮点型(int)

```
float num1 = 82.26f;              //原始数值
int integer,num2;                 //转换后的整型
string str,strdate;               //转换后的字符串型
DateTime mydate = DateTime.Now;   //把当前时间赋给日期型变量
```

```
//Convert 类的方法进行转换
integer = Convert.ToInt32(num1);
str = Convert.ToString(num1);
strdate = Convert.ToString(mydate);
//num2 = Convert.ToInt32(mydate);
//输出结果
Console.WriteLine("转换为整型数据的值{0}",integer);
Console.WriteLine("转换为字符串{0}",str);
Console.WriteLine("日期型数据转换为字符串值为{0}",strdate);
```

运行结果如图 4-3 所示。

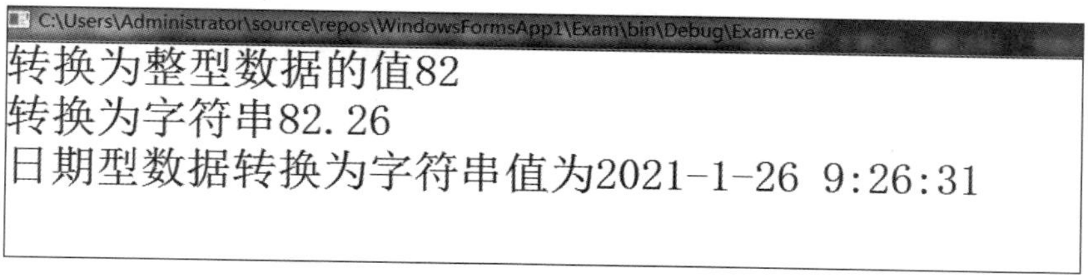

图 4-3 运行效果图

(3) 装箱和拆箱。

C#语言类型系统中有两个重要的概念，分别是装箱和拆箱。通过装箱和拆箱，任何值类型都可以被当作 object 引用类型来看待。本节将对装箱和拆箱进行详细讲解。

① 装箱。

装箱是指将值类型换成引用类型的过程。

```
int i = 518;
object obj = i;
```

② 拆箱。

和装箱相反，拆箱是指将引用类型转化为值类型的过程。拆箱的执行过程大致可以分为以下两个阶段：

- 检查对象的实例，看它是不是值类型的装箱值。
- 把这个实例的值复制给值类型的变量。

```
int k = 228;                    //声明 int 类型变量
object obj = k;                 //执行装箱操作
Console.WriteLine("装箱操作:值为{0},装箱之后对象为{1}",k,obj);
int j = (int)obj;               //拆箱转换
Console.WriteLine("拆箱操作:拆箱对象为{0},值为{1}",obj,j);
```

运行结果如图 4-4 所示。

从程序运行结果可以看出，拆箱后得到的值类型数据的值与装箱对象相等。

注意：在执行拆箱操作时，要符合类型一致的原则，否则会出现异常。

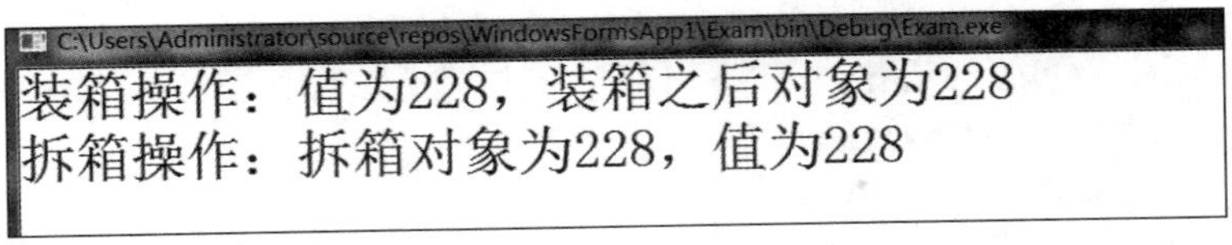

```
装箱操作：值为228，装箱之后对象为228
拆箱操作：拆箱对象为228，值为228
```

图 4-4　运行效果图

4．字符串应用——String 类

字符串是程序中用得非常多的数据类型，是最常用的一种引用类型。在前面的示例代码中几乎都用到了 string 这个数据类型。下面主要介绍 String 类的用法。

.NET Framework 提供了很多处理字符串的方法，常用的一些方法如表 4-4 所示，并对每个方法的作用加以说明。

表 4-4　处理字符串方法

方　　法	说　　明
bool Equals(string str)	与"=="作用相同，用于比较一个字符串和另一个字符串是否相等，相等返回 True，不相等返回 False
ToLower()	返回字符串的小写形式
ToUpper()	返回字符串的大写形式
Trim()	去掉字符串两端的空格
Substring(int startindex,int length)	从字符串的指定位置 startindex 开始获取长度为 length 的子字符串
int IndexOf(string str)	获取指定的字符串 str 在当前字符串中第一个匹配项的索引，有匹配项就返回索引，没有就返回 −1
int LastIndexOf(string str)	获取指定的字符串 str 在当前字符串中最后一个匹配项的索引，有匹配项就返回索引，没有就返回 −1
string[] Split(char separator)	用指定分隔符分隔字符串，返回分隔后的字符串组成的数组
string Join(string Separator,string[] str)	字符串数据 str 中的每个字符用指定的分隔符 Separator 连接，返回连接后的字符串
int Compare（string strA,string strB)	比较两个字符串的大小，返回一个指数。如果 strA 小于 strB，则返回值小于 0；如果两个字符串相等，则返回值等于 0；如果 strA 大于 strB，则返回值大于 0
Replace（string oldvalue, string newvalue)	用 newvalue 值替换 oldvalue

```csharp
string strName;                              //email 的用户名
string inputStr;                             //输入的字符串
string[] splitString;                        //分隔后的字符串数组
string joinString;                           //连接后的字符串
string strEnglish;                           //输入的大写英文字符
string email;                                //email
Console.WriteLine("请输入您的邮箱");
email = Console.ReadLine().Trim();           //接收输入
Console.WriteLine("您的邮箱是{0}", email);
//抽取邮箱用户名
```

```csharp
int intIndex = email.IndexOf("@");          //获取的索引
if (intIndex > 0){
strName = email.Substring(0, intIndex);     //获取用户名
//输出邮箱用户名
Console.WriteLine("您的用户名是{0}", strName);
}
else{
Console.WriteLine("您输入的格式错误");
}
Console.WriteLine("请输入一个字符串,单词用空格分隔");
inputStr = Console.ReadLine();
Console.WriteLine("您输入的字符串是{0}", inputStr);
//用空格分隔字符串
splitString = inputStr.Split(' ');
//输出分隔后的字符串
foreach (string s in splitString){
Console.WriteLine(s);
}
//将分隔后的字符串用 - 连接
joinString = string.Join(" - ", splitString);
//输出连接后的字符串
Console.WriteLine("连接后的字符串为{0}", joinString);
Console.WriteLine("请输入大写英文字符串");
strEnglish = Console.ReadLine();
Console.WriteLine("您输入的大写英文字符是{0}", strEnglish);
//将输入的大写英文字符转换为小写并输出
Console.WriteLine("转换为小写英文字符{0}", strEnglish.ToLower());
Console.ReadKey();
```

运行结果如图 4-5 所示。

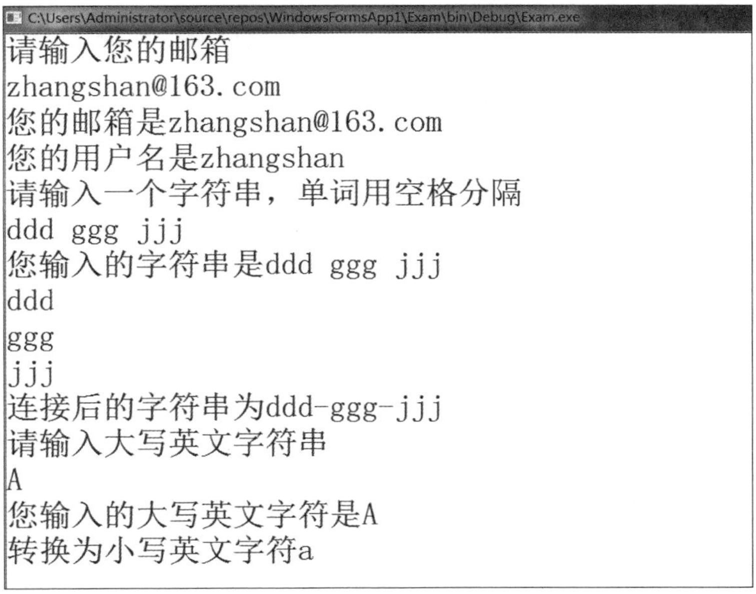

图 4-5 运行效果图

4.1.3 案例实现

1. 案例分析

如图 4-6 所示是一个简单的登录案例,用户输入正确的用户名和密码之后即可进入用户的主页面。在程序中,需要定义用户名称、密码、性别、积分等等信息,因此需要定义不同类型数据的变量。

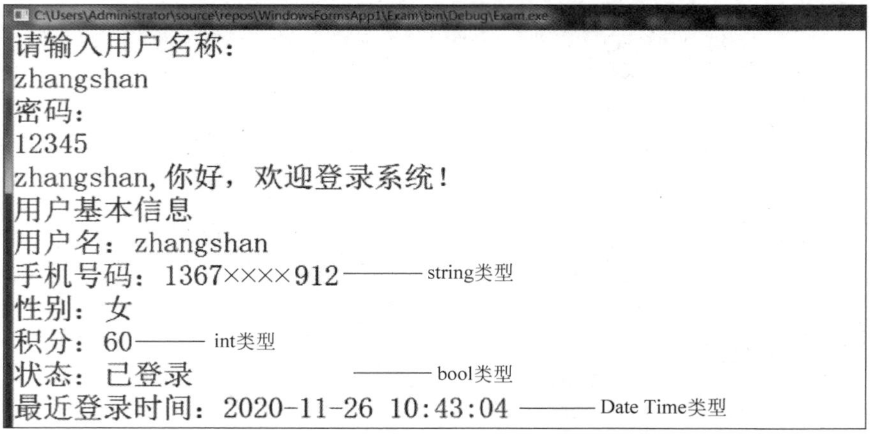

```
C:\Users\Administrator\source\repos\WindowsFormsApp1\Exam\bin\Debug\Exam.exe
请输入用户名称:
zhangshan
密码:
12345
zhangshan,你好,欢迎登录系统!
用户基本信息
用户名:zhangshan
手机号码:1367××××912 ———— string类型
性别:女
积分:60 ———— int类型
状态:已登录 ———— bool类型
最近登录时间:2020-11-26 10:43:04 ———— Date Time类型
```

图 4-6 案例分析图

2. 代码实现

从菜单中选择"文件"→"新建"→"项目"命令,出现新建项目窗口,选择控制台应用程序。接下来在 Main 方法中编写如下程序:

```csharp
static void Main(string[] args)
{
    //输入提示语
    Console.WriteLine("请输入用户名称:");
    string inputStr = Console.ReadLine();
    Console.WriteLine("密码:");
    string pwdInput = Console.ReadLine();
    string name = "zhangshan";
    string pwd = "12345";
    string sex = "女";
    int age = 20;
    int integral = 60;
    bool isLogin = inputStr == name && pwd == pwdInput;
    DateTime lastTime = DateTime.Now.AddMonths(-2);
    string phone = "1367××××912";
    if (isLogin)
    {
        Console.WriteLine("{0},你好,欢迎登录系统!", name);
        Console.WriteLine("用户基本信息");
        Console.WriteLine("用户名:{0}", name);
        Console.WriteLine("手机号码:{0}", phone);
```

```
            Console.WriteLine("性别:{0}", sex);
            Console.WriteLine("积分:{0}", integral);
            Console.WriteLine("状态:{0}", isLogin == true ? "已登录" : "未登录");
            Console.WriteLine("最近登录时间:{0}", lastTime);
        }
        else {
            Console.WriteLine("登录失败!");
        }
        Console.ReadKey();
    }
```

3. 运行结果

案例的运行结果如图 4-7 所示。

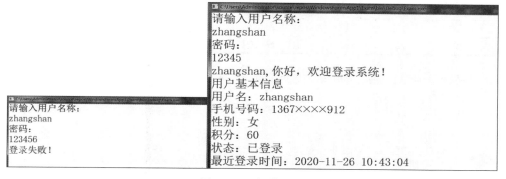

图 4-7　运行效果图

4.2　变量与常量在程序中的用法

4.2.1　案例描述

在 C#编程中,会出现不确定的数据需要记录,所以就产生了变量,可以存储数据;同时还会出现固定数据需要存储,比如如图 4-8 所示的案例中的圆周率。通过本节的学习,可了解变量和常量的用法。

```
请输入圆的半径:
6
圆的半径为6
圆的直径为12
圆的面积为113.0973336
圆的周长为37.6991112
```

图 4-8　案例图

视频 5
变量常量

4.2.2 知识引入

1. 变量

变量是用来存储数据的,不同的数据需要用不同的变量来存储,就像一个盒子有大有小,这个盒子中放置的东西就有多有少,变量也是如此,根据存储的数据类型不同,变量在内存中占用的空间也不相同,这就涉及另一个概念——数据类型。C#语言提供了很多数据类型,用于声明变量,并存储在相应的变量中。C#常用的数据类型如表4-5所示。

表4-5 C#常用的数据类型

常用数据类型	C#中表示方法	大 小	举 例
整型	int	有符号32位整数	年龄
浮点型	float	32位浮点数,精确到小数点后7位	汇率
字符串	string	Unicode字符串,引用类型	姓名
布尔型	bool	布尔值,True或False	是否男性
字符型	char	16位Unicode字符	A

在定义变量时,首先必须给每一个变量起名,称为变量名,变量名代表存储地址。变量的类型决定了存储在变量中的数值的类型。

1) 变量定义格式

```
<访问修饰符>  数据类型  变量名称;
```

例如:

```
double dsum;
string strName;
private int number;        //private为访问修饰符,int为整型变量,number为变量名称.
```

注意:C#规定,任何变量在使用前必须先定义,后使用。

2) 变量的命名规范

C#中声明变量也要遵循一些规则,使编码更规范,养成良好的编码习惯。简单规则如下:
- 不能使用C#中的关键字,如class、int、bool等这些在C#中有特殊意义的字符。
- 变量名通常不能有中文字符。
- 以字母或下画线开头,如age、_name等。
- 使用多个单词组成变量名时,使用Camel命名法,即第一个单词的首字母小写,其他单词的首字母大写,如myName、showAge等。

3) 变量的赋值

变量的赋值,就是将数据保存到变量所代表的存储单元中的过程。

格式:

```
变量名 = 表达式;
```

意义:计算表达式的值,然后将这个值赋予变量。

```
double nAverage;
int nAgeSum;
nAgeSum = 210;              //给 nAgeSum 变量赋予数值 210
```

在程序中,可以给一个变量多次赋值。变量的当值等于最近一次给变量所赋的值。

```
nAgeSum = 68;               //这时 nAgeSum 等于 68
nAgeSum = 36 + 24;          //这时 nAgeSum 等于 60
nAgeSum = nAgeSum + 40;     //这时 nAgeSum 等于 100
```

在对变量进行赋值时,表达式的值的类型必须同变量的类型相同。

4) 变量的初始化

在定义变量的同时,可以对变量赋值,称为变量的初始化。

格式:

类型标识符 变量名 = 表达式;

例如,

```
string str = "This is a book"
string sName;
int nScore;
sName = "Jack";             //正确
sName = "Tom";              //正确
nScore = 98;
sName = 5;                  //错误,不能将整数赋予字符串对象
nScore = "Hello";           //错误,不能将字符串赋予整型变量
```

2. 常量

在 C# 中,常量在程序的运行过程中其值是不能改变的,例如,数字 100 就是一个常量,这样的常量一般被称作常数。

声明常量的格式:

<访问修饰符> const 类型标识符 常量名 = 表达式;

常量的特点:

- 在程序中,常量只能被赋予初始值。
- 定义常量时,表达式中的运算符对象只允许出现常量和常数,不能有变量存在。

4.2.3 案例实现

1. 案例分析

案例中需要用户先从控制台输入一个半径的变量,该变量需要在程序中存储,所以需要定义一个 inputStr 的字符串类型的变量来记录。而在计算圆的周长和面积中需要用到的圆周率就必须用常量来定义。分析结果如图 4-9 所示。

36　C#编程开发实战（微课视频版）

图 4-9　案例分析图

2．代码实现

从菜单中选择"文件"→"新建"→"项目"命令，出现新建项目窗口，选择控制台应用程序。接下来在 Main 方法中编写如下的程序：

```csharp
const double PI = 3.1415926;
        static void Main(string[] args)
        {
            Console.WriteLine("请输入圆的半径:");
            string inputStr = Console.ReadLine();
            double r = Convert.ToDouble(inputStr);
            Console.WriteLine("圆的半径为{0}", r);
            Console.WriteLine("圆的直径为{0}", 2 * r);
            Console.WriteLine("圆的面积为{0}", PI * r * r);
            Console.WriteLine("圆的周长为{0}", 2 * PI * r);
            Console.ReadKey();
        }
```

3．运行结果

案例的运行结果如图 4-10 所示。

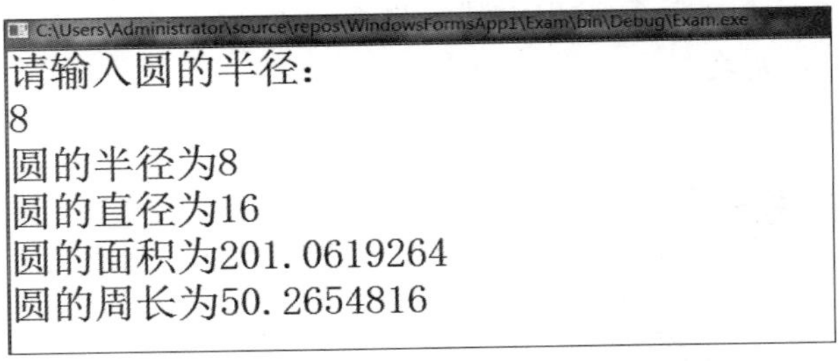

```
请输入圆的半径:
8
圆的半径为8
圆的直径为16
圆的面积为201.0619264
圆的周长为50.2654816
```

图 4-10　运行效果图

本章小结

本章重点介绍了变量和常量，通过大量的举例说明使读者更好地理解变量和常量的用法。在学习本章时，要重点掌握值类型、引用类型的概念及用法，并且要了解如何进行类型转换。本章最后对常量进行了详细的介绍。

第 5 章 表达式与运算符

5.1 利用运算进行字符串加密

5.1.1 案例描述

在程序编写的过程中,有些字符串需要进行加密操作,移位是进行加密的一种。通过本节的学习可完成如图 5-1 所示的一个简单的加密字符串的小案例。

图 5-1 案例展示图

5.1.2 知识引入

运算符是表示各种不同运算的符号。在 C♯ 中,运算符有多个级别,如表 5-1 所示。

表 5-1 运算符

类　　别	运算符	说　　明	表达式
算术运算符	＋	执行加法运算(如果两个操作数是字符串,则该运算符用作字符串连接,将一个字符串添加到另一个字符串的末尾)	操作数 1＋操作数 2
	－	执行减法运算	操作数 1－操作数 2
	＊	执行乘法运算	操作数 1＊操作数 2
	／	执行除法运算	操作数 1／操作数 2
	％	获得进行除法运算后的余数	操作数 1％操作数 2
	++	将操作数加 1	操作数++或++操作数
	－－	将操作数减 1	操作数－－或－－操作数
	～	将一个数按位取反	～操作数

续表

类别	运算符	说明	表达式
比较运算符	>	检查一个数是否大于另一个数	操作数1>操作数2
	<	检查一个数是否小于另一个数	操作数1<操作数2
	>=	检查一个数是否大于或等于另一个数	操作数1>=操作数2
	<=	检查一个数是否小于或等于另一个数	操作数1<=操作数2
	==	检查两个值是否相等	操作数1==操作数2
	!=	检查两个值是否不相等	操作数1!=操作数2
条件运算符	?:	检查给出的第一个表达式是否为真。如果为真,则计算操作数1;否则计算操作数2。这是唯一带有3个操作数的运算符	表达式?操作数1:操作数2
赋值运算符	=	给变量赋值	操作数1=操作数2
逻辑运算符	&&	对两个操作数执行逻辑"与"运算	操作数1&&操作数2
	||	对两个操作数执行逻辑"或"运算	操作数1||操作数2
	!	对操作数执行逻辑"非"运算	!操作数
强制类型转换符	()	将操作数强制转换为给定的数据类型	(数据类型)操作数
成员访问符	.	用于访问数据结构的成员	数据结构.成员
快捷运算符	+=		运算结果=操作数1+操作数2
	-=		运算结果=操作数1-操作数2
	*=		运算结果=操作数1*操作数2
	/=		运算结果=操作数1/操作数2
	%=		运算结果=操作数1%操作数2

1. 算术运算符

算术运算符用于对操作数进行算术运算。C#的算术运算符同数学中的算术运算符是很相似的。

```
int iresult, irem;
double dresult, drem;
iresult = 10/3;
irem = 10 % 3;
dresult = 10.0/3.0;
drem = 10.0 % 3.0;
Console.WriteLine("10/3 = {0}\t10 % 3 = {1}", iresult, irem);
Console.WriteLine("10.0/3.0 = {0}\t10.0 % 3.0 = {1}", dresult, drem);
```

程序的输出结果如图5-2所示。

特殊的算术运算符:

++为自增运算符。

--为自减运算符。

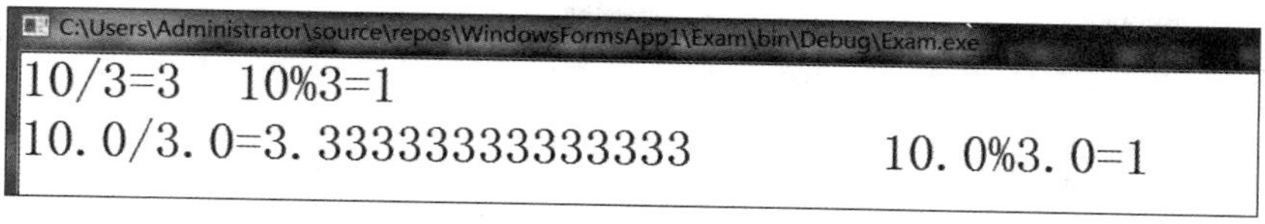

图 5-2　程序效果图(一)

作用：使变量的值自动增加 1 或者减少 1。

例如，

```
x = x + 1;
```

可以被写成

```
++x;      //前缀格式
```

或者

```
x++;      //后缀格式
```

当一个自增或自减运算符在它的操作数前面时，C#将在取得操作数的值前执行自增或自减操作。

如果运算符在操作数的后面，C#将先取得操作数的值，然后进行自增或自减运算。

```
x = 8;
y = ++x;
```

在这种情况下，x 和 y 被赋值为 9。

但是，如果代码如下：

```
x = 8;
y = x++;
```

那么 y 被赋值为 8，x 被赋值为 9。

```
int x = 5;
int y = x-- ;
Console.WriteLine("y = {0}",y);
y = --x;
Console.WriteLine("y = {0}",y);
```

运行结果如图 5-3 所示。

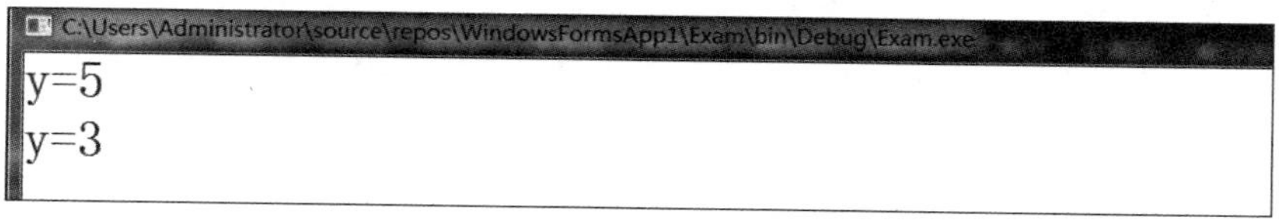

图 5-3　程序效果图(二)

```
int Val1 = 2;
int Val2 = 3;
Console.WriteLine("Val1 * Val2 = {0}",Val1 * Val2);
Console.WriteLine("Val1/Val2 = {0}",Val1/Val2);
Console.WriteLine("Val1 % Val2 = {0}",Val1 % Val2);
Console.WriteLine(++Val1);
Console.WriteLine(--Val2);
Console.WriteLine(Val1++);
Console.WriteLine(Val2--);
```

运行结果如图 5-4 所示。

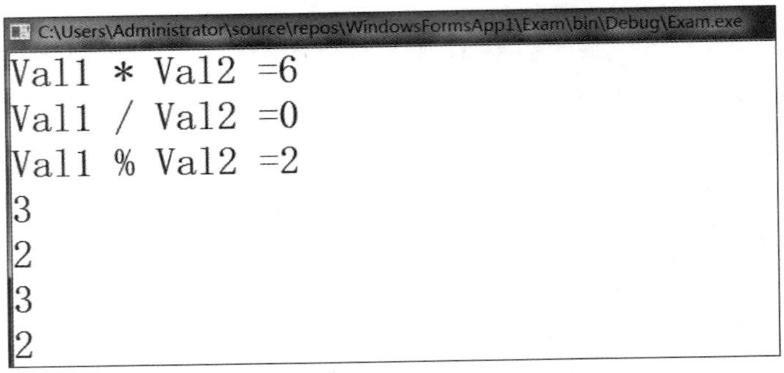

```
Val1 * Val2 =6
Val1 / Val2 =0
Val1 % Val2 =2
3
2
3
2
```

图 5-4　程序效果图(三)

注意：++、-- 只能用变量，不能用于常量或表达式，例如，5++ 或 --(x+y)都是错误的。

2. 赋值运算符

赋值运算符用于将一个数据赋予一个变量，赋值操作符的左操作数必须是一个变量，赋值结果是将一个新的数值存放在变量所指示的内存空间中。

```
int x = 8;
x = x + x;
```

可以把表达式的值通过复合赋值运算符赋予变量，这时复合赋值运算符右边的表达式是作为一个整体参加运算的。

```
int a = 8,b = 3;
a %= b * 2 - 5;    /*相当于 a %= (b*2-5),它与 a = a %(b*2-5)是等价的.*/
```

对变量可以进行连续赋值。例如，

```
int z = 3;
x = y = z;    //等价于 x =(y = z).
```

3. 关系运算符

关系运算符用于比较两个值的大小，关系运算的结果不是 True 就是 False。

```
bool a = 'a'<'b';              //a 的值为 True
a = 3 + 6 > 5 - 2              //a 的值为 True
using System;
class Count
{
static void Main(){
int a = 50;
int x = 30;
int y = 60;
int b;
b = x + y;
bool j;
j = a == b - 40;
Console.WriteLine("a = b is{0}",j);
}
}
```

该程序运行后，输出结果如图 5-5 所示。

图 5-5　程序效果图（四）

4．逻辑运算符

逻辑运算符用于表示两个布尔值之间的逻辑关系，逻辑运算结果是布尔类型。

逻辑非(!)：运算的结果是原先的运算结果的逆。

逻辑与(&&)：只有两个运算对象都为 True，结果才为 True；只要其中有一个是 False，结果就为 False。

逻辑或(||)：只要两个运算对象中有一个是 True，结果就为 True，只有两个条件均为 False，结果才为 False。

当需要多个判定条件时，可以很方便地使用逻辑运算符将关系表达式连接起来。例如，

```
x > y&&x > 0
```

如果表达式中同时存在着多个逻辑运算符，那么逻辑非的优先级最高，逻辑与的优先级高于逻辑或。例如，

```
3 > 2||!(5 - 3 < 6)&&'a'<'b'
```

5．位运算符

1)～运算符

把二进制数的 0 转换为 1,1 转换为 0。例如，6 的二进制表示为 00000110，～6 的结果

为 11111001。

2) & 运算符

0&0=0,0&1=0,1&0=0,1&1=1。

例如,

```
7 的二进制表示:00000111
11 的二进制表示:00001011
————————————————
"&"运算的结果是:00000011
```

即

```
7&11 = 3
```

3) | 运算符

0|0=0,0|1=1,1|0=1,1|1=1。

例如,

```
7 的二进制表示:00000111
11 的二进制表示:00001011
————————————————
"|"运算的结果是:00001111
```

即

```
7|11 = 15
```

4) ^ 运算符

0^0=0,0^1=1,1^0=1,1^1=0。

例如,

```
7 的二进制表示:00000111
11 的二进制表示:00001011
————————————————
"^"运算的结果是:00001100
```

即

```
7^11 = 12
```

5) << 运算符

二进制位全部按位左移,高位被丢弃,低位顺序补 0。例如,

```
7 的二进制表示:00000111
7<<1 结果是 00001110(十进制是 14)
```

6) >> 运算符

二进制位全部按位右移。例如，

```
7 的二进制表示：00000111
7 >> 1 结果是 00000011（十进制是 3）
```

6. 条件运算符

格式：

```
操作数 1?操作数 2:操作数 3
```

含义：进行条件运算时，首先判断问号前面的布尔值是 True 还是 False，如果是 True，则值等于操作数 2 的值；如果为 False，则值等于操作数 3 的值。

例如，

```
条件表达式"6 > 8?15 + a:39"，由于 6 > 8 的值为 False，所以整个表达式的值是 39。
```

7. 其他运算符

1) 字符串连接符（＋）

将两个字符串连接在一起，形成新的字符串。例如，

```
"abc" + "efg"            //结果是 abcefg
"36812" + "3.14"         //结果是 368123.14
```

2) is 运算符

is 运算符用于检查表达式是否指定的类型，如果是，结果为 True，否则结果为 False。例如，

```
int k = 2;
bool isTest = k is int;   //isTest = True
```

3) sizeof 运算符

sizeof 运算符用于获得值类型数据在内存占用的字节数。例如，

```
int a = sizeof(double);   //a = 8
```

5.1.3 案例实现

1. 案例分析

字符串加密采用末尾字符不变的加密方式，下标为 0～length-1 的字符串中的字符统一加 3 再转换为 char 类型。

2. 代码实现

```csharp
static void Main(string[] args)
{
    //定义输入的字符串和加密后的字符串两个变量
    string strInput, strOutput;
    //提示用户
    Console.WriteLine("请输入一个需要加密的字符串:");
    //接收用户输入的字符串
    strInput = Console.ReadLine();
    Console.WriteLine("您输入的字符串为:{0}", strInput);
    //调用移位加密的方法
    strOutput = Encrypt(strInput);
    //输出结果
    Console.WriteLine("加密后的字符串为:{0}", strOutput);
    Console.ReadKey();
}

private static string Encrypt(string strInput)
{
    //定义两个变量
    string strFont,                      //前面字符串
        strEnd;                          //结尾的字符
    string strOutput;                    //结果字符串
    char[] charFont;                     //字符数组
    int i, len, intFont;

    len = strInput.Length;               //获取字符串长度
    strFont = strInput.Remove(len - 1, 1);
    strEnd = strInput.Remove(0, len - 1);
    charFont = strFont.ToCharArray();    //将除最后一个字符之外的字符串转换为
                                         //字符数组
    for (i = 0; i < strFont.Length; i++)
    {
        intFont = (int)charFont[i] + 3;   //每一个字符转换为 int 类型并加 3

        charFont[i] = Convert.ToChar(intFont); //将加 3 之后的 int 类型的字符
                                         //转换为字符类型
    }
    strFont = "";
    //将加密后的除最后一个字符之外的字符串拼接成功
    for (i = 0; i < charFont.Length; i++)
    {
        strFont += charFont[i];
    }
    strOutput = strEnd + strFont;        //拼接结果字符串
    return strOutput;
}
```

3. 运行结果

案例的运行结果如图 5-6 所示。

图 5-6　程序效果图（五）

5.2　控制台版简单计算器

5.2.1　案例描述

在程序编写的过程中,避免不了需要做大量的数据运算的工作。C#编程中数据运算也同样重要,本节将完成如图 5-7 所示的一个简单的计算器的小案例。

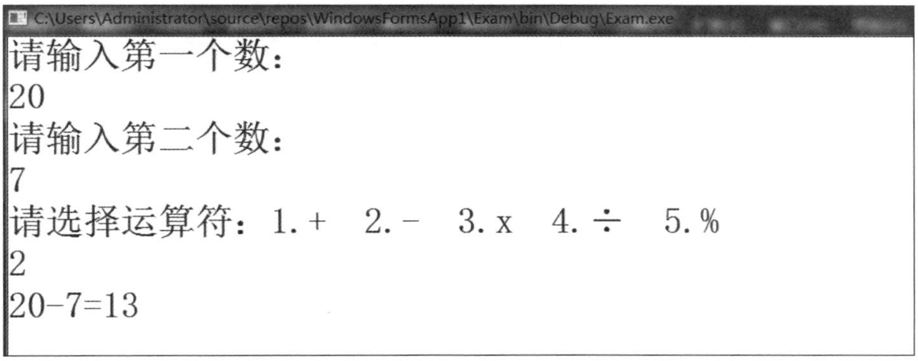

图 5-7　案例展示图

5.2.2　知识引入

表达式是运算符、常量和变量等组成的符号序列。

1. 算术表达式

算术表达式是用算术运算符将运算对象连接起来的符合语法规则的式子。

自增运算符和自减运算符的优先级别高于其他的算术运算符。例如,表达式 8＋x＋＋,不应被看作 8＋(x＋＋)。如果 x 的原值是 6,则表达式 8＋x＋＋的值是 14,运算结束后 x 的值是 7。

2. 赋值表达式

由赋值运算符将变量和表达式连接起来的式子称为赋值表达式。例如，

```
y = x = 8 * 8 + 3        //x = 8 * 8 + 3; y = x
```

这个赋值表达式的值是67。由于赋值运算符的结合性是自右至左的，所以 y＝x＝8 * 8＋3 和 y＝(x＝8 * 8＋3)是等价的。

3. 关系表达式

用关系运算符将两个表达式连接起来的式子称为关系表达式。关系表达式的值是布尔类型，即真(True)或假(False)。例如，

```
x = 8;
y = 6;
z = x > y + 3;           //结果为 false
a = x > y&&z;            //结果为 false
```

4. 逻辑表达式

用逻辑运算符将关系表达式或者逻辑值连接起来的式子称为逻辑表达式。逻辑表达式的值只能取 true 或 false。

3 个逻辑运算符的运算顺序为"逻辑非"最高，其次是"逻辑与"，最后为"逻辑或"。例如，

```
!(3>6)||(5<8)&&(2>=9)||(7>=1)
```

5. 条件表达式

由条件运算符和表达式组成的式子称为条件表达式。例如，

```
8>3?5:2;
```

其结果为5，因为8＞3 为 true，则整个表达式的值为":"前面表达式的值，这里是常数5。例如，已知：

```
int i = 0;
bool result = false
result = (++i) + i == 2?true:false;
```

则变量 result 的值为多少？

注意：表达式 i＋＋和＋＋i 的区别。

在实际运算中，往往有多个运算符参与运算，这时要把握一个问题：优先级与结合性问题。在 C♯中，优先级和结合性如表 5-2 所示。

表 5-2　优先级和结合性

优先级	说　　明	运　算　符	结　合　性
1	括号	()	从左到右
2	自加/自减运算符	++/--	从右到左
3	乘法运算符 除法运算符 取模运算符	* / %	从左到右
4	加法运算符 减法运算符	+ -	从左到右
5	小于 小于或等于 大于 大于或等于	< <= > >=	从左到右
6	等于 不等于	== !=	从左到右
7	逻辑与	&&	从左到右
8	逻辑或	||	从左到右
9	赋值运算符和快捷运算符	=　+=　*= /=　%=　-=	从右到左

5.2.3　案例实现

1. 案例分析

（1）简单计算器首先需要两个运算数；

（2）在输入运算数时,需要判断运算数是否是 int 类型,判断输入的字符串是否为 int 类型,此处用转换为 int 类型数据是否发生异常来判断；

（3）输入运算数之后要输入另一个运算符；

（4）由运算数与运算符共同组成运算表达式计算出运算结果。

2. 代码实现

```
static void Main(string[] args)
        {
            //先输入第一个数
            Console.WriteLine("请输入第一个数:");
            string num1 = Console.ReadLine();
            //接着判断输入的这个数是否为整数,如果不是整数,提示重新输入第一个数
            //实参:真正进行方法中使用的参数
            int number1 = CheckNum(num1);
            //先输入第二个数
            Console.WriteLine("请输入第二个数:");
            string num2 = Console.ReadLine();
            int number2 = CheckNum(num2);
            //选择运算符
            Console.WriteLine("请选择运算符:1. +　2. -　3.x　4.÷　5.%");
```

```csharp
            string fun = Console.ReadLine();
            GetResult(fun, number1, number2);
            Console.ReadLine();

        }
        /// <summary>
        /// 检测这个字符串是否能够转换为32位有符号整数
        /// </summary>
        /// <param name = "num">要进行判断的字符串</param>
        static int CheckNum(string num)
        {
            try
            {
                int i = int.Parse(num);
                return i;
            }
            catch (Exception e)
            {
                Console.WriteLine("输入有误,请重新输入:");
                string str = Console.ReadLine();
                //递归算法
                return CheckNum(str);
            }
        }

        static void GetResult(string fun, int num1, int num2)
        {
            int res = 0;
            string yun = "";
            switch (fun)
            {
                case "1":
                    res = num1 + num2;
                    yun = " + ";
                    break;
                case "2":
                    res = num1 - num2;
                    yun = " - ";
                    break;
                case "3":
                    res = num1 * num2;
                    yun = "x";
                    break;
                case "4":
                    res = num1 / num2;
                    yun = " ÷ ";
                    break;
                case "5":
                    res = num1 % num2;
```

```
                    yun = "%";
                    break;
            default:
                    Console.WriteLine("请重新选择:");
                    string str = Console.ReadLine();
                    GetResult(str, num1, num2);
                    return;
        }
        Console.WriteLine("{0}{3}{1} = {2}", num1, num2, res, yun);
}
```

3. 运行结果

案例的运行结果如图 5-8 所示。

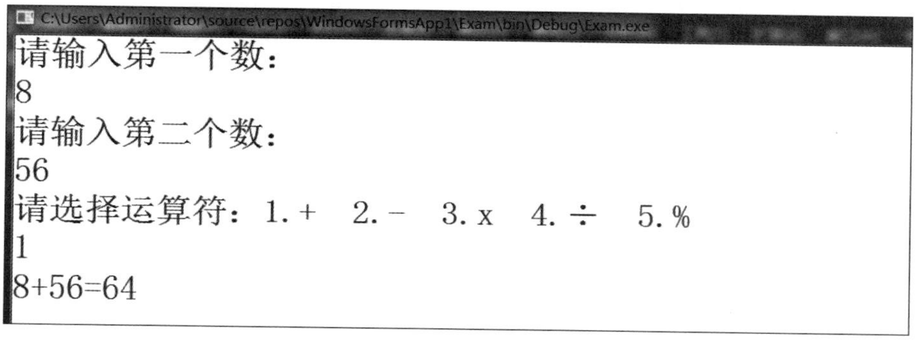

```
C:\Users\Administrator\source\repos\WindowsFormsApp1\Exam\bin\Debug\Exam.exe
请输入第一个数:
8
请输入第二个数:
56
请选择运算符:  1. +    2. -    3. x    4. ÷    5. %
1
8+56=64
```

图 5-8 程序效果图

本章小结

本章的主要内容有表达式与运算符,常用的几种运算符是本章重点掌握的内容。在程序的开发过程中,运算符会被频繁地使用,可见其重要性。最常用到的运算符有算术运算符、赋值运算符、关系运算符、逻辑运算符、移位运算符以及一些特殊的运算符。同时表达式中出现不同运算符时运算符的优先级问题也属于本章的重点内容。

第 6 章 流程控制语句

6.1 选择语句的应用

视频 7
选择语句

6.1.1 案例描述

生活中经常会碰到多种选择的时候，这时就要用到选择控制语句。比如案例中的输入某一个学生的分数，可以输出学生的等级。通过学习本节知识，可以完成如图 6-1 所示的案例。

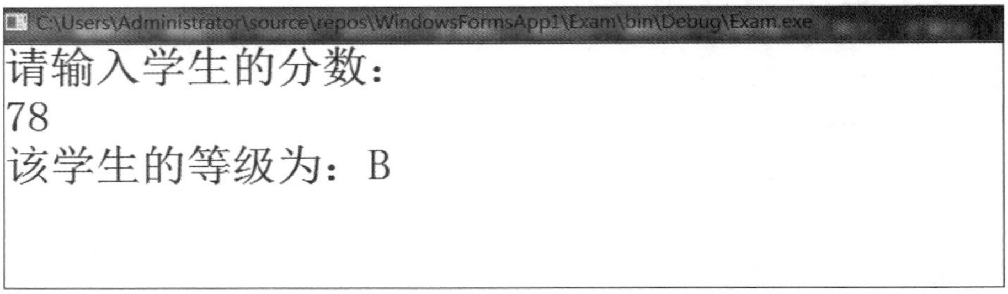

图 6-1　案例图

6.1.2 知识引入

选择结构是一种常用的基本结构，是计算机根据所给定选择条件为真与否，而决定从各实际可能的不同操作分支中执行某一分支的相应操作。

1. if…else 语句

1）if 语句

语法形式：

```
if(表达式)
{
//表达式为真时执行的语句
}
```

简单 if 结构的流程图如图 6-2 所示。

说明：如果表达式的值为 true，则执行后面 if 语句所控制的语句；如果表达式的值为

false,则不执行 if 语句控制的语句,而直接跳转执行后面的语句。

注意:如果 if 语句块中只有一条语句,则大括号"{}"可以省略。

【例 6-1】 编程:输入 3 个数,将它们从大到小排序

```
int a,b,c,t = 0;
Console.Write("请输入第一个数:");
a = int.Parse(Console.ReadLine());
Console.Write("请输入第二个数:");
b = int.Parse(Console.ReadLine());
Console.Write("请输入第三个数:");
c = int.Parse(Console.ReadLine());
if(a < b)//本条件语句实现 a > = b
{t = a;a = b;b = t;}
if(a < c)//本条件语句实现 a > = c
{t = a;a = c;c = t;}
if(b < c)//本条件语句实现 b > = c
{t = b;b = c;c = t;}
Console.WriteLine("排序结果为:{0},{1},{2}",a,b,c);
```

2) if…else 语句

语法:

```
if(表达式)
{
//语句块 1
}
else
{
//语句块 2
}
```

if…else 结构的逻辑流程图如图 6-3 所示。

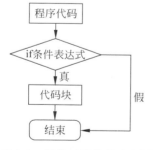

图 6-2 简单 if 结构的流程图

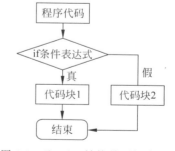

图 6-3 if…else 结构的逻辑流程图

说明:如果表达式的值为 true,则执行 if 语句所控制的语句块 1;如果表达式的值为 false,则执行 else 语句所控制的语句块 2。

3) 多重 if 语句

很多时候,并不是用上面两种简单判断就可以解决问题的。如商场需要根据客户的情况给予不同的折扣,一次消费满 300 元以上打 8 折,消费满 100 元以上 9 折,其余按原价销

售。要解决这个问题就要用到多重if结构。多重if结构的语法如下：

```
if(表达式 1)
{
//语句块 1
}
else if(表达式 2)
{
//语句块 2
}
…
else if(表达式 3)
{
//语句块 3
}else
//语句块 4
```

多重if结构的逻辑流程图如图6-4所示。

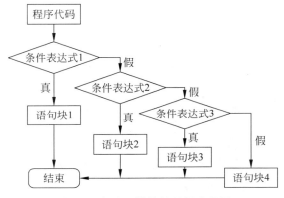

图6-4 多重if结构的逻辑流程图

4）嵌套if语句

嵌套if语句的语法如下：

```
if(表达式 1)
{
if(表达式 2)
{
//语句块 1
}
else
{
//语句块 2
}
}
else
{
//语句块 3
}
```

此结构的逻辑流程如图 6-5 所示。

注意：嵌套 if 结构一定要注意 if 和 else 相匹配的问题。else 和离它最近的那个缺少 else 的 if 相匹配。

2．多路选择：switch 语句

C#中的 switch 语句和 if 语句一样都可以实现条件判断，只是适用的条件不同。switch 语句主要用于多重条件。switch 的语法结构如下：

```
switch(表达式)
{
case 常量表达式 1:
语句块 1;
break;              //必须有
case 常量表达式 2:
语句块 2;
break;              //必须有
…
default:
语句块 n;
break;              //必须有
}
```

说明：switch 后面括号中的内容表示要判断的条件，case 是关键字，表示符合判断条件的值，break 关键字表示判断结束并返回，关键字 default 表示如果括号中的条件和 case 中的值都不符合，则执行此语句块。

switch 结构的逻辑流程图如图 6-6 所示。

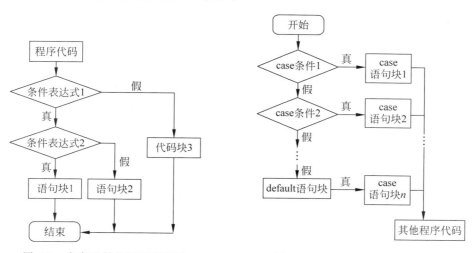

图 6-5　嵌套 if 结构逻辑流程图　　　　图 6-6　switch 结构的逻辑流程图

注意：在 C#中，两个或更多的 case 语句可以共用同一程序代码。

6.1.3　案例实现

1．案例分析

此案例比较简单，我们只需要做到在用户输入学生成绩时进行验证，如果输入内容不是数字提示用户重新输入即可。

在实现返回学生成绩等级时可以通过 if…else 语句实现,也可以通过 switch…case 语句来实现。

学生成绩等级为:A(80~100 分)、B(70~79 分)、C(60~69 分)、D(0~59 分)。

2. 代码实现

利用 if…else 语句的实现代码如下:

```csharp
static void Main(string[] args)
{
    Console.WriteLine("请输入学生的分数:");
    string strScore = Console.ReadLine();
    //将输入的字符串转换为 int 类型
    int score = CheckNum(strScore);
    if(score >= 80){
        Console.WriteLine("该学生的等级为:A");
    }else if (score >= 70)
    {
        Console.WriteLine("该学生的等级为:B");
    }
    else if (score >= 60)
    {
        Console.WriteLine("该学生的等级为:C");
    }
    else
    {
        Console.WriteLine("该学生的等级为:D");
    }
    Console.ReadLine();
}
/// <summary>
/// 检测这个字符串是否能够转换为 32 位有符号整数
/// </summary>
/// <param name = "num">要进行判断的字符串</param>
static int CheckNum(string num)
{
    try
    {
        int i = int.Parse(num);
        return i;
    }
    catch (Exception e)
    {
        Console.WriteLine("输入有误,请重新输入:");
        string str = Console.ReadLine();
        //递归算法
        return CheckNum(str);
    }
}
```

利用 switch…case 语句实现的代码如下所示。

```csharp
static void Main(string[] args)
        {
            Console.WriteLine("请输入学生的分数:");
            string strScore = Console.ReadLine();
            //将输入的字符串转换为 int 类型
            int score = CheckNum(strScore);
            switch (score/10) {
                case 10:
                case 9:
                case 8:
                    Console.WriteLine("该学生的等级为:A");
                    break;

                case 7:
                    Console.WriteLine("该学生的等级为:B");
                    break;
                case 6:
                    Console.WriteLine("该学生的等级为:C");
                    break;
                default:
                    Console.WriteLine("该学生的等级为:D");
                    break;
            }
            Console.ReadLine();

        }
        /// <summary>
        /// 检测这个字符串是否能够转换为 32 位有符号整数
        /// </summary>
        /// <param name = "num">要进行判断的字符串</param>
        static int CheckNum(string num)
        {
            try
            {
                int i = int.Parse(num);
                return i;
            }
            catch (Exception e)
            {
                Console.WriteLine("输入有误,请重新输入:");
                string str = Console.ReadLine();
                //递归算法
                return CheckNum(str);
            }
        }
```

3．运行结果

运行结果如图 6-7 与图 6-8 所示。

图 6-7 案例运行结果图 1

图 6-8 案例运行结果图 2

视频 8
循环语句

6.2 循环语句输出九九乘法表

6.2.1 案例描述

九九乘法表是循环的一个典型案例,乘法表中的乘数都是从 1~9 的数,需要利用循环来写出。通过学习本节的内容将完成如图 6-9 所示的案例。

图 6-9 案例图

6.2.2 知识引入

1. 循环语句

在编程语言中,循环就是重复执行一些语句。为了适应不同的应用,C#提供了多种循环结构。本节详细讲述各种循环结构的用法。

(1) 先判断后执行——while 循环。

while 循环是一个标准的循环语句,先判断是否满足条件,如果满足条件就执行循环,不满足就跳出循环,执行循环体外的语句。语法如下:

```
while(条件表达式)
{
//代码块
}
```

功能：只要条件为真，则执行循环体中的语句。
while 循环的逻辑流程图如图 6-10 所示。
说明：可利用 break 和 continue 来控制循环。
break：提前结束循环，一般和条件配合使用。
continue：跳过当前循环并开始下一循环。
循环语句允许嵌套，即 while 语句里面还可以再套 while 语句。
（2）先执行后判断——do…while 循环。
do…while 循环和 while 循环不同之处在于前者要先执行，再判断条件，后者是先判断，再执行，所以 do…while 循环不管是否满足条件，都会至少执行一次代码块。语法如下：

```
do
{
//代码块;
}
while(条件表达式);
```

do…while 循环的逻辑流程图如图 6-11 所示。

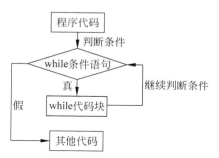

图 6-10　while 循环的逻辑流程图

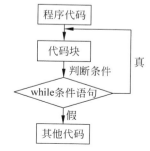

图 6-11　do…while 循环的逻辑流程图

功能：与 while 类似，但有区别（do…while 循环中即使条件为假时也至少执行一次该循环体中的语句）。
（3）判断后执行的另一种方式——for 循环。
for 循环和 while 循环都是先判断后执行的方式，for 循环的判断条件可以比 while 复杂，常常用在可以确定循环次数的情况下，语法如下：

```
for(表达式1;表达式2;表达式3)
{
//语句块
}
```

说明：for 循环要求只有在对特定条件进行判断后才允许执行循环,这种循环用于将某个语句或语句块重复执行预定次数的情形。

for 循环的 3 个表达式都可以省略,但是两个分号不能省略。如：

```
for(;i<5;i++)
for(;i<5;)
for(;;)
```

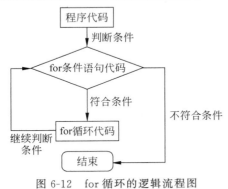

图 6-12　for 循环的逻辑流程图

这些都是合法的,但是省略了表达式 2 会陷入死循环。

for 循环的逻辑流程图如图 6-12 所示。

for 语句的几点说明：

① 如果对循环变量在 for 语句前已赋初值,则在 for 语句中可省略表达式 1,但要保留其后的分号。

② for 语句可以省略表达式 2,即不判断表达式条件是否成立,循环将一直进行下去,但应保留表达式 2 后面的分号。此时,需要在循环体中添加跳出循环的控制语句。

③ for 中可以省略表达式 3。此时应在循环体中添加改变循环变量值的语句,以结束循环。

④ for 语句中的 3 个表达式可同时省略。

⑤ for 循环语句也可以嵌套。

(4) 简单利索的 foreach 循环。

foreach 循环用于遍历整个集合或数组,可以获取集合中的所有对象,循环条件不使用布尔表达式。foreach 循环简单易用,代码简洁。在以后的学习中,会经常用到。语法如下：

```
foreach(数据类型元素 in 集合或者数组)
{
//代码块
}
```

foreach 循环的逻辑流程图如图 6-13 所示。

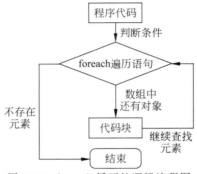

图 6-13　foreach 循环的逻辑流程图

2．跳转语句

在前面的循环示例中，每一段代码都是必须循环完毕后自动退出，才继续执行其他代码，如果希望在某个循环中间中断，符合某条件再继续循环，用什么办法呢？这就是 continue 和 break 的作用。

1) break 语句

在 switch 语句中，break 用来使程序流程跳出 switch 语句，继续执行 switch 后面的语句；在循环语句中，break 用来从当前所在的循环内跳出。语法格式如下：

```
break;
```

2) continue 语句

continue 语句用于循环语句中。continue 语句并不是跳出当前的循环，它只是终止一次循环，接着进行下一次循环是否执行的判定。语法格式如下：

```
continue;
```

3．嵌套循环

嵌套循环就是在循环中可以再使用循环，我们前面讲过的 while、do…while、for、foreach 循环都是可以互相嵌套的。

6.2.3 案例实现

1．案例分析

九九乘法表中，乘数从 1~9 循环，被乘数也是从 1~9 循环，所以需要用嵌套循环完成。

2．代码实现

for 循环实现代码如下：

```
static void Main(string[] args)
        {
            int i, j;      //定义两个乘数
            for (i = 1; i < 10; i++) {
                //循环乘数1
                for (j = 1; j <= i; j++)
                {
                    //循环乘数2,并且输出结果
                    Console.Write("{0} * {1} = {2}\t",j,i,i*j);
                }
                //将输出的结果换行
                Console.WriteLine();
            }
            Console.ReadLine();
        }
```

while 循环实现代码如下：

```csharp
static void Main(string[] args)
        {
            int i = 1, j = 1 ;      //定义两个乘数
            while(i < 10){
                //循环乘数1
                //初始化 j
                j = 1;
                while(j <= i)
                {
                    //循环乘数2,并且输出结果
                    Console.Write("{0} * {1} = {2}\t",j,i,i * j);
                    j++;
                }
                //将输出的结果换行
                i++;
                Console.WriteLine();
            }
            Console.ReadLine();
        }
```

3. 运行结果

案例的运行结果如图 6-14 所示。

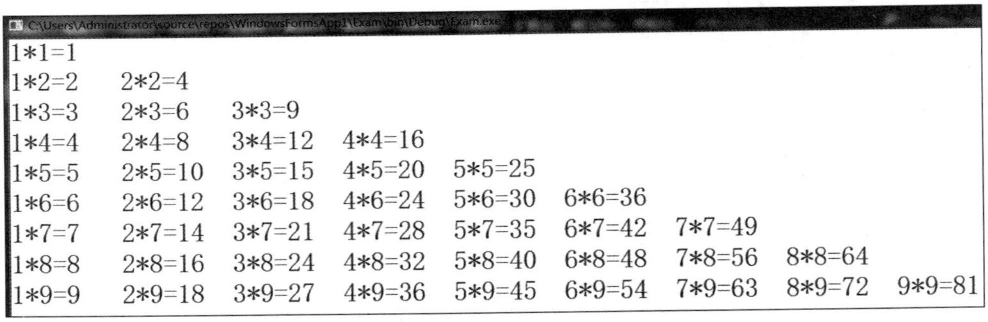

```
1*1=1
1*2=2   2*2=4
1*3=3   2*3=6   3*3=9
1*4=4   2*4=8   3*4=12  4*4=16
1*5=5   2*5=10  3*5=15  4*5=20  5*5=25
1*6=6   2*6=12  3*6=18  4*6=24  5*6=30  6*6=36
1*7=7   2*7=14  3*7=21  4*7=28  5*7=35  6*7=42  7*7=49
1*8=8   2*8=16  3*8=24  4*8=32  5*8=40  6*8=48  7*8=56  8*8=64
1*9=9   2*9=18  3*9=27  4*9=36  5*9=45  6*9=54  7*9=63  8*9=72  9*9=81
```

图 6-14　运行效果

本章小结

本章详细介绍了选择语句、循环语句和跳转语句的概念及用法。在程序编写过程中,语句是程序完成一次操作的基本单位,通过实例演示每种语句的用法。本章还需要重点掌握 if 语句、switch 语句、for 语句和 while 语句的用法,在未来的程序编写中,将会经常用到这几个语句。

第 7 章 数组与集合的使用

7.1 数组的冒泡排序

视频 9
数组的使用

7.1.1 案例描述

冒泡排序是数组的一个典型的案例,接下来通过本节的学习完成数组的赋值、排序的案例,如图 7-1 所示。

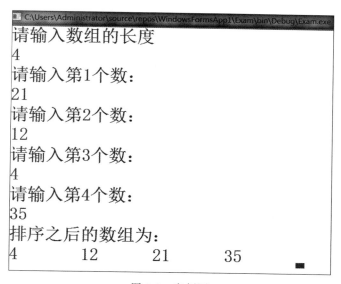

图 7-1 案例图

7.1.2 知识引入

1. 什么是数组

在实际的项目开发中,经常需要表示一组数据,如果每一个数据都用一个变量就需要定义很多个变量,为了方便引入了一个数组的概念。可以定义一个数组来表示这一组数据。

数组是具有相同类型和名称的变量的集合。同一数据类型的一组值存储为一个数组,数组属于引用类型,数组元素初始化或给数组元素赋值都可以在声明数组时或在程序的后面阶段中进行。

C#中数组定义：

```
数据类型[ ] 数组名称；
数据类型[ ] 数组名称 = new 数据类型[数组的大小或者容量]；
int[ ]arrayInt = new int[4];
```

其中，int 为数据类型，用于声明这个数组的数据类型。[ ]中的"4"称为数组的长度，组成数组的变量称为数组元素，这个数组包含 4 个数组元素，数组长度为 4，arrayInt 为数组名称。

也可以先声明数组的数值类型和名称，数组大小在后面的程序中再定义即可。

```
int[ ] arrayInt;              //声明数组
arrayInt = new int[4];        //定义数组大小
```

2. 数组的初始化

数组跟变量一样，在使用时必须对其进行初始化，即给变量或数组赋值。数组可以在定义时初始化，也可以在使用时再初始化。

```
string[ ] array = {"a", "b", "c", "d"};
```

也可以用下面的方法：

```
string[ ] arrayStr;
arrayStr = new string[4]{"a", "b", "c", "d"};
```

3. 二维数组的声明和使用

二维数组即数组的维数为 2，相当于一个表格。

1）二维数组的定义

二维数组的语法如下：

```
数据类型[,]数组名称；
```

2）二维数组的初始化

二维数组初始化有两种形式，可以通过 new 运算符创建数组并将数组元素初始化为默认值。代码如下：

```
string[,] arrStr = new string [2,2]{{ "a", "b"},{"c", "d"}};
```

也可以在初始化数组时，不指定行数和列数，而是使用编译器根据初始值的数量来自动计算数组的行数和列数。

```
int[,] arrInt = new int[,]{{6,9},{12,22}};
```

3）二维数组的使用

需要存储表格的数据时，可以使用二维数组。例如，4 行 3 列的二维数组的存储结构。

```
int[,] arr = new int[,]{{1,2},{3,4}};
```

如图 7-2 所示为二维数组的存储结构。

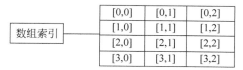

图 7-2　二维数组的存储结构

7.1.3　案例实现

1. 案例分析

案例分析如下：
(1) 从控制台获取数组长度 length；
(2) 定义一个长度为 length 的 int 类型数组；
(3) 用循环的方式来实现数组的赋值；
(4) 进行冒泡排序；
(5) 采用循环的方式将数组输出在控制台。
下面按层次来实现，以 5 个数字的数组为例。
第一步，定义数组：

```
int length = 5;
int[] arrInt = new int[length];
```

第二步，循环输入 5 个数字，采用 for 循环。代码如下：

```
for (int i = 0; i < arrInt.Length; i++)
    {
        Console.WriteLine("请输入第{0}个数字",i + 1);
        arrInt[i] = int.Parse(Console.ReadLine());
    }
```

第三步，如何实现冒泡排序。顾名思义，冒泡排序就是把较小的值看作小气泡，让它从下面一个个冒出来，越小的泡冒得越高，比较大的数逐级下沉，最后就实现了从小到大的排序，下面说明了冒泡排序的工作原理(对 10、8、12、6、2 这 5 个数进行排序)。
第一轮比较的过程如图 7-3 所示。

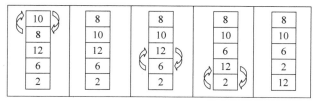

图 7-3　冒泡排序第一轮比较图

第二轮比较的过程如图 7-4 所示。

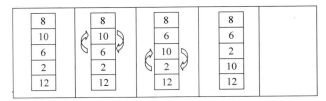

图 7-4　冒泡排序第二轮比较图

第三轮比较的过程如图 7-5 所示。

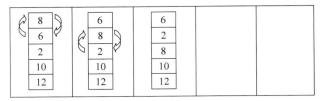

图 7-5　冒泡排序第三轮比较图

第四轮比较的过程如图 7-6 所示。

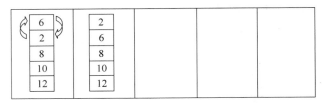

图 7-6　冒泡排序第四轮比较图

第一轮,即 i=0 时,数组中所有的元素,都参加比较,第一个比较的是 j=0 时,arrInt [0]与 arrInt [1]比较,执行内层循环代码,如果 arrInt [0]大于 arrInt [1],就通过中间变量进行交换,将较大值赋予 arrInt [1],位置后移一位。然后 j=1,arrInt [1]和 arrInt [2]进行比较,执行相同的代码块。以此类推,直到 j=3 时,arrInt [3]和 arrInt [4]进行比较,arrInt [9]交换成了最大值,共进行 4 次。

第二轮,即 i=1 时,arrInt [4]已经是最大值就不参加比较,那么交换 3 次就可以完成。

第三轮,即 i=2 时,arrInt [3]已经是最大值就不参加比较,那么交换 2 次就可以完成。

以此类推,经过 4 轮比较就完成 5 个数从小到大排序了。那么如果数组的长度为 length,需要 length-1 轮比较才能完成从小到大的排序。

2. 代码实现

```
static void Main(string[] args)
        {
            int[] arrInt;
            int length = 0;
            //输入数组长度提示语
            Console.WriteLine("请输入数组的长度");
            //接收输入的长度
```

```csharp
string lenStr = Console.ReadLine();
//将字符串转换为 int 类型
length = Convert.ToInt32(lenStr);
//给数组分配内存空间
arrInt = new int[length];
//循环输入数组的值
for (int i = 0; i < length; i++) {
    Console.WriteLine("请输入第{0}个数:", i + 1);
    arrInt[i] = Convert.ToInt32(Console.ReadLine());
}

//冒泡排序
for (int i = 0; i < length; i++)
{
    //循环 length-1 次,完成 length-1 轮
    for (int j = 0; j < length - i - 1; j++)
    {
        if(arrInt[j] > arrInt[j + 1]){
            int temp = arrInt[j];
            arrInt[j] = arrInt[j + 1];
            arrInt[j + 1] = temp;
        }
    }
}
//循环输出数组的值
Console.WriteLine("排序之后的数组为:");
for (int i = 0; i < length; i++)
{
    Console.Write("{0}\t", arrInt[i]);
}
Console.ReadKey();
}
```

3. 运行结果

运行的效果如图 7-7 所示。

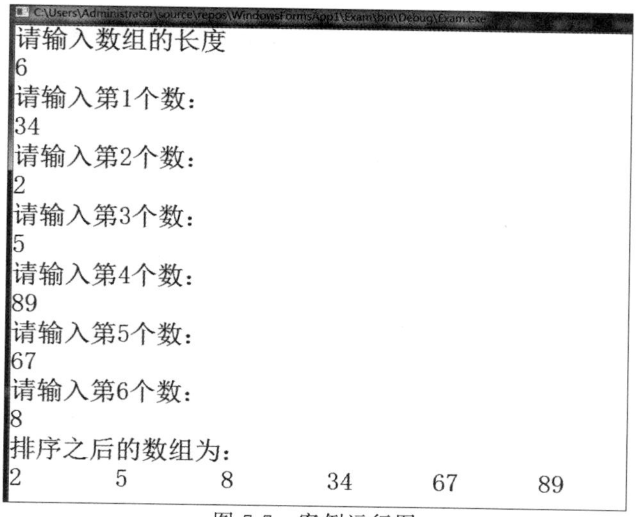

图 7-7 案例运行图

视频10
集合的使用

7.2 集合与数组的对比

7.2.1 案例描述

如果数据的个数确定则可以用数组;如果数据的个数不确定,则用集合表示就非常合适。在如图 7-8 所示的案例中,我们要列出所有的水仙花数,但是在列出之前我们不知道水仙花数的个数,所以选择集合更合适。

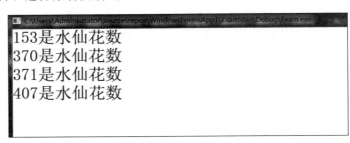

图 7-8 案例图

7.2.2 知识引入

集合与数组主要区别在于数组的大小是固定的。如果元素的数量是动态的,则要使用集合类。

1. 动态列表

.NET Framework 为动态列表提供了类 ArrayList 和 List < T >。System.Collections.Generic 命名空间中的类 List < T >的用法非常类似于 System.Collections 命名空间中的 ArrayList 类。

1) ArrayList 类

ArrayList 类相当于升级版的动态数组,它是 Array 类的升级版本。

(1) ArrayList 类定义。

ArrayList 类位于 System.Collections 命名空间下,它可以动态地添加和删除元素。可以将 ArrayList 类看作扩充了功能的数组,但它并不等同于数组。与数组相比,ArrayList 类为开发人员提供了以下功能。

- 数组的容量是固定的,而 ArrayList 的容量可以根据需要自动扩充。
- ArrayList 提供添加、删除和插入某一范围元素的方法,但在数组中,一次只能获取或设置一个元素的值。
- ArrayList 提供将只读和固定大小包装返回到集合的方法,而数组不提供。
- ArrayList 只能是一维形式,而数组可以是多维的。
- 可以存储不同类型的元素,因为所有 ArrayList 中的元素都是对象(System.Object)。

注意:默认大小为 16 个元素,当添加第 17 个元素时会自动扩展到 32 个。

ArrayList 提供了 3 个构造器,通过这 3 个构造器可以有 3 种声明方式,下面分别进行介绍。

① 默认的构造器,将会以默认(16)的大小来初始化内部的数组。构造器格式如下:

```
public ArrayList();
```

通过以上构造器声明 ArrayList 的语法格式如下:

```
ArrayList List = new ArrayList();    //List:ArrayList 对象名
```

② 用一个 ICollection 对象来构造,并将该集合的元素添加到 ArrayList 中。构造器格式如下:

```
public ArrayList(ICollection);
```

通过以上构造器声明 ArrayList 的语法格式如下:

```
ArrayList List = new ArrayList(arryName);
```

- List:ArrayList 对象名。
- arryName:要添加集合的数组名。

③ 用指定的大小初始化内部的数组。构造器格式如下:

```
public ArrayList(int);
```

通过以上构造器声明 ArrayList 的语法格式如下:

```
ArrayList List = new ArrayList(n);
```

- List:ArrayList 对象名。
- n:ArrayList 对象的空间大小。

(2) ArrayList 类的方法如表 7-1 所示。

表 7-1 ArrayList 类的方法

方 法 名	注 释
int Add(object value)	用于添加一个元素到当前列表的末尾
void Remove(object obj)	用于删除一个元素,通过元素本身的引用来删除
void RemoveAt(int index)	用于删除一个元素,通过索引值来删除
void RemoveRange(int index,int count)	用于删除一批元素,通过指定开始的索引和删除的数量来删除
void Insert(int index,object value)	用于添加一个元素到指定位置,列表后面的元素依次往后移动
void InsertRange(int index,Icollection collec)	用于从指定位置开始添加一批元素,列表后面的元素依次往后移动
void Sort()	对 ArrayList 或它的一部分中的元素进行排序
void Reverse()	将 ArrayList 或它的一部分中元素的顺序反转

续表

方法名	注释
int IndexOf(object) int IndexOf(object,int) int IndexOf(object,int,int)	返回 ArrayList 或它的一部分中某个值的第一个匹配项的从零开始的索引,没找到返回-1
int LastIndexOf(object) int LastIndexOf (object,int) int LastIndexOf (object,int,int)	返回 ArrayList 或它的一部分中某个值的最后一个匹配项的从零开始的索引,没找到返回-1
bool Contains(object)	确定某个元素是否在 ArrayList 中。包含返回 true,否则返回 false
void TrimSize()	这个方法用于将 ArrayList 固定到实际元素的大小,当动态数组元素确定不再添加的时候,可以调用这个方法来释放空余的内存
void Clear()	清空 ArrayList 中的所有元素
Array ToArray()	这个方法把 ArrayList 的元素复制到一个新的数组中

说明：在删除 ArrayList 中的元素时,如果不包含指定对象,则 ArrayList 将保持不变。

注意：在 RemoveRange 方法中参数 count 的长度不能超出数组的总长度减去参数 index 的值。

2) List<T>

C♯泛型类 List<T>表示可通过索引访问的对象的强类型列表,提供用于对列表进行搜索、排序和操作的方法。T 为类型参数,代表列表中元素的类型。该类实现了 IList<T>泛型接口,是 ArrayList 类的泛型等效类,其大小可按需动态增加。

(1) List<T>命名空间。

System.Collections.Generic(程序集:mscorlib)

(2) List<T>描述。

① 表示可通过索引访问的对象的强类型列表;提供用于对列表进行搜索、排序和操作的方法。

② 是 ArrayList 类的泛型等效类。

③ 可以使用一个整数索引访问此集合中的元素,索引从零开始。

④ 可以接收空引用。

⑤ 允许重复元素。

(3) List<T>类构造函数。

List<T>类构造函数如表 7-2 所示。

表 7-2 List<T>类构造方法

名称	说明
List<T>()	初始化 List<T>类的新实例,该实例为空,并且具有默认初始容量(0)
List<T>(IEnumerable<T>)	初始化 List<T>类的新实例,该实例包含从指定集合复制的元素并且具有足够的容量来容纳所复制的元素
List<T>(Int32)	初始化 List<T>类的新实例,该实例为空,并且具有指定的初始容量

说明：默认向 List<T> 添加元素时,将通过重新分配内部数组,根据需要自动增大容量。如果可以估计集合的大小,那么当指定初始容量后,将无须在向 List<T> 中添加元素时执行大量的大小调整操作。这样可提高性能。

（4）List<T>类属性。

List<T>类常见的属性如表 7-3 所示。

表 7-3 List<T>类的属性

名 称	说 明
Capacity	获取或设置该内部数据结构在不调整大小的情况下能够容纳的元素总数
Count	获取 List<T> 中实际包含的元素数

（5）List<T>类的方法。

List<T>类常见的方法的描述如表 7-4 所示。

表 7-4 List<T>类的方法

名 称	说 明
Add	将对象添加到 List<T> 的结尾处
AddRange	将指定集合的元素添加到 List<T> 的末尾
AsReadOnly	返回当前集合的只读 IList<T> 包装
BinarySearch(T)	使用默认的比较器在整个已排序的 List<T> 中搜索元素,并返回该元素从零开始的索引
BinarySearch(T，IComparer<T>)	使用指定的比较器在整个已排序的 List<T> 中搜索元素,并返回该元素从零开始的索引
BinarySearch(Int32，Int32，T，IComparer<T>)	使用指定的比较器在已排序 List<T> 的某个元素范围中搜索元素,并返回该元素从零开始的索引
Clear	从 List<T> 中移除所有元素
Contains	确定某元素是否在 List<T> 中
ConvertAll<TOutput>	将当前 List<T> 中的元素转换为另一种类型,并返回包含转换后的元素的列表
CopyTo(T[])	将整个 List<T> 复制到兼容的一维数组中,从目标数组的开头开始放置
Exists	确定 List<T> 是否包含与指定谓词所定义的条件相匹配的元素
Find	搜索与指定谓词所定义的条件相匹配的元素,并返回整个 List<T> 中的第一个匹配元素
FindIndex(Predicate<T>)	搜索与指定谓词所定义的条件相匹配的元素,并返回整个 List<T> 中第一个匹配元素的从零开始的索引
ForEach	对 List<T> 的每个元素执行指定操作
GetEnumerator	返回循环访问 List<T> 的枚举器
IndexOf(T)	搜索指定的对象,并返回整个 List<T> 中第一个匹配项的从零开始的索引
Insert	将元素插入 List<T> 的指定索引处
InsertRange	将集合中的某个元素插入 List<T> 的指定索引处
LastIndexOf(T)	搜索指定的对象,并返回整个 List<T> 中最后一个匹配项的从零开始的索引
Remove	从 List<T> 中移除特定对象的第一个匹配项

续表

名称	说明
Reverse()	将整个 List<T> 中元素的顺序反转
Sort()	使用默认比较器对整个 List<T> 中的元素进行排序
TrimExcess	将容量设置为 List<T> 中的实际元素数目(如果该数目小于某个阈值)
TrueForAll	确定是否 List<T> 中的每个元素都与指定的谓词所定义的条件相匹配

2. Hashtable

1) Hashtable 定义

Hashtable 通常称为哈希表,它表示键/值对的集合,这些键/值对根据键的哈希代码进行组织。它的每个元素都是一个存储在 DictionaryEntry 对象中的键/值对。键不能为空引用,但值可以。Hashtable 的常用属性及说明如表 7-5 所示。

表 7-5 Hashtable 的常用属性及说明

属性	说明
Count	获取 Hashtable 中包含的键/值对个数
IsFixedSize	表示 Hashtable 是否是固定大小
IsReadOnly	表示是否为只读
Item	获取或设置指定的键相关的值
Keys	获取 Hashtable 中所有的键的集合
Values	获取 Hashtable 中所有的值的集合

Hashtable 常用的构造函数:

```
public Hashtable()
public Hashtable(int capacity)
```

capacity:Hashtable 对象最初可包含的元素的近似数目。

2) Hashtable 方法

(1) Add 方法。

该方法用来将带有指定键和值的元素添加到 Hashtable 中,其语法格式如下:

```
public virtual void Add(Object key,Object value)
```

- key:要添加的元素的键。
- value:要添加的元素的值,该值可以为空引用。

说明:

如果指定了 Hashtable 的初始容量,则不用限定向 Hashtable 对象中添加的因子个数。容量会根据加载的因子自动增加。

(2) Clear 方法。

该方法用来从 Hashtable 中移除所有元素,其语法格式如下:

```
public virtual void Clear()
```

(3) Remove 方法。

该方法用来从 Hashtable 中移除带有指定键的元素,其语法格式如下:

```
public virtual void Remove(Object key)
```

- key:要移除的元素的键。

(4) Contains 方法。

该方法用来确定 Hashtable 中是否包含特定键,其语法格式如下:

```
public virtual bool Contains(Object key)
```

- key:要在 Hashtable 中定位的键。
- 返回值:如果 Hashtable 包含具有指定键的元素,则为 true;否则为 false。

(5) ContainsValue 方法。

该方法用来确定 Hashtable 中是否包含特定值,其语法格式如下:

```
public virtual bool ContainsValue(Object value)
```

- value:要在 Hashtable 中定位的值,该值可以为空引用。
- 返回值:如果 Hashtable 中包含带有指定的 value 的元素,则为 true;否则为 false。

7.2.3 案例实现

1. 案例分析

在进行编程之前首先了解什么是水仙花数。

水仙花数是指一个 3 位数,它的每个位上的数字的 3 次幂之和等于它本身(例如,$1^3 + 5^3 + 3^3 = 153$)。

我们需要对 100~999 的所有数循环处理,将其中的百位数、十位数和个位数分别拆分出来。

2. 代码实现

```
static void Main(string[] args)
        {
            int i, j;                           //定义两个乘数
            for (i = 100; i < 1000; i++)
            {
                int bi = i / 100;               //获取百位数
                int si = (i % 100) / 10;        //获取十位数
                int gi = i % 10;                //获取个位数
                if (bi * bi * bi + si * si * si + gi * gi * gi == i)
                                                //判断是否为水仙花数
                {
                    //将水仙花数输出
                    Console.WriteLine("{0}是水仙花数",i);
```

```
            }
        }
        Console.ReadLine();
    }
```

3. 运行结果

案例的运行结果如图 7-9 所示。

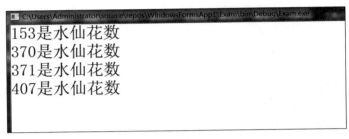

图 7-9　效果图

本章小结

本章首先对数组进行了详细讲解,数组主要分为一维数组和二维数组;然后介绍了两种常用的集合类动态列表和 Hashtable。接着介绍了数组的各种操作,比如遍历、删除、排序、合并和拆分等。通过本章学习,要熟练掌握数组、ArrayList 集合以及 Hashtable 的使用。

第 8 章 面向对象应用

8.1 结构的使用

8.1.1 案例描述

在控制台应用程序中定义一个结构体来表示矩形,结构体中定义了矩形的宽和高,并且定义了一个计算面积的方法。在主程序中通过调用结构体实现如图 8-1 所示的案例。

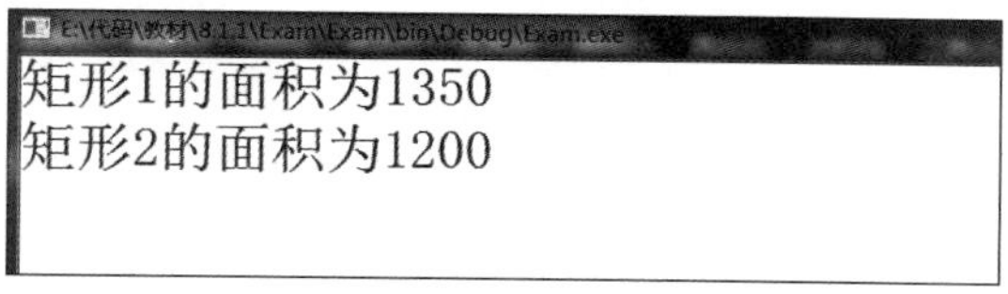

视频 11 结构体的使用

```
矩形1的面积为1350
矩形2的面积为1200
```

图 8-1 案例效果图

8.1.2 知识引入

1. 结构概述

结构是一种值的类型,通常用来封装一组相关的变量,结构中可以包括构造函数、常量、字段、方法、属性、运算符、事件和嵌套类型等。如果要同时包括上述几种成员,则应该考虑使用类。

结构实际是将多个相关的变量包装成为一个整体使用。在结构体中的变量,可以是相同、部分相同或完全不同的数据类型。例如,将银行的储户看作一个结构体,可以将个人信息放入结构体中,主要包含姓名、身份证号、出生年月、性别等信息。

结构具有以下特点:

- 结构是值的类型。
- 向方法传递结构时,结构是通过传值方式传递的,而不是作为引用传递的。
- 结构的实例化可以不使用 new 运算符。
- 结构可以声明构造的数,但它们必须带参数。
- 一个结构不能从另一个结构或类继承。所有结构都直接继承自 System.ValueType,后者继承自 System.Object。
- 结构可以实现接口。

- 在结构中初始化实例字段是错误的。

说明：在结构声明中，除非字段被声明为 const 或 static，否则无法初始化。

C#中使用 struct 关键字来声明结构，语法如下：

```
结构修饰符    struct    结构名
```

2. 结构的使用

结构和整型、字符型一样是值类型，类是引用类型。值类型和引用类型最大的不同在于，值类型定义后就分配内存，而引用类型是动态分配内存的。因此一般结构适用于包含的数据比较少，只有一些简单方法的情况。下面的代码片段演示了结构的使用方法。

【例 8-1】 结构的使用方法。

```csharp
class Program
{
    static void Main(string[] args)
    {
        Person myperson;              //创建对象
        //给变量赋值
        myperson.name = "程灵素";
        myperson.age = 23;
        myperson.gender = "女";
        myperson.hobby = "研制毒药";
        myperson.Eat();               //调用结构的方法
        Console.WriteLine("武侠人物姓名{0},年龄{1},性别{2},爱好{3}",
            myperson.name,myperson.age,myperson.gender,myperson.hobby);
        Person newperson;
        newperson = myperson;
        Console.WriteLine("新的武侠人物姓名{0},年龄{1},性别{2},爱好{3}",
            newperson.name,newperson.age,newperson.gender,newperson.hobby);
        Console.ReadKey();
    }
}
struct Person
{
    //结构的成员变量
    public string name;
    public string gender;
    public int age;
    public string hobby;
    //结构的构造函数

    public Person(string name,string gender,int age,string hobby)
    {
        this.name = name;
        this.gender = gender;
        this.age = age;
        this.hobby = hobby;
    }
```

```
//结构中的方法
Public void Eat()
{
Console.WriteLine("每个人都要吃饭");
}
}
```

代码"Person myperson;"用于创建对象,结构创建对象时不用 new 关键字,直接声明就可以。

代码输出结果如图 8-2 所示。

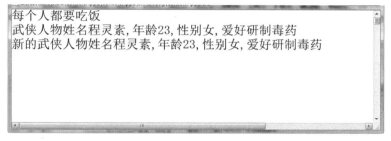

图 8-2　例 8-1 程序运行图

8.1.3　案例实现

1. 案例分析

案例中首先定义一个结构体 Rect,结构体中定义两个 double 类型的宽 width 和高 height;然后定义一个构造函数,在创建结构体时给 width 和 height 赋值;最后定义一个 Area 方法,用来返回矩形的面积。

2. 代码实现

```
struct Rect {
          public double width;
          public double height;
          public Rect(double w,double h) {
              width = w;
              height = h;
          }
          public double Area() {
              return width * height;
          }
    }
    static void Main(string[] args)
    {
        Rect r1;
        r1.height = 30;
        r1.width = 45;
        Console.WriteLine("矩形 1 的面积为{0}",r1.Area());
```

```
            Rect r2 = new Rect(60,20);
            Console.WriteLine("矩形 2 的面积为{0}", r2.Area());
            Console.Read();
        }
```

3. 运行结果

案例的运行结果如图 8-3 所示。

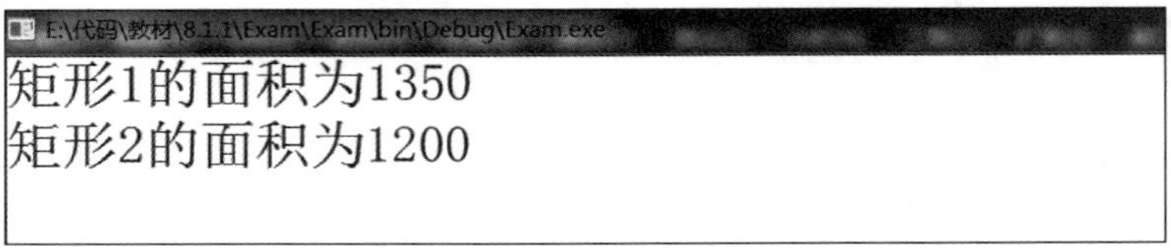

```
矩形1的面积为1350
矩形2的面积为1200
```

图 8-3　程序运行图

视频 12
如何使用类

8.2　如何使用类

8.2.1　案例描述

假如一个班级里有 50 名学生,每个学生都有学号、姓名、性别的属性,如果希望通过学生姓名或者学号查询该学生的其他信息,如何实现呢？通过本节的学习可以实现这个功能。

8.2.2　知识引入

1. 类

1) 面向对象概述

面向对象编程(Object-Oriented Programming,OOP)是开发应用程序的一种新方法、新思想。过去的面向过程编程常常会导致所有的代码都包含在几个模块中,使程序难以阅读和维护。对软件做一些修改时常常牵一动百,使以后的开发和维护难以为继,而使用 OOP 技术,常常要使用许多代码模块,每个模块只提供特定的功能,它们是彼此独立的。这样就提高了代码的重用率,更加有利于软件的开发维护和升级。

在面向对象编程中,算法与数据结构被看作一个整体,称为对象。

面向对象的编程方式具有封装、继承和多态性等特点,下面进行详细介绍。

(1) 封装。

类是属性和方法的集合,为了实现某项功能而定义类后,开发人员并不需要了解类体内每句代码的具体含义,只需通过对象来调用类内某个属性或方法即可实现某项功能,这就是类的封装性。

例如,使用计算机时,并不需要将计算机拆开了解每个部件的具体用处。用户只需按下主机箱上的 Power 按钮即可启动计算机,从键盘上按下按键即可将文字输入到计算机中,但对于计算机内部的构造,用户可能根本不了解,这就是封装的具体表现。

(2) 继承。

通过继承可以创建子类(派生类)和父类之间的层次关系,子类(派生类)可以从其父类中继承属性和方法,通过这种关系模型可以简化类的操作。

假如已经定义了 A 类,接下来准备定义 B 类,而 B 类中有很多属性和方法与 A 类相同,那么就可以使 B 类继承于 A 类,这样就无须再在 B 类中定义 A 类已有的属性和方法,从而可以在很大程度上提高程序的开发效率。

（3）多态性。

类的多态性指不同的类进行同一操作可以有不同的行为。

例如,定义一个火车类和一个汽车类,火车和汽车都可以移动,说明两者在这方面可以进行相同的操作。然而,火车和汽车移动的行为是截然不同的,因为火车必须在铁轨上行驶,而汽车在公路上行驶,这就是类的多态性的形象比喻。

2）类的概念

类是对象概念在面向对象编程语言中的反映,是相同对象的集合。类描述了一系列在概念上有相同含义的对象,并为这些对象统一定义了编程语言上的属性和方法。如水果就可以看作一个类,苹果、梨、葡萄都是该类的子类（派生类）,苹果的生产地、名称（如富士苹果）、价格、运输途径相当于该类的属性,苹果的种植方法相当于类方法。果汁也可以看作一个类,包含苹果汁、葡萄汁、草莓汁等。如果想要知道苹果汁是用什么地方的苹果制作成的,可以查看水果类中关于苹果的相关属性。这时就用到了类的继承,也就是说,果汁类是水果类的继承类。简言之,类是 C# 中功能最为强大的数据类型,像结构一样,类也定义了数据类型的数据和行为。然后,程序开发人员可以创建作为此类的实例的对象。与结构不同,类支持继承,而继承是面向对象编程的基础部分。

3）类的声明

前面讲过 class 关键字,类就是用 class 来声明的。它的语法如下:

```
<访问修饰符>   class 类名
```

事实上,在前面的代码中已经接触过类,在每一段代码中都必须有类的声明,然后才可以编写代码,所有的代码必须包含在类之中,不存在类之外的代码,这是 C# 的要求。

提示:声明类的语法中访问修饰符是可选的。

【例 8-2】 创建一个汽车类,代码如下:

```
public class Car
{
public int number;           //编号
public string color;         //颜色
public string brand;         //厂家
}
```

其中,public 是类的修饰符。

类命名要遵循的编码规则如下:

类命名应该采用 Pascal 命名法,即首字母大写。通常命名类采用完整的英文单词,如 Book、Car、Student 等,都属于符合命名规范的命名。

（1）类的成员变量。

类的声明中类的主体代码通常包含类的成员变量和类的方法。声明成员变量的语法如下：

```
<访问修饰符> 数据类型 成员变量；
```

成员变量命名规范：

如果是公共成员变量、受保护的成员变量、内部成员变量命名，则使用 Camel 命名法，如 name、gender 等；如果是私有成员变量，则使用 Camel 命名法，并以下画线开头，如 _age、_score、_salary 等。以下代码显示如何声明成员变量的类。

```csharp
class Student
{
private string _name;
private int _score;
private string _subject;
private string _gender;
//类的主体
}
```

上述代码声明了 Student 类，类中包含私有成员变量_name、_score、_subject、_gender。

(2) 类的方法。

学生这个类中有姓名、学号、成绩、课程等属性，同时也有学习这个动作。通常将类的行为称为方法，将学生学习的动作称为学生类的方法。

4) 构造函数和析构函数

前面介绍了类和对象的基本知识，在以后的程序开发中会大量使用类和对象。任何对象从创建开始到结束，都有一个生命周期，在 C♯ 中通过构造函数和析构函数来完成对象的创建和销毁。本节通过学习构造函数和析构函数来理解对象的生命周期。

(1) 构造函数——创建对象。

前面学习了类的实例化过程，通过使用 new 关键字创建类的对象。在 C♯ 中，通过 new 关键字创建对象的过程其实就是通过 new 关键字调用类的构造函数的过程。创建对象时，必须调用构造函数，如果没有定义构造函数，那么系统会提供一个默认的构造函数。前面的例子都没有定义构造函数，实际上是系统提供了默认的构造函数。

构造函数是类中的特殊方法，C♯ 使用构造函数来初始化成员变量。创建构造函数的语法如下：

```csharp
class 类名
{
<访问修饰符>  类名()
{
//构造函数的主体
}
}
```

构造函数的定义规则如下：

- 构造函数名必须与类名一致。

- 构造函数没有返回值。
- 可以自定义构造函数,此时系统不再提供默认构造函数。

前面讲到的构造函数都是默认构造函数,这种构造函数不接受任何参数,称为无参数构造函数。构造函数的主体包含一个或者多个用于初始化成员变量的语句。如下代码演示了构造函数的用法。

```
using System;
using System.Collections.Generic;
using System.Linq;
using System.Text;
namespace Example_1
{//创建类
public class Dog
{
public string type;
public string color;
//构造函数
public Dog()
{
this.type = "京巴儿狗";
this.color = "黑色";
}
}
class Program
{
static void Main(string[] args)
{//实例化类
Dog mydog = new Dog();
//格式化数据
string str = String.Format("我的狗的品种是{0},颜色是{1}",mydog.type,mydog.color);
Console.WriteLine(str);            //输出
Dog yourdog = new Dog();           //实例化 dog 类
yourdog.type = "牧羊犬";            //成员变量 type 赋值
yourdog.color = "白色";             //成员变量 color 赋值
//输出对象 yourdog
Console.WriteLine("您的狗的品种是{0},颜色是{1}",yourdog.type,yourdog.color);
Console.ReadKey();
}
}
}
```

本实例代码定义了类 dog,包含两个成员变量 type 和 color,在构造函数中初始化了这两个成员变量。

(2)带参数的构造函数。

【例 8-3】 现在 Dog 中又出现了一只新狗,首先需要创建它的对象,再实例化 Dog 类(Dog newdog=new Dog()),它的属性值必须逐个赋值,还是可以在创建对象时指定?

构造函数可以没有参数,也可以包含一个以上的参数,带参数的构造函数用于初始化成

员变量,在实例化类时完成初始化的过程。其语法如下:

```
class 类名
{
<访问修饰符>  类名  (参数列表)
{
//构造函数主体
}
}
```

访问带参数的构造函数语法如下:

```
类名   对象名 = new   类名(参数值)
```

现在通过使用带参数的构造函数来实现,在创建对象时给属性赋值。

```csharp
namespace Example_2
{
//创建类
class Dog
{
public string type;
public string color;
//创建带参数的构造函数
public Dog(string strtype,string strcolor)
{
this.type = strtype;
this.color = strcolor;
}
}
class Program
{
static void Main(string[] args)
{
//创建对象
Dog mydog = new Dog("京巴儿狗","黑色");
Console.WriteLine("我的狗品种为{0},颜色为{1}",mydog.type,mydog.color);
Console.ReadKey();
}
}
}
```

注意:代码中第 9 行创建了带参数的构造函数,要求其参数的数据类型必须与成员变量的数据类型相同,可以是一个参数,也可是多个参数。第 20 行创建对象时调用了带参数的构造函数。

(3) 析构函数——销毁对象。

析构函数和构造函数刚好相反,构造函数在创建对象时使用,而析构函数在销毁对象时使用。程序中每次创建一个对象都要占用一定的系统资源，实时销毁无用的对象，释放资源才能够保证系统的运行效率。C#中运用垃圾回收器来实现这个功能。

当应用程序中的对象失去作用时，垃圾回收器自动调用析构函数释放资源。声明析构函数的语法如下：

```
~类名()
{
//析构函数主体
}
```

使用析构函数时要注意：
- 一个类只能有一个析构函数。
- 析构函数不能继承和重载。
- 析构函数不能手动调用，只能由垃圾回收器自动调用。
- 析构函数不能使用任何访问修饰符和参数。

下边代码演示 Dog 类的析构函数。

```
~Dog()
{
//析构函数主体
}
```

【例 8-4】 创建一个控制台应用程序，在 Program 类中，声明其析构函数，并在该析构函数中输出一个字符串；然后在 Main 方法中实例化 Program 类对象，运行程序时将自动调用析构函数，并实现析构函数中的功能。代码如下：

```csharp
using System;
using System.Collections.Generic;
using System.Linq;
using System.Text;
namespace UseXGHS
{
    class Program
    {
        ~Program()//析构函数
        {
            Console.WriteLine("析构函数自动调用");      //输出一个字符串
            Console.ReadLine();
        }
        static void Main(string[]args)
        {
            Program program = new Program();            //实例化 Program 对象
        }
    }
}
```

5）访问修饰符

在前面的示例中,我们在类和变量前面基本没有添加任何访问修饰符。C#规定,类默认的访问修饰符为 internal,类成员的默认访问修饰符为 private。访问修饰符代表什么意义呢?在程序中起什么样的作用?

生活中存在很多关于权限的例子,例如公园作为公共场所,任何人都可以去休闲活动,你的家只对你自己的家人开放,朋友可以进入你的客厅,不能进入卧室,你的日记只给你自己看,父母都无权查看。这些关于权限的设定,反映到程序设计中就是访问修饰符。访问修饰符用来规定被修饰的类、属性和方法被访问的权限。C#中共有4种访问修饰符,如表8-1所示。

表 8-1 访问修饰符

访问修饰符	说 明
public	可以被任意类访问
internal	可以被当前程序集访问
protected	可以被所属类和派生类访问
private	可以被所属类访问

public 关键字修饰的类或者成员属于公共的,任何类都可以访问。internal 标识的成员在一个程序集里是公共的,相当于 public,通常一个项目就是一个程序集。protected 关键字意思为"保护",该修饰符修饰的成员可以被本身和他的子类访问。没有子类时相当于 private 的作用。private 的意思就是私有的,只有本类自己可以访问,其他都不能访问。

例如,分析员工类 Employee 中需要包含姓名、性别、职称、薪水等信息,因此可以定义一个如下所示的类:

```
class Employee
{
private string _name;
private char _gender;
private string _qualification;
private uint _salary;
}
```

若要访问 Employee 类中的属性,则应先创建类的实例或对象。

```
Employee objEmployee = new Employee();
```

使用点号访问成员变量。

```
objEmployee._name = "张三";
objEmployee._gender = 'M';
```

类和对象是密不可分的,有类就有对象,有对象就有类,世界万物都可以看作对象。用面向对象的思想来思考问题,就要把一切都看成对象。

6) 对象的声明和实例化

(1) 对象的定义。

面向对象的编程是基于现实世界而产生的,是运用编程技术来解释现实世界。现实世界中对象比比皆是,生活中的每一个人都可以是一个对象,每张桌子、每把椅子、每辆汽车等都可以看作一个对象。可以说"一切皆对象"。而每个对象根据不同的分类标准,都归属于某个类,如桌子、椅子归属为家具,汽车归属为交通工具等。

对象是不能脱离类存在的。类是对象共同拥有的属性的描述,由对象归纳为类,对象是类的具体体现。如汽车属于一个类,而具体到你的车、我的车就都是对象。

在不同的情况下,思考的角度不同,分类的标准不同,对象也是不同的。在编程中,针对不同的需求,对象也是变化的。

只要记住,在 C# 中,所有的东西都可以看成是对象。

(2) 对象的声明和使用。

对象必须建立在类的基础上,声明一个对象也就是类的实例化过程。对象是类的具体化的体现。如创建一个类 Person,它的成员变量有姓名、性别、年龄、职业等,这个类是所有人所拥有属性的共同体现,具体到某一个人,你、我、他就是这个类的对象。首先创建一个类 Person,代码如下:

```
class Person
{
//成员变量
public string name;
public int age;
public string gender;
public string profession;
}
```

注意:类的成员变量的访问修饰符都使用了 public,在其他类中就可以访问。

- 创建完成类以后再声明一个对象,语法如下:

```
类名    对象名 = new 类名();
```

- 访问类的成员变量的语法如下:

```
对象名.变量名
```

下面声明一个 Person 的对象,即实例化类 Person,代码如下:

```
Person Objperson = new Person();
```

通过 new 操作符创建类的对象,也称为类的实例化,然后使用点号来操作对象的属性。不仅类的成员变量使用点号来操作,类的任何成员和方法都是通过点号来调用的。访问该对象的属性,代码如下:

```
Objperson.name = "赵阳";
```

【例 8-5】 创建一个控制台应用程序,在其中定义了一个 Person 类,在该类中定有 4 个变量,分别记录类的属性,然后实例化该类的一个对象,并通过该对象设置其属性,最后输出。代码如下:

```
using System;
using System.Collections.Generic;
using System.Linq;
using System.Text;
namespace Example_Object
{
//创建类
class Person
{
//成员变量
public string name;
public int age;
public string gender;
public string profession;
}
class Program
{
static void Main(string[] args)
{
Person objperson = new Person();    //实例化 Person 类
//对象的属性赋值
objperson.name = "韦小宝";
objperson.age = 20;
objperson.gender = "男";
objperson.profession = "学生";
//输出
Console.WriteLine("此对象的姓名:{0},年龄:{1},性别{2},职业{3}",objperson.name,objperson.age,objperson.gender,objperson.profession);
Console.ReadKey();
}
}
}
```

注意: 第 8~15 行创建了类 Person,对象名为 objperson,然后给成员变量赋值并输出结果。

7) 类和对象的关系

类是一种抽象的数据类型,而对象是类的实例。类和对象有着本质的区别,它们的关系就是辩证法中抽象与具体的关系。辩证法中抽象是指思维中把对象的某种属性、因素抽取出来而暂时舍弃其他属性、因素的一种方法;而具体是指多种规定性的综合。

- 类是从对象中抽取出来的一类对象的描述。
- 对象是真实的实体,是一个具体的事物。

- 从抽象到具体即是将类的属性和行为实例化的过程。

2. 抽象类与抽象方法

当一个类不与具体的事物相联系,而只表达一种抽象的概念,仅仅是作为其派生类的一个基类,这样的类就是抽象类。在抽象类中声明方法时,如果加上关键字 abstract,则为抽象方法。

1) 抽象类和抽象方法概述

简单地说,用来描述这些共性的类就是抽象类,抽象类中不考虑具体实现,只确定必须具有的行为,就是抽象方法。

抽象方法是一个没有实现的方法,使用关键字 abstract 定义抽象方法,语法如下:

```
<访问修饰符> abstract 返回类型 方法();
```

例如:

```
public abstract void Cry();
```

包含抽象方法的类就是抽象类,普通的类是不能有抽象方法的。抽象类定义的语法如下:

```
<访问修饰符> abstract class 类名
{
    //抽象类体
}
```

抽象类定义示例:

```
public abstract class Animal
{
    public abstract void Cry();
}
```

说明:抽象类中的方法除了抽象方法外,可以包含非抽象方法,或者说具体方法。但是包含抽象方法的类一定是抽象类。

抽象类的特点:

- 抽象类是子类的描述,就像模板。只有被子类继承才有实际意义。
- 抽象类不能实例化。
- 抽象类不能是密封的或者是静态的,即抽象类前不能加 static 或 sealed 关键字。

2) 抽象类和抽象方法的使用

定义抽象类和抽象方法的目的就是为子类提供一种规定,约束子类的行为。C#中通过方法重写来实现抽象方法。当一个抽象基类派生一个子类时,子类将继承基类的所有特征,重新实现所有抽象方法。在子类中实现基类的抽象方法,是使用 override 关键字来重写基类方法。语法如下:

```
访问修饰符 override 返回类型 方法()
{
//方法体
}
```

3. 接口

接口就是为了实现多重继承而产生的。C#中规定一个派生类只能有一个父类,但可以实现多重接口。

1) 接口概述

接口是面向对象编程的一个重要技术,在C#中负责实现多重继承。接口是单纯对事物行为的描述。

接口只包含行为的定义,不能有任何具体的实现。可以把接口看成是一种规范和标准,它可以约束类的行为,它规定了实现这个接口的类必须具有的内容。

2) 接口定义

接口用来描述一种程序的规定,可定义属于任何类或结构的一组相关行为。接口可由方法、属性、事件、索引器或这4种成员类型的任何组合构成。接口不能包含字段。接口成员一定是公共的。

定义接口的语法如下:

```
<访问修饰符> interface 接口名
  {
    //接口主体
  }
```

定义接口时需遵循的原则:

- 接口名称必须使用大写字母I开头,如 Icompare、Ichoose。
- 接口的访问修饰符可以选择使用,但接口的方法前不能添加任何访问修饰符,它是隐式公开的。
- 接口中可以声明索引器、属性和方法,但不能包含字段、构造函数和常量等。
- 接口不能实现任何方法、属性和索引器。
- 接口中不能包含构造函数。
- 在定义方法时,只要给出返回类型、名称和参数列表,用分号结束即可。

3) 接口的实现

定义了接口后,就要在子类中实现。C#中通常把子类和父类的关系称为继承,子类和接口的关系称为实现。子类可以继承一个父类,可以实现多个接口。接口中不能定义构造函数,所以接口不能实例化。

实现接口的语法和继承类一样,都用":"。

接口中的方法在子类中实现时,不是重载,不需要使用override关键字。

4) 接口的继承

类之间可以继承,和类一样,接口也允许继承。C#中接口可以多继承,接口之间可以互相继承和多继承,普通类和抽象类可以继承自接口。一个类可以同时继承一个类和多个接口,但是接口不能继承类。抽象类与接口的对比如表 8-2 所示。

表 8-2　抽象类和接口对比

		抽　象　类	接　　口
不同点		用 abstract 定义	用 interface 定义
		只能继承一个类	可以实现多个接口
		非抽象派生类必须实现抽象方法	实现接口的类必须实现所有成员
		需要 override 实现抽象方法	直接实现
相同点		不能实例化	
		包含未实现的方法	
		派生类必须实现未实现的方法	

4．索引器

索引器就是为了实现简单、快速地查找到需要的对象以及对象的特性的功能而设计的。索引器允许类或者结构的实例像数组那样进行索引。可以简单地将索引器理解为常见的书中的目录、字典中用于检索的索引。

1) 索引器的定义

索引器的定义类似于属性,但其功能与属性并不相同。索引器提供一种特殊的方法编写 get 和 set 访问器。属性可以使用户像访问字段一样访问对象的数据,索引器可以使用户像访问数组那样访问类成员。定义索引器的语法如下：

```
<访问修饰符> 返回类型 this[数据类型 标识]
{
    get{语句集合}
    set{语句集合}
}
```

示例代码如下：

```
public string this[int i]
{
    get{return name[i];}
    set{name[i] = value;}
}
```

定义索引器时应注意以下内容：
- 指定索引器的访问修饰符。
- 索引器的返回类型(由 get 访问器返回)。
- this 关键字用于定义索引。
- 索引器不一定根据整数值进行索引,可以根据编程要求指定参数类型。
- 索引器的方括号中可以是任意参数列表。

2) 索引器的使用

定义索引器的目的在于为类提供与数组相似的方法进行索引,就像字典中提供的部首检字法和拼音检字法,以便检索数据信息。

一个类中可以有多个索引器,索引器可以像方法一样实现重载,根据参数不同,调用不同的索引器。

5. 委托

委托的意思就是把事情交付给别人去办。C#中的委托和生活中的很相似,如果将一个方法委托给一个对象,那么这个对象就可以全权代理这个方法的执行。

1) 定义委托

C#中方法的形式很多,委托能够代表什么类型的方法和委托类型的定义有关。定义委托的语法如下:

```
<访问修饰符> delegate 返回类型 委托名();
```

从上面可以看出,定义委托和定义方法很相似,委托没有具体的实现体,由关键字delegate 声明,以分号结束。委托能够代表什么样的方法由它的返回值类型和参数列表决定。如果定义如下委托:

```
public delegate void MyDelegate(string name);
```

那么使用 MyDelegate 委托代表的只可以是没有返回值,参数为一个字符串的方法。

2) 调用委托

首先要实例化委托。实例化委托就是将其指向某个方法,即调用委托的构造函数,并将相关联的方法作为参数传递;然后通过调用委托,执行相关方法。

6. 事件

事件是C#中另一个高级概念,使用方法和委托密切相关。C#中事件的处理和我们通常见到的事件具有相同的处理方式。

C#中事件处理步骤如下:

(1) 定义事件。
(2) 订阅该事件。
(3) 事件发生时通知订阅者发生的事件。

1) 定义事件

定义事件时,应首先定义委托,然后根据委托定义事件。定义事件的语法如下:

```
<访问修饰符> event 委托名 事件名;
```

定义事件时,一定要有一个委托类型,用这个委托来定义处理事件的方法的类型。

下面定义了事件发布者 Judgment 类,并在其内部定义 eventRun 事件。

```
Class Judgment
{
//定义一个委托
Public delegate void delegateRun();
//定义一个事件
Public event delegateRun eventRun;
}
```

2)订阅事件

定义好事件之后,与事件有关的人会订阅该事件,只有订阅该事件的对象才会收到发生事件的通知,没有订阅该事件的对象不会收到通知。订阅事件的语法如下:

```
事件名 += new 委托名(方法名);
```

假如方法名为 Run,那么订阅事件 eventRun 的代码为:

```
judgment.eventRun += new Judgment.delegateRun(runsport.run);
```

其中,judgment 为类 Judgment 的对象,runsport 为运动员类 RunSports 的对象,Run 为其中的方法。

事件的订阅通过"+="操作符实现,可以给事件添加一个或多个方法委托。

3)引发事件

在编程中可以用条件语句引发事件,也可以使用方法引发事件。示例代码如下:

```
Public void Begin()
{
eventRun();
}
```

在上面的代码中,通过方法 Begin 引发事件 eventRun。引发事件的语法与调用方法的语法相同,引发该事件时,将调用订阅此事件的对象的所有委托。

示例代码如下:

```
using System;
using System.Collections.Generic;
using System.Linq;
using System.Text;
namespace Example_EventTest
{
    class Judgment
    {
        //定义一个委托
        public delegate void delegateRun();
        //定义一个事件
        public event delegateRun eventRun;
        //引发事件的方法
        public void Begin()
        {
            eventRun();                                 //被引发的事件
        }
    }
    class RunSports
    {
            //定义事件处理方法
```

```csharp
            public void Run()
            {
                Console.WriteLine("运动员开始比赛");
            }
        }
    class Program
        {
            static void Main(string[] args)
            {
                RunSports runsport = new RunSports();    //实例化事件发布者
                Judgment judgment = new Judgment();      //实例化事件订阅者
                //订阅事件
                judgment.eventRun += new Judgment.delegateRun(runsport.Run);
                //引发事件
                judgment.Begin();
                Console.ReadKey();
            }
        }
```

7. 类的面向对象特性

1) 类的封装

C#中可使用类来达到数据封装的效果,这样就可以使数据与方法封装成单一元素,以便于通过方法存取数据。除此之外,还可以控制数据的存取方式。

在面向对象编程中,大多数都是以类作为数据封装的基本单位。类将数据和操作数据的方法结合成一个单位。设计类时,不希望直接存取类中的数据,而是希望通过方法来存取数据。这样就可以达到封装数据的目的,方便以后的维护升级,也可以在操作数据时多一层判断。

此外,封装还可以解决数据存取的权限问题,可以使用封装将数据隐藏起来,形成一个封闭的空间,然后可以设置哪些数据只能在这个空间中使用,哪些数据可以在空间外部使用。一个类中包含敏感数据,有些人可以访问,有些人不能访问,如果不对这些数据的访问加以限制,那么后果将会非常严重。所以在编写程序时,要对类的成员使用不同的访问修饰符,从而定义它们的访问级别。

封装的目的是增强安全性和简化编程,使用者不必了解具体的实现细节,而只是要通过外部接口这一特定的访问权限来使用类的成员。

2) 类的继承

继承是面向对象编程最重要的特性之一。任何类都可以从另外一个类继承,也就是说,这个类拥有它继承的类的所有成员。在面向对象编程中,被继承的类称为父类或基类。C#中提供了类的继承机制,但只支持单继承,而不支持多重继承,即在C#中一次只允许继承一个类,不能同时继承多个类。

(1) 继承的特性：

① 继承的传递性。

② 继承的单一性。

继承的单一性是指子类只能继承一个父类,不能同时继承多个父类。C♯不支持多重继承,也就是说儿子只能有一个亲生父亲,不能同时拥有多个亲生父亲。

(2) 访问修饰符——设置访问权限。

父类中的成员如果用 public 修饰,任何类都可以访问;如果用 private 修饰,它将作为私有成员,只有类本身可以访问,其他任何类都无法访问。在 C♯中,我们使用 protected 修饰符,使用这个访问修饰符的成员可以被其子类访问,而不允许其他非子类访问。

从表 8.1 中可以看出,父类中只有被 public、protected、internal 修饰的成员才可以被继承,这些成员包括任何父类的字段、属性、方法和索引器,但是父类的构造函数和析构函数是不能被子类继承的。如果要继承父类的构造函数,则必须使用 base 关键字来实现。访问修饰符访问范围如表 8-3 所示。

表 8-3　访问修饰符访问范围表

访问修饰符	类 内 部	子　　类	其 他 类
public	可以	可以	可以
private	可以	不可以	不可以
protected	可以	可以	不可以

(3) base 关键字——调用父类成员。

C♯中 base 关键字在继承中起到非常重要的作用,它可以和 this 关键字相比较,大家都知道 this 代表当前实例,那么 base 关键字代表父类,使用 base 关键字可以调用父类的构造函数、属性和方法。使用 base 关键字调用父类构造函数的语法如下:

```
子类构造函数:base(参数列表)
```

使用 base 关键字调用父类方法的语法如下:

```
base:父类方法();
```

3) 类的多态

(1) 什么是多态?

下面举一个生活中的例子来理解多态。如果我们要求 3 种人——孩子、运动员、音乐演奏者都执行一个动作 play,会发生什么情况呢?

孩子会出去玩耍。

运动员进行比赛。

演员开始演奏。

对于同一个命令,不同的人会有不同的反应,执行不同的动作,这就是生活中的一个多态。在程序设计中,对于同一个方法,由于执行方法的对象不同,方法的内容就不同。执行后的结果也是不相同的。

多态是指两个或者多个不同类的对象,调用同一个方法出现不同的结果。方法名完全相同,但是被不同的对象调用时,由于参数不同,执行的结果是不相同的,这就是多态的一种表现。本节主要学习 C♯中实现多态的技术——虚拟方法和抽象方法。

(2) 虚拟方法实现多态。

【例 8-6】 假定有一个动物类,类中利用方法 Cry 描述动物叫声,不同的动物叫声是不一样的。根据继承的特征,将类中公共部分的内容放在父类中,那么 Cry 这个方法就应该放在父类中,根据这样的思路编写的程序如下:

```csharp
using System;
using System.Collections.Generic;
using System.Linq;
using System.Text;
namespace Example_Ways
{
    class Animal
    {
        public virtual void Cry()
        {
            Console.WriteLine("动物的叫声");
        }
    }
    class Dog:Animal
    {
        public override void Cry()
        {
            Console.WriteLine("狗的叫声是汪汪汪");
        }
    }
    class Cat:Animal
    {
        public override void Cry()
        {
            Console.WriteLine("猫的叫声是喵喵喵");
        }
    }
    class Test
    {
        static void Main(string[] args)
        {
            Dog mydog = new Dog();
            mydog.Cry();
            Cat mycat = new Cat();
            mycat.Cry();
            Console.ReadKey();
        }
    }
}
```

运行后发现狗和猫的叫声显示都是相同的,都是调用了父类的 Cry 方法,现在希望在同一个方法 Cry 中能够体现出不同动物具有不同的叫声,那么在子类中就应该重新描述 Cry,就是重写 Cry 方法。

重写父类方法就是修改它的实现,或者说在派生类中对它进行重新编写。在父类中用 virtual 关键字声明的方法在子类中可以重写,就是虚拟方法。虚拟方法语法如下:

```
访问修饰符 virtual 返回类型  方法名()
{
//方法体
}
```

8.2.3 案例实现

1. 案例分析

分析:
(1) 首先定义一个学生类,具有学号、姓名、性别的属性。
(2) 建立一个班级类,在班级中存储学生信息。
(3) 使用索引,分别通过姓名和学号来获得学生信息。

2. 代码实现

```
public class Student
    {
            //定义学生的字段和属性
            private string name;
            public string Name
            {
                get { return name; }
                set { name = value; }
            }
            private int studentId;
            public int StudentId
            {
                get { return studentId; }
                set { studentId = value; }
            }
            private string sex;
            public string sex
            {
                get { return sex; }
                set { sex = value; }
            }
            public Student(string sname, int sstudentid, string ssex)
            {
                this.Name = sname;
                this.StudentId = sstudentid;
                this.Sex = ssex;
            }
```

```csharp
        }
public class MyClass
    {
        Student[] students;         //用于存储学生的数组
        //用于创建班级大小
          public MyClass(int count)
          {
            students = new Student[count];
        }
        //定义索引用于检索学生信息
        public Student this[int index]
        {
            get
            {
                //验证索引范围
                  if (index < 0 || index >= students.Length)
                  {
                    Console.WriteLine("索引无效");
                    return null;
                  }
                //有效索引,返回请求的学生
                return students[index];
            }
            set
            {
                //验证索引范围
                if (index < 0 || index >= students.Length)
                {
                    Console.WriteLine("索引无效");
                    return ;
                }
                //有效索引,向数组中添加学生
                students[index] = value;
            }
        }
//根据学生姓名检索学生,但是不能通过姓名赋值,设置为只读索引
        public Student this[string name]
        {
            get
            {
                //循环遍历数组中的所有学生
                foreach (Student s in students)
                {
                    if (s.Name == name)//将学生的姓名与索引器参数进行比较
                    return s;
                }
                Console.WriteLine("未找到该学生的信息");
```

```
                    return null;
            }
        }
    }
    class IndexTest
    {
        static void Main(string[] args)
        {
            //创建容量为 4 的班级
            MyClass myclass = new MyClass(4);
            //创建 4 个学生
            Student student1 = new Student("令狐冲",0801,"男");
            Student student2 = new Student("韦小宝",0802,"男");
            Student student3 = new Student("张晓云",0803,"女");
            Student student4 = new Student("王红",0804,"女");
            //通过索引器把 4 个学生放入班级中
            myclass[0] = student1;
            myclass[1] = student2;
            myclass[2] = student3;
            myclass[3] = student4;
            //通过姓名进行检索
            Student s = myclass["王红"];
            Console.WriteLine("该学生的姓名={0},性别={1},学号={2}",s.Name,s.Sex, s.StudentId);
            //通过索引进行检索
            Student stu = myclass[2];
            Console.WriteLine("该学生的姓名={0},性别={1},学号={2}", stu.Name, stu.Sex, stu.StudentId);
            Console.ReadKey();
        }
    }
```

3. 运行结果

案例的运行结果如图 8-4 所示。

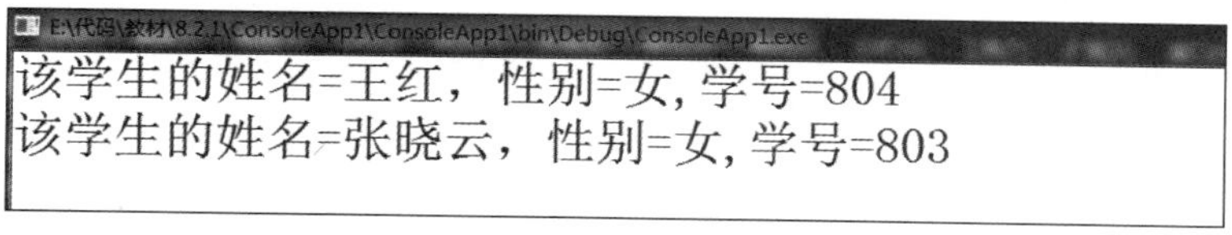

```
该学生的姓名=王红,性别=女,学号=804
该学生的姓名=张晓云,性别=女,学号=803
```

图 8-4　运行结果

8.3　属性与方法的使用

8.3.1　案例描述

在银行系统中,银行的工作人员为客户开户时首先要确定客户的账户类型,账户类型可以分为活期账户和储蓄存款账户。

视频 13
属性和方法的使用

活期账户的特征如下：
- 在创建账户时必须指定账户的拥有者，并且账户拥有者不可以再次修改；
- 账户的初始金额必须在创建时指定，默认为0.00；
- 账户创建时必须要分配账户，活期账户号是1000～4999，并且每一个账户号都是唯一的账户；
- 活期账户的拥有者能够向账户中存钱，如果余额充足时可以从中取钱。

储蓄账户的特征如下：
- 在创建账户时必须指定账户的拥有者，并且账户拥有者不可以再次修改；
- 账户的初始金额必须在创建时指定，默认为0.00；
- 账户创建时必须要分配账户，活期账户号是5000～9999，并且每一个账户号都是唯一的账户；
- 储蓄账户的拥有者能够向账户中存钱，如果余额充足时可以从中取钱；
- 储蓄账户可以赚利息，利率根据账户的余额变化，1000元以上余额时，利率为5%，其他的为2%。

运行结果如图8-5与图8-6所示。

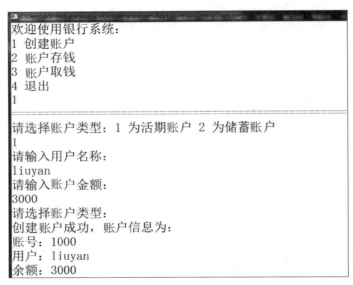

图8-5　案例图1

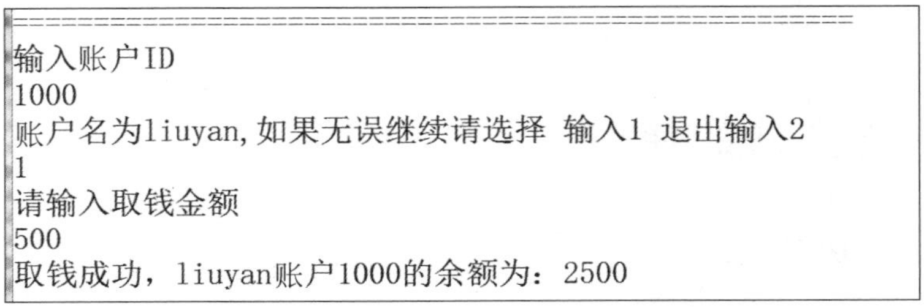

图8-6　案例图2

8.3.2 知识引入

1. 属性

1) 属性描述

属性是一种用于访问对象或类的特性的成员。属性可以包括字符串的长度、字体的大小、窗体的标题和客户的名称等。属性是成员的自然扩展,两者都是关联类型的命名成员。

属性有访问器,这些访问器指定在它们的值被读取或写入时需要执行的语句。因此属性提供了一种机制,它把读取和写入对象的某些特性与一些操作关联起来。可以像使用公共数据成员一样使用属性,但实际上它们是称为"访问器"的特殊方法。这样数据在可被轻松访问的同时,仍能提供方法的安全性和灵活性。

注意:属性不能作为 ref 参数或 out 参数传递。

属性具有以下特点:

- 属性可向程序中添加元数据。元数据是嵌入程序中的信息,如编译器指令或数据描述。
- 程序可以使用反射检查自己的元数据。
- 通常使用属性与 COM 交互。

属性以两种形式存在:一种是在公共语言运行库的基类库中定义的属性;另一种是可以创建,并可以向代码中添加附加信息的自定义属性。

2) 定义属性

通常属性包括 get{}访问器和 set{}访问器,get{}访问器用来返回相应的私有字段的值,用 return 来返回,set{}访问器用来设定相应字段的值,相当于一个隐含的输入参数,采用 value 来赋值。根据可访问的类型不同分为 3 种不同的类型:读/写属性、只读属性、只写属性。

(1) 读/写属性。

读/写属性是同时包括 get{}访问器和 set{}访问器的属性,get{}访问器定义对数据的访问,set{}访问器定义对数据的读取。语法如下:

```
<访问修饰符> 数据类型 属性名
{
get{}
set{}
}
```

为字段_name 定义读/写属性,代码如下:

```
private string _name;
public string Name
{
get{return _name;}
set{_name = value;}
}
```

通俗地讲,具有读/写属性的字段,可以通过属性赋值和取值。

(2) 只读属性。

只有 get{}访问器的属性为只读属性,语法如下:

```
<访问修饰符> 数据类型 属性名
{
get{}
}
```

只读属性,就只能通过该属性取值,而不能赋值。为字段_age 属性定义只读属性,代码如下:

```
private int _age;
public int Age
{
get{return _age;}
}
```

(3) 只写属性。

只有 set{}访问器的属性为只写属性,语法如下:

```
<访问修饰符>  数据类型 属性名
{
set{}
}
```

和只读属性相反,定义了只写属性,就只能通过该属性赋值,而不能取值。为字段_sex 属性定义只写属性,代码如下:

```
private string _sex;
public string Sex
{
set{_sex = value;}
}
```

(4) 静态属性。

静态属性可以是读/写属性、只读属性、只写属性中的任意一种,也就是说,静态属性中可以同时包含 get{}访问器和 set{}访问器,也可以只包含其中一种。

静态属性在属性前加 static 关键字,语法如下:

```
<访问修饰符> static 数据类型 属性名
{
set{}
}
```

3) 使用属性

属性本质上是方法,只是和方法表示不同。可以实例化对象后给属性赋值,也可以取值,只调用属性即可,不需要访问其中的访问器。

【例 8-7】 创建 Student 类,使用属性来设定输入输出的条件。

示例代码如下:

```
using System;
using System.Collections.Generic;
using System.Linq;
using System.Text;
namespace Example_MySchool
{
public class Student
{
private string _name;
//定义属性
public string Name
{
set{
    if(_name == null||_name.lergth > 5){
    Console.WriteLine("名字不合理");
    else
    {
    _name = value;
    }
}
private int _age;
//定义属性
public int Age
{
get{return _age;}
set{
//执行相关验证语句
if(value < = 18||value > = 100)
{
Console.WriteLine("您输入的年龄不符合要求");
return;
}
else
{
_age = value;
}
}
}
private string _gender;
//定义属性
public string Gender
{
get{return _gender;}
set{
//执行相关验证语句
```

```csharp
            if(value == "男" || value == "女")
            {
                _gender = value;
            }
            else
            {
                Console.WriteLine("性别输入错误");
                _gender = "男";
            }
        }
    }
    public void Accept()
    {
        Console.WriteLine("请输入姓名、年龄和性别");
        //调用属性赋值
        this.Name = Console.ReadLine().Trim();
        this.Age = int.Parse(Console.ReadLine());
        this.Gender = Console.ReadLine().Trim();
    }
}
class Program
{
    static void Main(string[] args)
    {
        Student stu = new Student();          //创建对象
        stu.Accept();                         //调用方法
        //用对象.属性输出字段值
        Console.WriteLine("姓名={0},年龄={1},性别{2}",stu.Name,stu.Age,stu.Gender);
        Console.ReadLine();
    }
}
```

在 Name 属性的 set{}访问器中设定了 name 字段取值的条件。在 Gender 属性 set{}访问器中设定了字段 gender 的赋值范围,只能输入"男"和"女",否则提示输入错误。在 Age 属性 set{}访问器中设定了字段 age 的赋值范围为 0~100,否则提示出错信息。

2. 方法

类和对象的主要成员除了成员变量外,还有方法。方法用来描述对象的行为,由一组完成特定功能的语句组成。方法是程序设计的组成元素,没有方法的程序是没有意义的。可以自定义方法来实现对象的行为。

1) 方法的声明

C#中声明方法的语法如下:

```
<访问修饰符> 返回类型  方法名(参数列表)
{
    //方法体
}
```

（1）访问修饰符。

方法的访问修饰符和成员变量的访问修饰符相同,故不再详细讲述。方法名称前没有任何访问修饰符时,系统默认为 private 型。

（2）方法的返回值。

定义方法的目的是完成一定的功能,定义好的方法提供给别人来调用,调用后就会有一个结果产生,那个结果就是方法的返回值。方法的返回值可以是任意数据类型,如 int、string、bool、double 等数据类型,也可以是对象类型 object,还可以是 void 类型。void 类型表示没有任何返回值。

（3）方法的参数。

方法可以有参数,也可以没有参数,没有参数的方法参数列表为空即可。如果向方法中传递参数,即构成了参数列表。

（4）方法体。

方法体通常是方法完成功能要执行的代码。例如:

```
public void Accept()
{
string name = Console.ReadLine();
}
```

2）方法的调用

方法调用的步骤如下:

（1）实例化调用方法的类,创建对象。

```
Dog objdog = new Dog();
```

（2）用"对象.方法名(参数)"的形式调用方法。

```
objdog.方法名(参数);
```

【例 8-8】 在一个类中,编写两个整型数据相加,返回和的方法。

```
namespace Example_3
{
class Accept
{
//两个整型数据相加,返回结果
public int Add(int a,int b)
{
return a + b;
}
//输出结果
public void Show(int sum)
{
Console.WriteLine("计算结果是{0}",sum);
}
```

```
}
class Program
{
    static void Main(string[] args)
    {
        Accept objaccept = new Accept();
        Console.WriteLine("请输入两个数字:");
        int num1 = int.Parse(Console.ReadLine());
        int num2 = int.Parse(Console.ReadLine());
        int sum = objaccept.Add(num1,num2);
        objaccept.Show(sum);
    }
}
}
```

注意:如果方法定义了返回值,则必须使用 return 语句进行返回,方法中的语句执行到 return 时,执行将被中断,退出方法。return 语句后面可以是常量、变量、表达式、方法,也可以什么都不加。

【例 8-9】 编写方法计算长方形面积,用构造函数初始化对象,输出计算结果。

```
namespace Example_4
{
    //创建类
    public class Rectangle
    {
        //成员变量
        double height,width,area;
        //构造函数
        public Rectangle(double num1,double num2)
        {
            this.height = num1;
            this.width = num2;
        }
        //计算面积的方法
        public double GetArea()
        {
            area = height * width;
            return area;
        }
        //输出结果的方法
        public void Show()
        {
            Console.WriteLine("该长方形的面积为{0}",area);
        }
    }
    class Program
    {
        static void Main(string[] args)
```

```
{
    //实例化类 Rectangle
    Rectangle rec1 = new Rectangle(12,24);
    rec1.GetArea();              //调用计算面积方法
    rec1.Show();                 //输出结果
    Console.ReadKey();
    }
  }
}
```

注意：第 7 行声明了 3 个成员变量，在第 9~14 行的构造函数中赋值，用 GetArea()方法计算面积，用 Show()方法输出结果。

3）方法的值传递

前面的实例代码中，使用了带参数的构造函数和方法，这就需要参数传递才可完成。C#中参数传递常用的方式有两种：值传递和引用传递。前面的代码中使用的都是值传递，下面通过示例来理解值传递和引用传递的不同。

什么是值传递呢？就是把参数的值传到方法中，在方法中对参数值做了修改，但是在方法调用之后，参数值还是原来的值。值传递好比是把文件复制一份，通过网络传给别人，然后他可以在自己的机器上对文件做任何修改，修改会保存下来，但是你机器上的文件不会发生任何变化。

【例 8-10】 定义一个方法来交换两个数字的值，在主函数中输出交换前和交换后的值。以下代码实现了上述功能，并演示了值传递的结果。

```
namespace Example_5
{
    class Program
    {
        static void Main(string[] args)
        {
            int num1 = 4;
            int num2 = 8;
            Console.WriteLine("交换之前的字符串顺序为{0}、{1}",num1,num2);
            Program obj = new Program(); //创建对象
            obj.Change(num1,num2);       //调用交换方法
            Console.WriteLine("交换之后的字符串顺序为{0}、{1}",num1,num2);
            Console.ReadLine();
        }
        //交换数据的方法
        private void Change(int num1,int num2)
        {
            int temp;
            temp = num1;
            num1 = num2;
            num2 = temp;
        }
    }
}
```

4）方法重载

在日常生活中，有些行为具有相同的名称，但是可以执行不同的操作，我们经常去商场买东西，虽然都是购物，每次执行这个任务时购买的物品、付款多少、购买过程都是不一样的，所以虽然任务的名称相同，但每次实际上处理的数据是不同的。

在 C# 中用方法重载来实现类似的功能，方法重载的定义如下：多个方法具有相同名称，但是对不同数据执行相似功能的过程。

C# 中的方法重载包括基于不同数量的参数的方法重载和基于不同类型的参数的方法重载。

（1）基于不同数量的参数的方法重载。

【例 8-11】 我们需要实现几个数相加，现在只知道这些数据中有的是 2 个数相加，有的是 3 个数相加，最多是 4 个数相加，如何利用方法重载来实现呢？

【分析】 我们需要分别编写方法实现 2 个数相加、3 个数相加、4 个数相加，在调用时根据输入数据的数目不同，利用方法重载自动调用相关的方法来实现。代码如下：

```csharp
using System;
using System.Collections.Generic;
using System.Linq;
using System.Text;
namespace Example_6
{
class Test
{
static void Main(string[] args)
{
double result;
result = Test.Add(12,25);                      //调用 Add 方法
Console.WriteLine("12 + 25 = {0}",result);
result = Test.Add(12,25,37.45);                //调用 Add 方法
Console.WriteLine("12 + 25 + 37.45 = {0}",result);
result = Test.Add(10,24,24.45,17.55);          //调用 Add 方法
Console.WriteLine("10 + 24 + 24.45 + 17.55 = {0}",result);
Console.ReadKey();
}
//2 个数相加的方法
public static double Add(double num1,double num2)
{
return num1 + num2;
}
//3 个数相加的方法
public static double Add(double num1,double num2,double num3)
{
return num1 + num2 + num3;
}
//4 个数相加的方法
public static double Add(double num1,doublenum2,double num3,double num4)
{
```

```
        return num1 + num2 + num3 + num4;
    }
  }
}
```

以上代码定义了 3 个相同名称,但参数数量不同的方法。在调用方法时,传入不同的参数个数,系统会自动根据参数个数去寻找相匹配的方法,这就是方法重载。

(2) 基于不同类型的参数的方法重载。

根据参数数据类型不同也可实现方法重载,此时参数的数量应该是相同的。以下示例演示如何使用不同的数据类型重载方法。

【例 8-12】 使用不同的数据类型重载方法。

```
using System;
using System.Collections.Generic;
using System.Linq;
using System.Text;
namespace Example_7
{
class Test
{
static void Main(string[ ] args)
{
double result;
result = Test.Add(12,25);                        //调用 Add 方法
Console.WriteLine("12 + 25 = {0}",result);
result = Test.Add(12.12,25);                     //调用 Add 方法
Console.WriteLine("12.12 + 25 = {0}",result);
Console.ReadKey();
}
//两个数相加返回整型数据
public static int Add(int num1,int num2)
{
return num1 + num2;
}
//两个数相加返回双精度型数据
public static double Add(double num1,int num2)
{
return num1 + num2;
}
}
}
```

上例定义了两个具有相同方法名称,但是参数数据类型不同,返回值的数据类型也不同的方法。调用方法时,根据参数数据类型的不同系统自动选择匹配的方法,实现方法重载。

8.3.3 案例实现

1. 案例分析

在案例中首先定义一个基类 BankAccount 的类,类中定义了账号、名称、余额等属性;然后定义 CheckingAccount 和 SavingAccount 两个类,来分别表示活期账户和储蓄账户。BankAccount 类作为二者的父类,在 SavingAccount 类中有一个特殊的属性为利率 Rate。

2. 代码实现

```csharp
class BankAccount {
    protected int _id;
    protected string _name;
    protected decimal _balance;
    public int ID {
        get {
            return this._id;
        }
        set {
            this._id = value;
        }
    }
    protected string Name
    {
        get
        {
            return this._name;
        }
        set
        {
            this._name = value;
        }
    }
    protected decimal Balance
    {
        get
        {
            return this._balance;
        }
        set
        {
            this._balance = value;
        }
    }
    public BankAccount(string name,decimal balan) {
        this._name = name;
        this._balance = balan;
    }
    // < summary >
    // 存钱的方法
```

```csharp
///  </summary>
/// < param name = "num">存钱金额</param >
/// < returns ></returns >
public virtual decimal Deposit(decimal num) {
    this._balance += num;
    return this._balance;
}
// < summary >
// 取钱的方法
// </summary >
// < param name = "num">取钱金额</param >
// < returns ></returns >
public virtual bool Draw(decimal num)
{
    if (this._balance > num)
    {
        this._balance = this._balance - num;
        return true;
    }
    else {
        return false;
    }
}
}

class CheckingAccount :BankAccount {
    private static int id = 1000;
    public CheckingAccount(string name, decimal balan) : base(name, balan)
    {
        this.ID = id;
        id++;
    }
    // < summary >
    // 存钱的方法
    // </summary >
    // < param name = "num">存钱金额</param >
    // < returns ></returns >
    public virtual decimal Deposit(decimal num)
    {
        return base.Deposit(num);
    }
    // < summary >
    // 取钱的方法
    // </summary >
    // < param name = "num">取钱金额</param >
    // < returns ></returns >
    public bool Draw(decimal num)
    {
        return base.Draw(num);
    }
```

```csharp
    }
    class SavingAccount : BankAccount
    {
        private static int id = 5000;
        public SavingAccount(string name, decimal balan) : base(name, balan)
        {
            this.ID = id;
            id++;
        }
        private decimal _rate;
        public decimal Rate{
            get {
                if (this._balance >= 1000)
                {
                    this._rate = 0.05M;
                }
                else {
                        this._rate = 0.02M;
                }
                return this._rate;
            }
        }
        // <summary>
        // 存钱的方法
        // </summary>
        // <param name = "num">存钱金额</param>
        // <returns></returns>
        public virtual decimal Deposit(decimal num)
        {
            return base.Deposit(num);
        }
        // <summary>
        // 取钱的方法
        // </summary>
        // <param name = "num">取钱金额</param>
        // <returns></returns>
        public bool Draw(decimal num)
        {
            return base.Draw(num);
        }
    }

    static void Main(string[] args)
    {
        List<CheckingAccount> cList = new List<CheckingAccount>();
        List<SavingAccount> sList = new List<SavingAccount>();
        Console.WriteLine("欢迎使用银行系统:");
        Console.WriteLine("1 创建账户");
        Console.WriteLine("2 账户存钱");
```

```csharp
Console.WriteLine("3 账户取钱");
Console.WriteLine("4 退出");
string inputStr = Console.ReadLine();
while(true) {
    if (inputStr == "4") {
        break;
    }
    Console.WriteLine(" ===================================== ");
    switch (inputStr) {
        case "1":
            Console.WriteLine("请选择账户类型:1 为活期账户 2 为储蓄账户");
            string lxStr = Console.ReadLine();
            Console.WriteLine("请输入用户名称:");
            string name = Console.ReadLine();
            Console.WriteLine("请输入账户金额:");
            string moneyS = Console.ReadLine();
            decimal money = CheckdDecimal(moneyS);
            Console.WriteLine("请选择账户类型:");
            string ID = "";
            decimal rate = 0;
            if (lxStr == "1")
            {
                CheckingAccount cba = new CheckingAccount(name, money);
                ID = cba.ID.ToString();
                cList.Add(cba);
            }
            else {
                SavingAccount sba = new SavingAccount(name,money);
                ID = sba.ID.ToString();
                rate = sba.Rate;
                sList.Add(sba);
            }
            Console.WriteLine("创建账户成功,账户信息为:");
            Console.WriteLine("账号:{0}", ID);
            Console.WriteLine("用户:{0}",name);
            Console.WriteLine("余额:{0}", money);
            if(lxStr == "2"){
                Console.WriteLine("利率:{0}", rate);
            }
            break;
        case "2":
            Console.WriteLine("输入账户 ID");
            string idS = Console.ReadLine();
            int id = CheckNum(idS);
            //查询账户信息
            if (id >= 5000)
            {
                SavingAccount ba = sList.FirstOrDefault(i => i.ID == id);
```

```csharp
                                if (ba == null)
                                {
                                    Console.WriteLine("未找到该账户");
                                }
                                else
                                {
                                    Console.WriteLine("账户名为{0},如果无误继续请选择输入1 退出输入2", ba.Name);
                                    string inputStr1 = Console.ReadLine();
                                    if (inputStr1 == "2")
                                    {
                                        continue;
                                    }
                                    else
                                    {
                                        Console.WriteLine("请输入存钱金额");
                                        string moneyStr = Console.ReadLine();
                                        decimal m = CheckdDecimal(moneyStr);
                                        decimal bac = ba.Deposit(m);
                                        Console.WriteLine("存钱成功,{0}账户{1}的余额为:{2}", ba.Name, ba.ID, bac);
                                    }
                                }
                            }
                            else {
                                CheckingAccount ba = cList.FirstOrDefault(i => i.ID == id);
                                if (ba == null)
                                {
                                    Console.WriteLine("未找到该账户");
                                }
                                else
                                {
                                    Console.WriteLine("账户名为{0},如果无误继续请选择输入1 退出输入2", ba.Name);
                                    string inputStr1 = Console.ReadLine();
                                    if (inputStr1 == "2")
                                    {
                                        continue;
                                    }
                                    else
                                    {
                                        Console.WriteLine("请输入存钱金额");
                                        string moneyStr = Console.ReadLine();
                                        decimal m = CheckdDecimal(moneyStr);
                                        decimal bac = ba.Deposit(m);
                                        Console.WriteLine("存钱成功,{0}账户{1}的余额为:{2}", ba.Name, ba.ID, bac);
                                    }
                                }
                            }
```

```csharp
            }
        }
        Console.WriteLine();
        break;
    case "3":
        Console.WriteLine("输入账户ID");
        string idS1 = Console.ReadLine();
        int id1 = CheckNum(idS1);
        //查询账户信息
        if (id1 >= 5000)
        {
            SavingAccount ba = sList.FirstOrDefault(i => i.ID == id1);
            if (ba == null)
            {
                Console.WriteLine("未找到该账户");
            }
            else
            {
                Console.WriteLine("账户名为{0},如果无误继续请选择输入1 退出输入2", ba.Name);
                string inputStr1 = Console.ReadLine();
                if (inputStr1 == "2")
                {
                    continue;
                }
                else
                {
                    Console.WriteLine("请输入取钱金额");
                    string moneyStr = Console.ReadLine();
                    decimal m = CheckdDecimal(moneyStr);
                    bool b = ba.Draw(m);
                    if (b) {
                        Console.WriteLine("取钱成功,{0}账户{1}的余额为:{2}", ba.Name, ba.ID, ba.Balance);
                    }
                    else {
                        Console.WriteLine("取钱失败,余额不足,{0}账户{1}的余额为:{2}", ba.Name, ba.ID, ba.Balance);
                    }
                }
            }
        }
        else
        {
            CheckingAccount ba = cList.FirstOrDefault(i => i.ID == id1);
            if (ba == null)
            {
                Console.WriteLine("未找到该账户");
            }
            else
            {
```

```csharp
                                    Console.WriteLine("账户名为{0},如果无误继续请选择
输入1 退出输入2", ba.Name);
                                    string inputStr1 = Console.ReadLine();
                                    if (inputStr1 == "2")
                                    {
                                        continue;
                                    }
                                    else
                                    {
                                        Console.WriteLine("请输入取钱金额");
                                        string moneyStr = Console.ReadLine();
                                        decimal m = CheckdDecimal(moneyStr);
                                        bool b = ba.Draw(m);
                                        if (b)
                                        {
                                            Console.WriteLine("取钱成功,{0}账户{1}的余
额为:{2}", ba.Name, ba.ID, ba.Balance);
                                        }
                                        else
                                        {
                                            Console.WriteLine("取钱失败,余额不足,{0}账
户{1}的余额为:{2}", ba.Name, ba.ID, ba.Balance);
                                        }
                                    }
                                }
                                Console.WriteLine();
                                break;
                        }
                        Console.WriteLine("1 创建账户");
                        Console.WriteLine("2 账户存钱");
                        Console.WriteLine("3 账户取钱");
                        Console.WriteLine("4 退出");
                        inputStr = Console.ReadLine();
                    }
                    Console.WriteLine("退出银行系统,按任意键将关闭该程序!");
                    Console.ReadLine();
                }
                // <summary>
                // 检测这个字符串是否能够转换为Decimal类型
                // </summary>
                // <param name="num">要进行判断的字符串</param>
                static decimal CheckdDecimal(string num)
                {
                    try
                    {
                        decimal i = decimal.Parse(num);
                        return i;
                    }
                    catch (Exception e)
                    {
                        Console.WriteLine("输入有误,请重新输入:");
```

```csharp
            string str = Console.ReadLine();
            //递归算法
            return CheckdDecimal(str);
        }
    }
    /// <summary>
    /// 检测这个字符串是否能够转换为 32 位有符号整数
    /// </summary>
    /// <param name = "num">要进行判断的字符串</param>
    static int CheckNum(string num)
    {
        try
        {
            int i = int.Parse(num);
            return i;
        }
        catch (Exception e)
        {
            Console.WriteLine("输入有误,请重新输入:");
            string str = Console.ReadLine();
            //递归算法
            return CheckNum(str);
        }
    }
```

3. 运行结果

案例的运行结果如图 8-7 和图 8-8 所示。

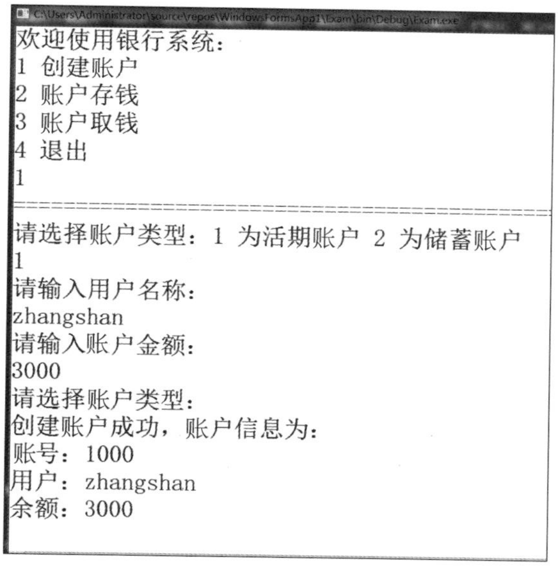

```
欢迎使用银行系统:
1 创建账户
2 账户存钱
3 账户取钱
4 退出
1
========================================
请选择账户类型: 1 为活期账户 2 为储蓄账户
1
请输入用户名称:
zhangshan
请输入账户金额:
3000
请选择账户类型:
创建账户成功,账户信息为:
账号: 1000
用户: zhangshan
余额: 3000
```

图 8-7 运行结果

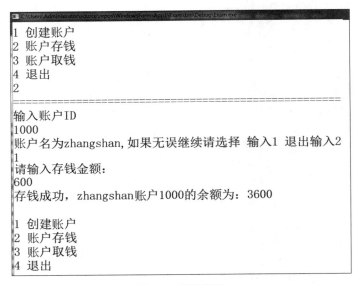

图 8-8 运行结果

本章小结

本章首先介绍了结构的概念和使用,通过案例的实现加深对结构的理解;其次介绍了类、抽象类与方法、接口、索引、委托等面向对象的定义,对面向对象编程有了一个初步认识;最后介绍了属性与方法的使用。

第 9 章 Windows 窗体的认识

9.1 Windows 基础控件应用

9.1.1 案例描述

如图 9-1 所示是一个简单的文本编辑器。通过本节的学习,可以实现该简单文本编辑器。

图 9-1 案例图

9.1.2 知识引入

1. 用 C♯ 创建 Windows 应用程序

.NET Framework 提供了 Windows 窗体和窗体中所需要的控件,使创建 Windows 应用程序变得非常简单,可以在编写极少量代码的情况下创建功能强大的应用程序。

1) 创建第一个 Windows 应用程序

创建 Windows 应用程序的步骤如下:

(1) 选择"开始"→Visual Studio 2019 命令,打开 Visual Studio 2019 编译器。

(2) 选择"文件"→"新建"→"项目"选项。

(3) 项目语言选择 C♯,应用平台选择 Windows,项目类型选择"桌面",然后在列表模板中选择"Windows 窗体应用(.NET Framework)",单击"下一步"按钮,如图 9-2 所示。

图 9-2　创建 WinForm 项目

(4) 如图 9-3 所示选择文件存放位置,为项目命名,单击"创建"按钮,即可进入 Visual Studio 2019 界面。

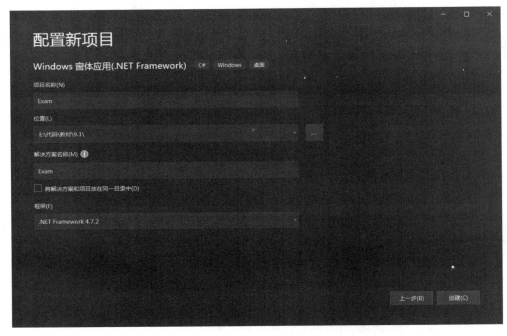

图 9-3　修改保存位置

用C#创建Windows应用程序项目时,会自动创建一个类名为Form1的窗体,效果如图9-4所示。此时单击"调试"按钮,即可运行程序。

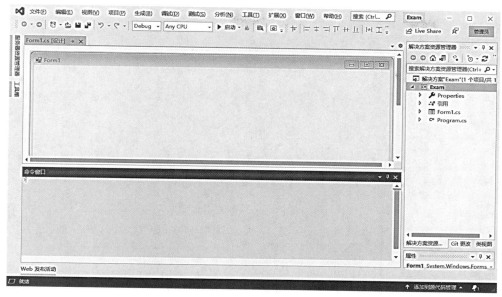

图9-4 创建成功图

Windows应用程序的Visual Studio界面并不复杂,除了菜单栏、工具栏等通用的条目外,左边是"工具箱"面板,为Windows窗体应用程序开发提供强有力的工具。中间是"窗体设计器",右边是"解决方案资源管理器"面板,下面是"属性"面板等。

2) Windows应用程序的文件夹结构

创建了Windows应用程序后,下面来看看Windows应用程序的文件夹结构。Windows应用程序的文件都由解决方案资源管理器统一管理,如图9-5所示。

解决方案资源管理器中包含解决方案名称、项目名称和组成项目的文件。其中From1.cs是窗体文件,对窗体编写的代码都放到这个文件中,单击From1.cs文件前的加号,可以看到From1.Designer.cs文件,此文件即为窗体设计文件,其中的代码是对窗体进行编辑时自动生成的,一般不需要修改。

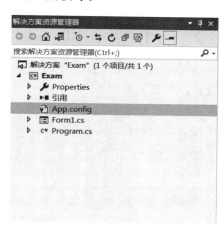

图9-5 WinForm项目文件结构

Program.cs文件是主程序文件,包含程序的入口函数Main(),该程序文件和Main()方法中的代码都是程序自动生成的,一般不需要修改。生成的代码如下:

```
using System;
using System.Collections.Generic;
```

```csharp
using System.Linq;
using System.Windows.Forms;
namespace Example_FormTest
{
    static class Program
    {
        ///<summary>
        ///应用程序的主入口点
        ///</summary>
        [STAThread]
        static void Main()
        {
            Application.EnableVisualStyles();
            Application.SetCompatibleTextRenderingDefault(false);
            Application.Run(new Form1());
        }
    }
}
```

这段代码要关注的是 Application.Run(new Form1())方法,Run 方法运行窗体,方法中的参数指定运行的窗体类名。默认参数为 new Form1(),即默认将 Form1 窗体作为首选运行的窗体,如果要改变程序的起始运行窗体,修改其中的参数即可。

2. Windows 窗体

在 Windows 窗体中,窗体是用于向用户显示信息的可视界面。如果把构建可视程序界面看作画图过程,那么窗体就类似于作图用的画布,在画布上可以添加你想绘制的任何图像。通过在窗体上放置控件,并开发对用户操作(如鼠标单击或按键)的响应来构建 WinForms 应用程序。

1) 窗体的属性

在 Visual Studio 2019 中,WinForms 应用程序的窗体文件有两种编辑窗口,分别是窗体设计器和代码编辑窗口,如图 9-6 所示。

窗体设计器窗口是进行可视化操作的窗口,使用鼠标进行窗体界面设计、控件拖放、设计窗体属性都可在此完成,不需要编写代码。

WinForms 中的窗体就是一个类,类中包括属性和方法。窗体重要属性如表 9-1 所示。

表 9-1 窗体重要属性

属性	说明
Name	窗体的名字
Text	窗体标题栏中显示的文本
BackColor	背景颜色
FormBorderStyle	窗体显示边框样式,默认为 false
ShowInTaskBar	确定窗体是否出现在 Windows 任务栏中,默认为 true
MaximizeBox	确定窗体标题栏中是否显示最大化按钮,默认为 true
TopMost	指示窗体是否始终显示在该属性为 false 的窗体上,默认为 false

窗体中的属性和普通类的属性是相同的,只是操作更方便,用可视化方式和代码编写方

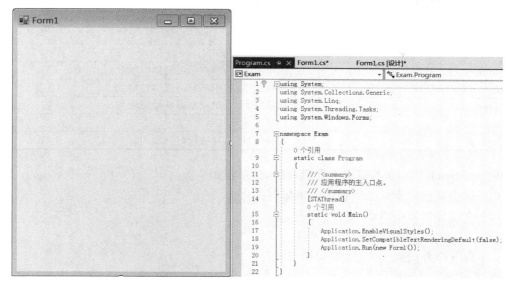

图 9-6 窗体设计器和代码编辑窗口

式都可实现。

（1）窗体的名称属性（Name）。

设置窗体名称的属性是 Name，该属性值主要用于在程序代码中引用窗体。在初始新建一个 Windows 应用程序项目时，自动创建一个窗体，该窗体的名称默认为 Form1；添加第 2 个窗体，其名称被默认为 Form2，以此类推。

（2）窗体的标题属性（Text）。

Text 属性用于设置窗体标题栏显示的内容，它的值是一个字符串。

（3）窗体的控制菜单属性。

① ControlBox 属性：用来设置窗体上是否有控制菜单。

② MaximizeBox 属性：用于设置窗体上的最大化按钮。

③ MinimizeBox 属性：用于设置窗体上的最小化按钮。

（4）影响窗体外观的属性。

① FormBorderStyle 属性：用于控制窗体边界的类型，有 7 个可选值：None、Fixed3D、FixedDialog、FixedSingle、Sizable、FixedToolWindow、SizableToolWindow。

② Size 属性：用来设置窗体的大小。

③ Location 属性：设置窗体在屏幕上的位置，即设置窗体左上角的坐标值。

④ BackColor 属性：用于设置窗体的背景颜色，可以从弹出的调色板中选择。

⑤ BackgroundImage 属性：用于设置窗体的背景图像。

⑥ Opacity 属性：该属性用来设置窗体的透明度，其值为 100% 时，窗体完全不透明；其值为 0% 时，窗体完全透明。

2）窗体的重要事件

在窗体和控件中，可以看到很多事件，Windows 应用程序就是通过对事件进行编码来实现具体功能。窗体的重要事件如表 9-2 所示。

表 9-2 窗体重要事件

事件	说明
Load	窗体加载时发生
MouseClick	鼠标单击事件,用户单击窗体时触发
MouseDoubleClick	鼠标双击事件,用户双击窗体时触发
MouseMove	鼠标移动事件,用户鼠标移动时触发
KeyDown	用户按下某键时触发
KeyUp	键盘释放事件,释放键时触发

Visual Studio 2019 编写事件处理程序时,步骤如下:
(1) 单击要创建事件处理程序的窗体和控件。
(2) 在属性窗口中单击"事件"按钮。
(3) 双击创建事件处理程序的事件。
(4) 打开事件处理的方法,编写处理代码。

现在来编写单击窗体 MouseClick 事件的处理程序,当单击窗体时,在窗体的标题栏显示"我的第一个 Windows 程序"。
(1) 在窗体设计器窗口选中窗体。
(2) 在属性窗口单击"事件"按钮,打开事件选项卡。
(3) 选中 MouseClick 事件。
(4) 双击 MouseClick 事件右边的单元格,即可生成 MouseClick 事件处理程序方法。
(5) 在生成的事件处理程序方法中编写事件处理代码:

```
private void frmstudent_mouseClick(object sender,MouseEventArgs e)
{
this.text = "我的第一个 Windows 程序";
}
```

下面分析事件中的代码:
- this 和前面学过的用法相同,代表当前对象,在窗体中使用时,即代表当前窗体对象。
- text 是窗体的 text 属性,将其值设置为"="右面的字符串。
- sender 是事件源,在此事件中,事件源就是窗体。
- e 是鼠标事件参数。

3) Windows 窗体中的常用控件

.NET Framework 提供了非常多的控件,以便能够快速开发专业的 Windows 应用程序。现通过"学生管理系统"项目来学习常用的控件。

首先新建一个项目叫作 StudentManage,在项目中添加两个窗体:一个是登录界面,一个是注册界面,通过这两个窗体来学习窗体中的一些基本控件。登录界面如图 9-7(a)所示,注册界面如图 9-7(b)所示。

学生登录窗口包括两个标签(Label)、两个文本框(TextBox)、两个按钮(Button)控件。窗体的 Text 属性值设为"登录",Name 属性设为 frmLogin,其他默认即可。下面通过学习

第9章 Windows窗体的认识

图 9-7　窗体图

控件的方法来完成以上页面的实现。

（1）Label（标签）控件和 LinkLabel（超链接标签）控件。

Label 控件是最常用的控件，在任何 Windows 应用程序中都可以看到 Label 控件。Label 控件用于显示用户不能编辑的文本或图像，常用于对窗体上各种控件进行标注或说明。如图 9-7（a）所示"登录"界面中的"用户名"和"密码"都是 Label 控件。工具箱中的标签控件如图 9-8 所示。

图 9-8　Label 图标

在窗体中添加标签控件时，会创建一个实例。Label 控件的部分属性和方法如表 9-3 所示。

表 9-3　Label 控件的部分属性和方法

属性/方法/事件		说　　明
属性	Text	该属性用于设置或获取与该控件关联的文本
	Image	指定标签要显示的图像
方法	Hide	隐藏控件，调用该方法时，即使 Visible 属性设置为 True，控件也不可见
	Show	相当于将控件的 Visible 属性设置为 True 并显示控件
事件	Click	用户单击控件时将发生该事件

设置"学生登录窗口"的属性后所产生的代码如下：

```csharp
#region Windows 窗体设计器生成的代码
    /// <summary>
    /// 设计器支持所需的方法 - 不要修改
    /// 使用代码编辑器修改此方法的内容
    /// </summary>
    private void InitializeComponent()
    {
        this.label1 = new System.Windows.Forms.Label();
        this.label2 = new System.Windows.Forms.Label();
        this.txt_username = new System.Windows.Forms.TextBox();
        this.txt_pwd = new System.Windows.Forms.TextBox();
        this.btn_login = new System.Windows.Forms.Button();
        this.btn_regeidt = new System.Windows.Forms.Button();
        this.SuspendLayout();
        // 
        // label1
        // 
        this.label1.AutoSize = true;
        this.label1.Location = new System.Drawing.Point(94, 87);
        this.label1.Name = "label1";
        this.label1.Size = new System.Drawing.Size(52, 15);
        this.label1.TabIndex = 0;
        this.label1.Text = "用户名";
        // 
        // label2
        // 
        this.label2.AutoSize = true;
        this.label2.Location = new System.Drawing.Point(94, 145);
        this.label2.Name = "label2";
        this.label2.Size = new System.Drawing.Size(37, 15);
        this.label2.TabIndex = 0;
        this.label2.Text = "密码";
        // 
        // txt_username
        // 
        this.txt_username.Location = new System.Drawing.Point(163, 84);
        this.txt_username.Name = "txt_username";
        this.txt_username.Size = new System.Drawing.Size(135, 25);
        this.txt_username.TabIndex = 1;
        // 
        // txt_pwd
        // 
        this.txt_pwd.Location = new System.Drawing.Point(163, 142);
        this.txt_pwd.Name = "txt_pwd";
        this.txt_pwd.Size = new System.Drawing.Size(135, 25);
        this.txt_pwd.TabIndex = 1;
```

```
            //
            // btn_login
            //
            this.btn_login.Location = new System.Drawing.Point(106, 218);
            this.btn_login.Name = "btn_login";
            this.btn_login.Size = new System.Drawing.Size(61, 33);
            this.btn_login.TabIndex = 2;
            this.btn_login.Text = "登录";
            this.btn_login.UseVisualStyleBackColor = true;
            //
            // btn_regeidt
            //
            this.btn_regeidt.Location = new System.Drawing.Point(215, 218);
            this.btn_regeidt.Name = "btn_regeidt";
            this.btn_regeidt.Size = new System.Drawing.Size(61, 33);
            this.btn_regeidt.TabIndex = 2;
            this.btn_regeidt.Text = "注册";
            this.btn_regeidt.UseVisualStyleBackColor = true;
            //
            // frmLogin
            //
            this.AutoScaleDimensions = new System.Drawing.SizeF(8F, 15F);
            this.AutoScaleMode = System.Windows.Forms.AutoScaleMode.Font;
            this.ClientSize = new System.Drawing.Size(367, 339);
            this.Controls.Add(this.btn_regeidt);
            this.Controls.Add(this.btn_login);
            this.Controls.Add(this.txt_pwd);
            this.Controls.Add(this.txt_username);
            this.Controls.Add(this.label2);
            this.Controls.Add(this.label1);
            this.Name = "frmLogin";
            this.Text = "登录";
            this.ResumeLayout(false);
            this.PerformLayout();
        }
        #endregion
        private System.Windows.Forms.Label label1;
        private System.Windows.Forms.Label label2;
        private System.Windows.Forms.TextBox txt_username;
        private System.Windows.Forms.TextBox txt_pwd;
        private System.Windows.Forms.Button btn_login;
        private System.Windows.Forms.Button btn_regeidt;
```

这些代码反映了窗体设计器中窗体和控件的属性。

与 Label 控件不同的是，LinkLabel 除了具有 Label 控件所有的属性、方法和事件外，该控件还可以在 Windows 应用程序中添加 Web 样式的超链接。LinkLabel 部分属性如表 9-4 所示。

表 9-4　LinkLabel 部分属性

属　　性	说　　明
LinkBehavior	指定链接显示的行为，AlwaysUnderLine：始终显示带下画线的文本；HoverUnderLine：鼠标悬停在链接文本上时显示下画线；NeverUnderLine：从不带下画线；SystemDefault：系统默认值
LinkArea	指定文本显示链接的部分
LinkColor	链接的颜色
LinkVisited	设置为 True 时，单击则会显示另外一种颜色
VisitedLinkColor	设置访问过的链接显示的颜色

（2）TextBox(文本框)控件。

TextBox 控件的作用是实现程序与用户的交互，获取用户输入的信息或者向用户显示文本。TextBox 控件的主要属性和事件如表 9-5 所示。

表 9-5　TextBox 控件的主要属性和事件

	属性/事件	说　　明
属性	Text	与文本框相关联的文本
	CharacterCasing	确定文本框中的大小写设置
	ScroBars	指定文本框比较多时，是否显示滚动条
	Maxlength	指定文本框中输入的最大字符数
	Multiline	表示是否可在文本框中输入多行文本
	PasswordChar	作为密码框时，文本框中显示的字符
	ReadOnly	设定文本框是否为只读
事件	KeyPress	文本框内，按下任意键时触发的事件
	TextChanged	文本框内容改变时触发的事件

TextBox 提供了 3 种样式的输入：单行、多行和密码。输入内容比较多时，设置 Multiline 属性为 True，可以调整 TextBox 宽度，实现多行输入。如果文本框的内容比较保密，设置 PasswordChar 属性为"＊"，输入的内容就可以"＊"显示。

（3）Button(按钮)控件。

Button 控件几乎存在于所有的 Windows 对话框中，是 Windows 应用程序中最常用的控件之一。

Button 控件允许用户通过单击来执行操作。按钮最重要、最常用的事件就是 Click。当用户单击按钮时，都会触发 Click 事件。Button 的主要属性和事件如表 9-6 所示。

表 9-6　Button 的主要属性和事件

	属性/事件	说　　明
属性	Text	指定显示的文本
	Enabled	确定控件是否可用
	Visible	确定控件是否可见
	Image	控件显示的图像
事件	Click	用户单击按钮时触发

了解了 Button 的属性和事件后,下面继续设计登录窗体。从工具箱拖放两个按钮到窗体,设置按钮属性。至此,登录窗口已经设计完毕,添加代码完成用户登录功能。示例代码如下:

```csharp
private void btn_login_Click(object sender, EventArgs e)
{
    if ((this.txt_username.Text == "admin") && (this.txt_pwd.Text == "1234"))
    {
        MessageBox.Show("登录成功,欢迎来到天信通智能控制平台!");
    }
    else
    {
        MessageBox.Show("用户名或密码错误");
    }
    //清空文本框
    this.txt_username.Text = "";
    this.txt_pwd.Text = "";
}
```

登录按钮事件中的代码实现的功能是:如果用户在 txt_username 文本框中输入正确的用户名 admin,同时在 txt_pwd 文本框中输入密码 1234,单击"登录"按钮,则窗体中显示登录成功;否则窗体中显示"用户名和密码错误"。不管是否登录成功,都要将文本框中输入的内容全部清空。

登录的窗口如图 9-9 所示。

(4) GroupBox(分组框)控件。

GroupBox 是对控件进行分组的控件,可以设置每个组的标题。GroupBox 控件属于容器控件,一般不对该控件编码。

Windows 窗体使用 GroupBox 控件对控件分组的原因有 3 个:

图 9-9 登录界面图

- 对相关窗体元素进行可视化分组以构造一个清晰的用户界面。
- 创建编程分组(例如,单选按钮分组)。
- 设计时将多个控件作为一个单元移动。

分组框常用的属性只有 Text,使用该属性修改分组框中的标题。

使用分组框创建一组控件的步骤如下:

① 在窗体上绘制 GroupBox 控件。

② 向 GroupBox 添加其他控件,在 GroupBox 内绘制各个控件。如果要将现有控件放到 GroupBox 中,可以选定所有这些控件,将它们剪切到剪贴板,再将它们粘贴到 GroupBox 控件中,也可以将它们拖到 GroupBox 控件中。

③ 将 GroupBox 的 Text 属性设置为适当标题。

（5）ListBox（列表框）控件。

ListBox 控件用来显示一组相关联的数据，用户可以从中选择一个或多个选项。ListBox 中的数据可以在设计时填充，也可以在程序运行时填充。ListBox 中的每个元素称为"项"。ListBox 控件常用的属性、方法和事件如表 9-7 所示。

表 9-7　ListBox 控件的常用属性、方法和事件

属性/事件/方法		说　　明
属性	Items	所有项
	SelectionMode	选择模式
	SelectedIndex	选中的索引号，从 0 开始
	Text	当前选中项的文本
	SelectedItem	选中的项
	SelectedItems	所有被选中的项
事件	SelectedIndexChanged	选中时触发
方法	ClearSelected	清除选中的选项

通过视图方式添加 ListBox 中的项的步骤如下：

① 单击 ListBox 右上角的黑色三角箭头，如图 9-10（a）所示，打开任务列表。
② 单击"编辑项"选项，打开"字符串集合编辑器"窗口。
③ 在编辑区域添加数据，如图 9-10（b）所示。

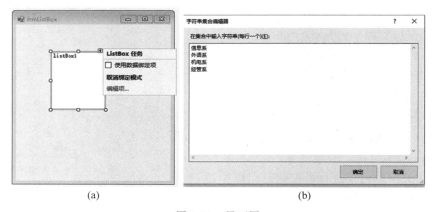

图 9-10　界面图

ListBox 的数据既可以在视图中添加，也可以在程序中用代码添加。下面的窗体加载的事件中为列表框 lstDepart 添加了几个选项，代码如下：

```
private void Form1_load(object sender,EventArgs e)
{
this.lstDepart.Items.Add("信息技术系");
this.lstDepart.Items.Add("电子工程系");
this.lstDepart.Items.Add("数学系");
```

```
this.lstDepart.Items.Add("物理系");
}
```

如果在程序运行中移除某项,则可以通过调用 Remove 或者 RemoveAt 方法来实现。假如现在从 lstDepart 中移除"数学系",代码示例如下:

```
this.lstDepart.Items.Remove("数学系");    //直接移除项
```

或

```
this.lstDepart.Items.RemoveAt(2);    //通过索引移除
```

注意:列表框中项的添加、删除、修改操作实际上是通过 Items 对象的属性、方法来实现的。

(6) ComboBox(组合框)控件。

Windows 窗体中的 ComboBox 控件用于在下拉组合框中显示数据。ComboBox 控件结合了 TextBox 和 ListBox 控件的特点,用户可以在组合框内输入文本,也可在列表中选择项目。ComboBox 控件几乎支持 ListBox 控件的所有属性。ComboBox 控件除了支持上面 ListBox 控件的属性和方法,还有部分常用的属性和方法,如表 9-8 所示。

表 9-8 ComboBox 控件部分常用的属性和方法

	属性/方法	说　　明
属性	DropDownStyle	ComboBox 控件的样式
	MaxDropDownItems	下拉区显示的最大项目数
方法	Select	在 ComboBox 控件上选定指定范围的文本
	SelectAll	选定该控件可编辑区域显示的所有文本

通过视图方式添加 ComboBox 数据的方式和 ListBox 的基本相同。ComboBox 控件也可在程序中添加数据,添加数据的代码如下:

```
this.cboGrade.Items.Add("S1");
```

ComboBox 控件可以通过索引指定选择项,示例代码中将索引为 1 的项设为选择项,代码如下:

```
this.cboGrade.SelectedIndex = 1;
```

【例 9-1】 创建模拟字体,添加向导 Windows 窗体应用程序,把示例表中的字体添加到用户表中。

【分析】 该问题需要一个窗口,用于显示示例表中字体和用户表字体。使用组合框,用户可以从中西文字体中选择一个表。列表框用来显示选定表的字体名称列表。要添加字体,用户要在列表框中选择一种字体,单击"添加"按钮,将其添加到用户列表框中。单击"移除"按钮,可将不需要的字体移除,也可全部添加或全部移除。

实现步骤如下:

① 新建项目,在窗体中添加控件。

② 在 ComboBox 控件中添加"中文""西文"两项,界面设计如图 9-11 所示。

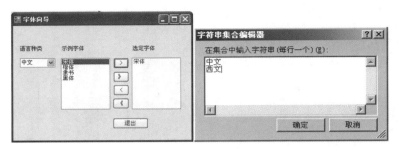

图 9-11　界面图

③ 通过选择组合框中的不同项,相应的"示例字体"显示在列表框中,实现此功能的方法如下:

```
private void cboLanguage_SelectedIndexChanged(object sender,EventArgs e)
{
//初始化两个列表框,清空
this.lstSampleFont.Items.Clear();
this.lstNewFont.Items.Clear();
//如果在组合框选择中文,则将中文字体信息添加到列表框
if(String.Compare(this.cboLanguage.SelectedItem.ToString(),"中文") == 0)
{
string[] custFields = {"宋体","楷体","隶书","黑体"};
for(int count = 0;count < custFields.Length;count++)
{
this.lstSampleFont.Items.Add(custFields[count]);
}
}
//如果在组合框选择西文,则将西文字体信息添加到列表框
if(String.Compare(this.cboLanguage.SelectedItem.ToString(),"西文") == 0)
{
string[] custFields = {"TimesNewRoman","Arial","ArialBlack"};
for(int count = 0;count < custFields.Length;count++)
{
this.lstSampleFont.Items.Add(custFields[count]);
}
}
}
```

上面的代码首先清除了列表框中的所有元素,然后通过调用 String.Compare()方法来判断 cboLanguage 选择的项,如果是"中文",第 7 行的 if 语句将返回结果 true,则声明字符串数组以存储数组中的值。for 循环用于将数组的值逐个添加到 lstSampleFont 列表框中。

如果是"西文",则执行第 17～21 代码,用法和上面的相同。

④ 选择 lstSampleFont 列表框中的字段,单击">"按钮,将字段添加到 lstNewFont 列表框中,单击"<<"按钮,将列表框 lstSampleFont 中的字段全部添加到 lstNewFont 列表框中。双击 btnAdd 和 btnAddAll 按钮,可分别定位到该按钮的 Click 事件中,对此事件编写代码实现上述功能。事件代码如下:

```
private void btnAddAll_Click(object sender,EventArgs e)
{
//通过项索引添加项
for(int count = 0;count < this.lstSampleFont.Items.Count;count++)
{
this.lstNewFont.Items.Add(this.lstSampleFont.Items[count]);
}
}
private void btnAdd_Click(object sender,EventArgs e)
{
//通过选定项的索引添加项
for(int count = 0;count < this.lstSampleFont.SelectedItems.Count;count++)
{
this.lstNewFont.Items.Add(this.lstSampleFont.SelectedItems[count]);
}
}
```

上面的代码使用 for 循环将 lstSampleFont 列表框中的项逐个添加到 lstNewFont 列表框中。btnAdd_Click 事件将选定的项添加到 lstNewFont 列表框中,由于不是全部元素,所以使用 SelectedItems 的 Count 属性来确定选择项数,然后通过 SelectedItems[count](即选择项的索引)添加项。而 btnAddAll_Click 事件是添加全部元素,使用 Items 的 Count 属性,而不是 SelectedItems,一定要注意其中的差别。

⑤ 单击"<<"按钮,移除列表框 lstNewFont 中的所有项;单击"<"按钮,移除该列表框中选定的项。同样,所有的处理代码都要在按钮的 Click 事件中编写,示例代码如下:

```
private void btnRemove_Click(object sender,EventArgs e)
{
//移除选定的项
this.lstNewFont.Items.Remove(this.lstNewFont.SelectedItem);
}
private void btnRemoveAll_Click(object sender,EventArgs e)
{
this.lstNewFont.Items.Clear();        //清除所有元素
}
```

⑥ 单击"退出"按钮,退出应用程序。在 btnExit 按钮的 Click 事件中编写以下代码。

```
private void btnExit_Click(object sender,EventArgs e)
{
Application.Exit();
}
```

⑦ 选择"生成"→生成解决方案菜单命令,编译程序,然后按 F5 键运行。

(7) RadioButton(单选按钮)控件和 CheckBox(复选框)控件。

RadioButton 控件和 CheckBox 控件用于提供对多个选项的选择功能,前者只能在一组中选择一个,为单选,后者既可以单选,也可以多选。RadioButton 控件如图 9-12 所示,CheckBox 控件如图 9-13 所示。

图 9-12　RadioButton 图标　　　　　图 9-13　CheckBox 图标

RadioButton 显示为一个标签,左边是一个原点,该点可以是选中或未选中。此控件常以组的形式出现,只有同一组中的控件才能够实现单选,也就是一组中只能选择一个。可以通过 GroupBox 控件实现分组,然后在每一组中进行选择。RadioButton 的主要的属性和事件如表 9-9 所示。

表 9-9　单选按钮的主要属性和事件

	属性/事件	说　明
属性	Checked	指示单选按钮是否已选中
	Text	单选按钮显示的文本
	AutoCheck	单选按钮在选中时自动改变状态,默认为 True
事件	Click	单击控件时发生
	CheckedChanged	当 Checked 属性值更改时触发

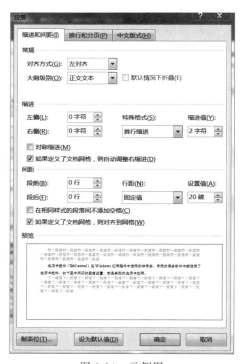

图 9-14　示例图

使用 CheckBox 控件可以实现多个选项同时选择,其主要属性和事件与 RadioButton 控件相同。

(8) TabControl(选项卡)控件。

TabControl 控件在 Windows 应用程序中使用得非常多,常用的很多软件中都使用了选项卡控件,如图 9-14 所示的段落设置,就是典型的选项卡应用。

TabControl 控件是一个容器控件,由多个 TabPage 组成,每个选项卡中可以包含图片和其他控件。Windows 窗体工具箱中的 TabControl 控件,添加到窗体上的效果如图 9-15 所示。

TabControl 控件中的选项卡可以在设计时添加,也可在程序运行时添加。设计时添加的方法如下:单击 TabControl 控件右上角的黑色三角按钮,打开任务列表,单击"添加选项卡"选项;可在窗体中添加选项卡;单击"移除选项卡"选项,可删除选项卡;还可修改已添加选项卡的

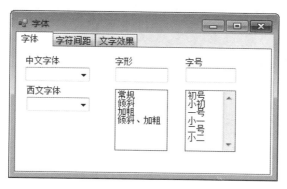

图 9-15 示例图

Text 属性值,在选项卡中添加标签、按钮、图片等 Windows 窗体控件。TabControl 控件常用的属性和事件如表 9-10 所示。

表 9-10 TabControl 控件常用的属性和事件

	属性/事件	说 明
属性	Appearance	选项卡标签的显示样式
	MultiLine	指定是否显示多行选项卡
	SelectedIndex	当前所选选项卡页的索引值,默认值为-1
	SelectedTab	当前选定的选项卡页,如果未选定,则为 Null 引用
	ShowToolTips	指定在鼠标指针移到选项卡时,是否显示该选项卡的工具提示
	TabPages	选项卡集合,可添加修改选项卡
	TabCount	检索选项卡控件中的选项卡数目
事件	SelectedIndexChanged	切换选项卡时触发该事件

(9) PictureBox(图片框)控件。

Windows 窗体 PictureBox 控件用于显示位图、GIF、JPEG、图元文件或图标格式的图形。在工具箱中的图标如图 9-16 所示。

图 9-16 PictureBox 图标

PictureBox 控件的属性和事件如表 9-11 所示。

表 9-11 PictureBox 控件的属性和事件

	属性/事件	说 明
属性	Image	指定图片框显示的图像
	SizeMode	指定图片的显示方式,默认值为 Normal
事件	Show	显示控件

在设计窗体中添加图片的步骤如下:

① 将 PictureBox 控件拖放到窗体上,调整合适大小。

② 单击 PictureBox 控件右上角的黑色三角按钮,打开任务列表,单击"选择图像"选项,打开"选择资源"界面,如图 9-17 所示。

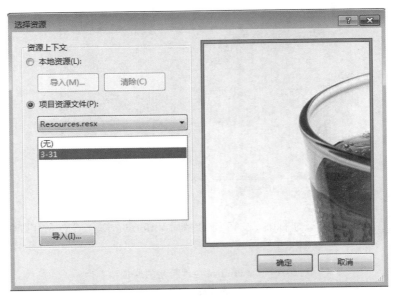

图 9-17 "选择资源"界面

③ 单击"导入"按钮,打开 Windows 资源管理器,查找合适的图片,在右边的预览框中显示。单击"确定"按钮添加。

④ 在缩放模式中可以选择图片在图片框中的显示模式。

4) 消息框(MessageBox 对象)的使用

在 Windows 操作系统中,当删除文件时,常常会弹出如图 9-18 所示的消息,询问是否确认操作。

图 9-18 消息框案例

消息框是一个预定义对话框,用于向用户显示与应用程序相关的信息。消息框也用于请求来自用户的信息。

(1) C#中的消息框窗口。

消息框是一个 MessageBox 对象,要创建消息框,需要调用 MessageBox 对象的 Show()方法来实现。Show()方法有很多重载方式,常用的有 4 种类型。

- 最简单的消息框:

```
MessageBox.Show("消息内容");
```

- 带标题的消息框:

```
MessageBox.Show("消息内容","消息框标题");
```

- 带标题、按钮的消息框:

```
MessageBox.Show("消息内容","消息框标题",消息框按钮);
```

- 带标题、按钮、图标的消息框:

```
MessageBox.Show("消息内容","消息框标题",消息框按钮,消息框图标);
```

现在进一步完善注册窗口的示例程序。单击"保存"按钮,首先检查文本框中的"用户名"和"密码"是否为空,如果为空,则给出提示。此提示信息采用信息框完成,示例代码如下所示。

```
if(this.txtName.Text == "")//判断"用户名"文本框中的字符串是否为空
{
MessageBox.Show("请输入用户名!");
}
if(this.txtPwd.Text == "")//判断"密码"文本框中的字符串是否为空
{
MessageBox.Show("请输入密码!","提示");
}
if(this.txtRealName.Text == "")//判断"姓名"文本框中的字符串是否为空
{
MessageBox.Show("请输入真实姓名!","提示",MessageBoxButtons.OKCancel);
}
if(this.txtAddress.Text == "")//判断"地址"文本框中的字符串是否为空
{
MessageBox.Show("请输入地址!","提示",MessageBoxButtons.YesNo,MessageBoxIcon.Information);
}
```

上面代码中分别使用了 4 种 MessageBox.Show()方法,由于每种方法的参数不同,消息框的显示也不相同。如果上面判断的 4 个文本框均为空,则会出现如图 9-19 所示的消息框。

图 9-19 运行结果

分析这几个消息框的区别,第一个消息框只有一条消息和一个"确定"按钮。第二个消息框标题上显示了文字。第三个消息框增加了参数 MessageBoxButtons.OKCancel,作用是在消息框中显示了"确定"和"取消"两个按钮,MessageBoxButtons 内定义了多种按钮,可以使用点运算符选择需要的按钮。第四个消息框增加了一个参数 MessageBoxIcon.Information,它的作用是设置消息框显示的图标。MessageBoxIcon 中有很多常用的图标,可根据需要使用点运算符选择。

(2) 消息框的返回值。

如图 9-19③和图 9-19④所示都有两个按钮,如何才能知道用户单击了哪一个按钮呢?事实上每个消息框都有一个返回值,是 DialogResult 类型。系统为此 DialogResult 提供了枚举值,DialogResult 枚举值如表 9-12 所示。

表 9-12 DialogResult 枚举成员

枚举成员	说　　明
None	从对话框返回了 Nothing。这表明有模式对话框继续运行
OK	对话框返回值是 OK(通常从标签为"确定"的按钮发送)
Cancel	对话框返回值是 Cancel(通常从标签为"取消"的按钮发送)
Abort	对话框返回值是 Abort(通常从标签为"终止"的按钮发送)
Retry	对话框返回值是 Retry(通常从标签为"重试"的按钮发送)
Ignore	对话框返回值是 Ignore(通常从标签为"忽略"的按钮发送)
Yes	对话框返回值是 Yes(通常从标签为"是"的按钮发送)
No	对话框返回值是 No(通常从标签为"否"的按钮发送)

枚举成员的访问方法为:枚举名.枚举成员,即通过"点"运算符来访问,如果用户单击了"确定"按钮,则返回值为"DialogResult.OK";如果单击了"取消"按钮,则返回值为"DialogResult.Cancel"。现在完善登录窗口代码,如果单击"登录"按钮,当程序发现"用户名"和"密码"文本框为空时,给出提示信息,获取消息框的返回值。修改后的代码如下:

```
private void btn_login_Click(object sender,EventArgs e)
{
if((this.txtName.Text == "")||(this.txtPwd.Text == ""))
//判断"用户名"文本框中的字符串是否为空
{
DialogResult result;
result = MessageBox.Show("请输入用户名和密码","输入提示",MessageBoxButtons.YesNoCancel);
if(result == DialogResult.OK)
{
MessageBox.Show("您选择了确认按钮");
}
if(result == DialogResult.Cancel)
{
MessageBox.Show("您选择了取消按钮");
}
}
if((this.txtName.Text == "admin")&&(this.txtPwd.Text == "1234"))
```

```
{
MessageBox.Show("登录成功!");
}
else
{
MessageBox.Show("用户名或密码错误");
}
//清空文本框
this.txtName.Text = "";
this.txtPwd.Text = "";
}
```

运行项目,当没有输入用户名或者密码时,会出现如图 9-20 所示的界面。

单击此消息框的"取消"按钮,结果如图 9-21 所示,表明程序监测到了消息框的返回值。

图 9-20 运行结果 1

图 9-21 运行结果 2

5) 单文档和多文档应用程序

通常 Windows 应用程序分为 3 类:基于对话框的应用程序、单一文档界面应用程序(SDI)和多文档界面应用程序(MDI)。以下主要介绍单文档和多文档应用程序。

(1) 单文档和多文档应用程序简介。

基于对话框的应用程序通常功能比较简单,用途比较单一。可以完成用户输入量比较少的特定任务,或者专门处理某一类型的数据操作。这种应用程序在一个对话框形式的界面中可以完成大部分操作,前面章节中的 Windows 应用程序实例都属于这一类型,如图 9-22 所示。常见的 Windows 操作系统中自带的计算器实用程序也是典型的基于对话框的应用程序。

单一文档界面(SDI)应用程序是处理单一文档的应用程序,通常用于完成一个任务,使用单一的文档。此应用程序常涉及许多用户交互操作,并且能够保存或打开工作的结果。在 SDI 应用程序中已打开一个文件,要新建或再打开一个文件,则必须关闭当前打开的文件,才能打开新文件。如果要同时打开两个文件,则必须启动应用程序的一个新实例。Microsoft Windows 的"记事本""画图"应用程序都是典型的 SDI 应用程序的例子。典型的 SDI 应用程序界面如图 9-23 所示。

多文档界面(MDI)应用程序是一种常见的文档程序,常用的 Microsoft Excel Visual Studio 应用程序都是多文档程序。多文档界面应用程序的最大特点是,用户可以一次打开多个文档,每个文档对应不同的窗口。MDI 应用程序允许创建一个在单个容器窗口内容纳多个窗口的应用程序,每个应用程序都有一个主窗口,子窗口在主窗口中打开,主窗口的菜单会随着当前活动的子窗口的变化而变化。如图 9-24 所示为典型的一个多文档界面。

图 9-22 基于对话框的应用程序

图 9-23 SDI 应用程序

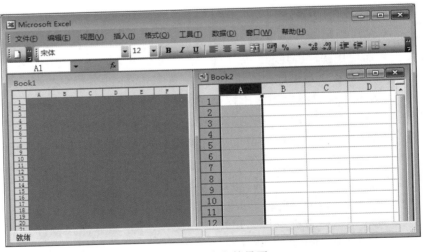

图 9-24 多文档界面

(2) 多文档界面应用程序的主窗体和子窗体。

多文档界面(MDI)应用程序至少要由两个截然不同的窗口组成,第一个窗口叫作 MDI 窗体容器,也叫做主窗体,它包含多个 MDI 子窗体,也就是可以在主窗体中显示的窗口。MDI 主窗体的特点如下:

- 启动 MDI 应用程序时,首先显示的是主窗体。
- 主窗体是 MDI 程序的窗体容器,该程序的所有窗体都在主窗体的界面内打开。
- 每个 MDI 应用程序都只能有一个 MDI 主窗体。

- 任何 MDI 子窗体都不能移出 MDI 的框架区域。
- 关闭 MDI 主窗体时会自动关闭所有打开的 MDI 子窗体。

多文档窗体的重要属性和事件如表 9-13 所示。

表 9-13 多文档窗体的重要属性和事件

	属性/方法/事件	说 明
属性	MdiParent	获取或设置当前窗口的父窗口
	ActiveMdiChild	获取当前活动的 MDI 子窗口
	MdiChildren	获取该窗口的一组子窗口,可以遍历所有 MDI 子窗口
	IsMdiContainer	是否可以作为容器控件
方法	ActivateMdiChild	激活子窗口
	LayoutMdi	在 MDI 父窗口中排列多个 MDI 子窗口,使用 LayoutMdi 枚举值来确定
事件	Closed	关闭子窗体或父窗体时发生
	Closing	在关闭窗体时发生
	MdiChildActivate	在 MDI 应用程序中激活或关闭 MDI 子窗体时,触发该事件

在 C# 中创建 Windows 多文档(MDI)应用程序的步骤如下:

① 建立一个普通的 Windows 应用程序项目,将项目中的窗体文件作为主窗体,Name 属性设置为 frmParent,将其 IsMdiContainer 属性的值设置为 True,窗体设置了这个属性就表明这个窗体作为应用程序的主窗体,成为子窗体的容器。

② 在主窗体上添加一个按钮控件,将 Name 属性设置为 btnOpenChild,将 Text 属性设置为"打开子窗体"。

③ 在项目名称上右击,在弹出的快捷菜单中选择"添加新项"→"Windows 窗体"命令,打开"添加新项"对话框,修改名称为 frmChild,单击"确定"按钮,即在项目中添加了一个新的窗体。

④ 在主窗体中为按钮 btnOpenChild 添加代码,实现打开子窗体的功能。代码如下:

```
private void btnOpenChild_Click(object sender,EventArgs e)
{
    frmChild objchild = new frmChild();      //实例化子窗体
    objchild.MdiParent = this;                //设置当前窗体的子窗体对象的父窗体
    objchild.Show();                          //打开子窗体
}
```

⑤ 在子窗口 frmChild 中添加一个按钮控件,将 Name 属性设置为 btnClose,将 Text 属性设置为"关闭子窗体",在其 Click 事件中添加代码,实现关闭窗体的功能。代码如下:

```
private void btnClose_Click(object sender,EventArgs e)
{
    this.Close();       //关闭子窗体
}
```

⑥ 编译并运行该程序，首先出现的是主窗口，每次单击"打开子窗口"按钮，都会打开一个窗口，显示在主窗体的区域中；单击"关闭子窗体"按钮，即可关闭当前子窗体，如图 9-25 所示。

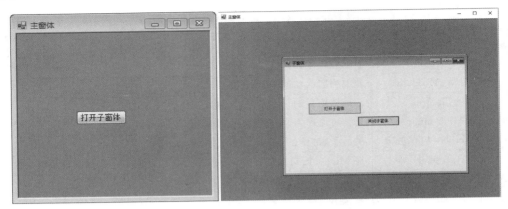

图 9-25　运行结果

在多文档界面应用程序中，有多个窗体打开时，在同一时间只有一个窗体是活动的，应用程序的活动窗口是响应所有操作的窗口，通常最上面的窗口是活动窗口，活动窗口的标题栏颜色和非活动窗口的颜色是不同的。

要得到当前活动的子窗体，可使用 ActiveMdiChild 属性获取，示例代码如下：

```
MessageBox.Show(this.ActiveMdiChild.ToString());
```

在 MDI 应用程序中可以使用以下代码激活窗体：

```
this.ActivateMdiChild(frmChild);
```

这句代码是将要激活的子窗体的名称传递给 ActivateMdiChild 方法，如果设置了另外一个窗体为活动的子窗体，那么当前活动的子窗体将自动取消激活。

6）菜单和工具栏

常用的 Word、Excel 以及上网用的浏览器等应用程序都有菜单和工具栏，相信大家对菜单和工具栏的使用都很熟悉，Visual Studio 2019 提供了功能强大且简单、方便的菜单和工具栏控件，使用这些控件可以方便地设计出个性化的 Windows 应用程序的菜单和工具栏。

（1）使用菜单控件（MenuStrip）。

Visual Studio 2019 的工具箱中引入了一系列后缀为 strip 的控件，包括 MenuStrip、ToolStrip 和 StatusStrip，其中 MenuStrip 类似于普通软件的标准菜单，如 Word 应用程序的"文件""编辑"等菜单。ToolStrip 是工具栏控件，可以产生带图片的小按钮，类似于 Word 的工具栏，通常提供菜单项的简便操作。StatusStrip 是状态栏控件，一般位于界面的下方，用于提示用户信息，类似于 Windows 操作系统中的状态栏。

在 Windows 应用程序中添加菜单的方法如下：

① 创建 Windows 应用程序，项目名称为 Example_MenuTest。

② 打开窗体文件，在工具箱中双击 MenuStrip 控件，或者将 MenuStrip 控件拖动到 Form1 窗体中，即可在当前编辑窗体中添加菜单，此时编辑窗体如图 9-26 所示。

图 9-26 添加菜单后的窗体

③ 单击窗体中添加菜单的白色区域，即可输入菜单项，如图 9-27 所示。在右边和下边分别出现输入文本框，可在这些区域输入菜单项，如果在下边添加内容，则表示此菜单为当前菜单的子菜单；如果在右边添加内容，则创建一个和当前菜单级别相同的菜单项。

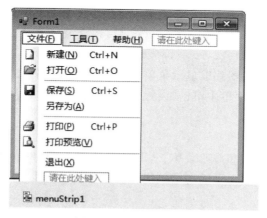

图 9-27 菜单栏案例图

④ 根据需要逐个填写菜单项。如果需要添加标准菜单，单击菜单条右上角的黑色三角按钮，打开 MenuStrip 任务栏，单击"插入标准项"按钮，即可在菜单中插入通用的标准菜单，

添加后的效果如图 9-28 所示,也可以如图 9-29 所示直接在"请在此处键入"文本框中直接输入新加的项名称。

图 9-28　MenuStrip 任务栏

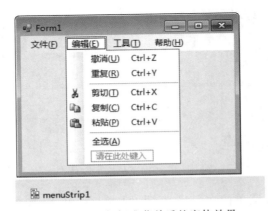

图 9-29　添加标准菜单后的窗体效果

⑤ 为了使菜单更加美观方便,通常会对菜单进行分组,在菜单中直接添加"—"符号可将其添加到当前菜单合适的位置。

⑥ 为菜单设置快捷键。选择要设置快捷键的菜单项,打开其属性面板,找到 ShortCutKeys 属性,单击向下箭头,打开一个窗口,在该窗口中设置与菜单项结合的快捷键组合。

菜单项的前面可以添加图片以显示菜单的状态,提高应用程序的美观和实用性。在编辑的菜单项上右击,在快捷菜单中单击"设置图像"菜单,打开"选择资源"对话框,查找合适的图片即可。

(2) 动态添加菜单。

除了在设计视图中创建和修改菜单、上下文菜单和菜单项的属性,还可以在运行时给菜单或上下文菜单添加菜单项。下面的示例代码演示了动态创建菜单的方法。

```
private void CreateMenu()
{
//创建 MenuStrip 对象
MenuStrip mnu = new MenuStrip();
//创建菜单对象
```

```csharp
ToolStripMenuItem medit = new ToolStripMenuItem("编辑");
//为菜单栏添加主菜单项
this.menuStrip1.Items.Add(medit);
//mnu.Items.Add(medit);
//创建菜单对象
ToolStripMenuItemsub mcopy = new ToolStripMenuItem("复制");
//为主菜单添加子菜单项
medit.DropDownItems.Add(mcopy);
//this.Controls.Add(mnu);
}
```

首先要创建菜单栏 MenuStrip 对象和菜单对象 ToolStripMenuItem，调用菜单栏对象的 Add()方法将菜单添加到菜单栏中，如果要创建下级菜单，则需要调用菜单的 DropDownItems 的 Add()方法添加。然后将菜单栏添加到窗体中。

（3）给菜单添加功能。

无论是在设计视图完成菜单设计，还是程序运行时动态添加菜单，都需要给菜单添加相应的功能，设计的菜单才有意义。通常菜单的功能都是通过选择菜单实现的，在菜单项的 Click 事件中添加处理程序。双击菜单项即可定位到该菜单的 Click 事件代码块中，然后在其中编写具体实现代码。简单的代码示例如下：

```csharp
private void 新建 NToolStripMenuItem_Click(object sender,EventArgs e)
{
MessageBox.Show("您单击了新建按钮");
}
private void 打开 OToolStripMenuItem_Click(object sender,EventArgs e)
{
MessageBox.Show("您单击了打开按钮");
}
```

此代码运行时，单击"新建"按钮，会弹出对话框显示"您单击了新建按钮"；单击"打开"按钮，会显示"您单击了打开按钮"信息。

（4）快捷菜单。

快捷菜单就是程序运行时单击右键弹出的菜单。在 Microsoft Word、Microsoft Excel 应用程序和 Windows 操作系统中都有，使用 Microsoft Word 时，有时需要反复使用复制、粘贴操作，完成这些操作有很多种方法，最简单和易用的方法是从 Word 显示的选项中右击并选取适当的选项，此时显示的菜单就是上下文菜单，也就是快捷菜单。快捷菜单会随着右击位置不同而变化。Visual Studio 2019 中使用 ContextMenuStrip 控件创建快捷菜单。ContextMenuStrip 控件和 MenuStrip 控件使用方式相似。创建步骤如下：

① 创建项目，如 Example_ContextMenuTest；
② 将工具箱中的 ContextMenuStrip 控件拖放到窗体中；
③ 设置菜单内容；
④ 设置窗体 Form1 的 ContextMenu 属性为窗体中添加的快捷菜单对象 ContextMenuStrip1，运行程序，在窗体上右击，即可弹出快捷菜单，效果如图 9-30 所示。

图 9-30 添加快捷菜单后的运行结果

上面学习了使用窗体设计器设计快捷菜单的方法,编辑代码可在程序运行时实现,示例代码如下:

```
private void CreateContextMenu()
{
//创建快捷菜单对象
ContextMenuStrip cmnu = new ContextMenuStrip();
//设置快捷菜单的绘制样式
cmnu.RenderMode = ToolStripRenderMode.System;
//在快捷菜单中添加菜单项
cmnu.Items.Add("复制");
cmnu.Items.Add("粘贴");
cmnu.Items.Add("剪切");
//给窗体添加快捷菜单
this.ContextMenuStrip = cmnu;
}
```

(5) 使用 ToolStrip(工具栏)控件。

为了使用方便,许多应用程序在菜单栏的下面还提供了一组附加的小按钮,单击这些按钮可以激活最常用的菜单功能,而不用在菜单栏的菜单中导航,这组按钮就是工具栏。

使用 ToolStrip 及其关联的类,可以创建具有 Microsoft Office、Microsoft Internet Explorer 或自定义的外观和行为的工具栏及其他用户界面元素。

ToolStrip 控件的属性如表 9-14 所示。

表 9-14 ToolStrip 控件的属性

属性	说明
GripStyle	制定 4 个排列的点是否显示在工具栏的最左边
LayoutStyle	设置工具栏上项显示方式
Items	获得工具栏上所有项的集合
ShowItemToolTips	指定是否显示工具栏的提示信息

(6) 使用 StatusStrip(状态栏)控件。

StatusStrip 控件通常显示在窗体的底部,向用户提供有关应用程序状态的信息。如

Microsoft Word 应用程序使用状态栏提供页码、行数和列数的信息的 Word 的状态栏。

7) 使用对话框

对话框主要用于应用程序与用户的交互。在应用程序中,可以自己建立窗体对话框,但是对于通用的一些操作,.NET Framework 提供了与 Windows 对话框相关的类,可以实现创建目录和文件、访问打印机、设置字体和颜色的功能。

窗体对话框分为模式对话框和非模式对话框,前面使用的都是非模式对话框。模式对话框和非模式对话框最重要的区别在于:模式对话框必须关闭当前对话框,才可以操作后面的对话框。模式对话框打开时采用 ShowDialog()方法,而非模式对话框采用 Show()方法。我们学习的对话框大都是模式对话框。

(1) 文件对话框(OpenFileDialog 和 SaveFileDialog)。

文件对话框包括打开文件对话框(OpenFileDialog)和保存文件对话框(SaveFileDialog),OpenFileDialog 类似于 Windows 操作系统中的"打开文件"对话框,用于选择驱动器、浏览文件路径、选择打开的文件。

SaveFileDialog 有两种形式:一种是常见的"保存",另一种是"另存为"。"保存"在不存在文件的时候弹出对话框,提示输入文件名;"另存为"在任何情况下都会弹出对话框。Windows 窗体工具箱中提供的打开文件对话框和保存文件对话框如图 9-31 所示。

在应用程序中使用 OpenFileDialog,可以在窗体设计器中添加,也可编写代码实现,使用设计器在窗体上添加 OpenFileDialog 控件,添加之后的效果如图 9-32 所示。

图 9-31　打开文件对话框和保存文件对话框　　　图 9-32　添加打开文件对话框

OpenFileDialog 控件属性如表 9-15 所示。

表 9-15　OpenFileDialog 控件属性表

属　　性	说　　明
AddExtension	如果用户省略了扩展名,则该属性指定是否自动给文件名添加扩展名。该属性主要用在 SaveFileDialog 控件中
AutoUpgradeEnabled	表明在 Windows 的不同版本上运行时,该对话框是否自动更新其外观和行为。该属性为 false 时,显示为 Windows XP 样式
CheckFileExists	如果用户指定一个不存在的文件名,该属性指定对话框是否显示警告
CheckPathExists	如果用户指定一个不存在的路径,该属性指定对话框是否显示警告
DefaultExt	表明默认的文件扩展名

续表

属 性	说 明
DereferenceLinks	和快捷方式一起使用，表明对话框是否返回快捷方式所引用的文件位置，或者是否返回快捷方式自身的位置
FileName	表明对话框中所选文件的路径和文件名
FileNames	表明对话框中所有所选文件的路径和文件名，这是一个只读属性
Filter	表明当前文件名的过滤字符串，确定显示在"FilesOfType："组合框中的选项
FilterIndex	表明对话框中当前所选过滤器的索引
InitialDirectory	表明显示在对话框中的初始目录
MultiSelect	表明对话框是否允许选择多个文件
ReadOnlyChecked	表明是否选择只读复选框
SafeFileName	表明对话框中所选文件的文件名
SafeFileNames	表明对话框中所有所选文件的文件名，这是一个只读属性
ShowHelp	表明 Help 按钮是否显示在对话框中
ShowReadOnly	表明对话框是否包含了只读复选框
SupportMultiDottedExtensions	表明对话框是否支持显示和保存有多个文件扩展名的文件
Title	表明是否在对话框的标题栏中显示标题
ValidateNames	表明对话框是否仅接受有效的 Win32 文件名

为"文件"菜单中的"打开文件"菜单项和"打开"按钮编写单击事件处理程序，代码如下：

```
private void 打开 OToolStripMenuItem_Click(object sender,EventArgs e)
{
this.opfFile.ShowDialog();      //打开浏览文件对话框
}
```

如果不在窗体上添加打开文件对话框控件，直接编写代码，也可实现相同的功能，代码如下：

```
private void 打开 OToolStripMenuItem_Click(object sender,EventArgs e)
{
OpenFileDialog opfile = new OpenFileDialog();
opfile.ShowDialog();
}
```

可以给 OpenFileDialog 设置标题，初始化目录和过滤条件，此对话框的默认标题是"打开"，可以根据需要修改 Title 属性的值。默认情况下，OpenFileDialog 运行时打开的是"我的文档"目录文件或者应用程序上次运行时打开的目录。代码如下：

```
private void 打开 OToolStripButton_Click(object sender,EventArgs e)
{
OpenFileDialog opfile = new OpenFileDialog();
opfile.Title = "我的记事本";                        //设置标题
opfile.Filter = "文本文件(*.txt)|*.txt";            //设置过滤器
opfile.InitialDirectory = @"c:\";                   //设置对话框初始目录
```

```
opfile.ShowDialog();
//读取文件的内容
StreamReader sr = new StreamReader(opfile.OpenFile());
this.richTextBox1.Text = sr.ReadToEnd();
sr.Close();
}
```

选中文件后,单击"打开"按钮,对话框有一个返回值。OpenFileDialog 的 ShowDialog()方法返回一个 DialogResult 枚举,该枚举定义了成员,即 Abort、Cancel、Ignore、NO、Yes 等。现在继续完善上面的代码段,在"打开"事件中判断是否进行了选择,如果选择了文本文件,则将内容显示在窗体的 RichTextBox 中,示例代码如下:

```
private void 打开 OToolStripButton_Click(object sender,EventArgs e)
{
OpenFileDialog opfile = new OpenFileDialog();
opfile.Title = "我的记事本";                          //设置标题
opfile.Filter = "文本文件(*.txt)|*.txt";              //设置过滤器
opfile.InitialDirectory = @"c:\";                    //设置对话框初始目录
if(opfile.ShowDialog() == DialogResult.Cancel)
return;
else
{
opfile.Title = opfile.FileName;
//读取文本文件中的内容
StreamReader sr = new StreamReader(opfile.OpenFile());
this.richTextBox1.Text = sr.ReadToEnd();
}
}
```

保存文件对话框的用法和 OpenFileDialog 基本相同,代码如下:

```
private void 保存 SToolStripButton_Click(object sender,EventArgs e)
{
this.saveFileDialog1.Title = "我的记事本";
this.saveFileDialog1.Filter = "文本文件(*.txt)|*.txt";
this.saveFileDialog1.InitialDirectory = @"c:\";
if(this.saveFileDialog1.ShowDialog() == DialogResult.Cancel)
return;
else
{
Stream stream = this.saveFileDialog1.OpenFile();
StreamWriter sw = new StreamWriter(stream);
sw.Write(this.richTextBox1.Text);
MessageBox.Show("保存成功");
sw.Close();
}
}
```

图 9-33　字体对话框控件

(2) 字体对话框(FontDialog)。

字体对话框控件可以帮助用户设置字体、字号、样式和颜色,使用比较简单,Windows 窗体工具箱中的字体对话框控件如图 9-33 所示。

如下代码演示了字体对话框的使用方法:

```
private void toolStripButton1_Click(object sender, EventArgs e)
{
    this.fontDialog1.ShowColor = true;        //显示颜色选择框
    if(this.fontDialog1.ShowDialog() == DialogResult.OK)
    {
        //设置文本框控件中的字体和选定字的颜色
        this.richTextBox1.Font = this.fontDialog1.Font;
        this.richTextBox1.SelectionColor = this.fontDialog1.Color;
    }
}
```

编译并运行程序,运行效果如图 9-34 所示。

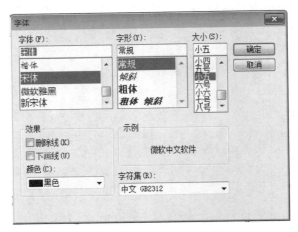

图 9-34　设置文字字体对话框

(3) 颜色对话框(ColorDialog)。

颜色对话框控件和字体对话框控件的使用相似,比较简单,Windows 窗体工具箱中的颜色对话框图标如图 9-35 所示。

图 9-35　颜色对话框图标

继续打开 9.1.1 节的项目 Example_DialogTest,在窗体文件 Form1 中添加工具栏按钮"设置颜色"和颜色对话框控件,给"设置颜色"按钮的 Click 事件编写代码,代码如下:

```
private void toolStripButton2_Click(object sender, EventArgs e)
{
    if(this.colorDialog1.ShowDialog() == DialogResult.OK)
    {
        this.richTextBox1.BackColor = this.colorDialog1.Color;
    }
}
```

9.1.3 案例实现

1. 案例分析

案例中的最上面是一个菜单栏,下面接着是一个工具栏,工具栏中是最常用到的几个功能,以图片的形式展现,再下面是一个文本编辑框,此处可以使用 RichTextBox 控件,也可以使用 TextBox 控件。当使用 TextBox 控件时要将控件的 MultiLine 属性设置为 true,分析图如图 9-36 所示。

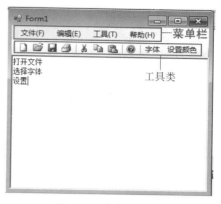

图 9-36 案例分析图

2. 代码实现

页面设置代码:

```
/// <summary>
/// Required designer variable.
/// </summary>
private System.ComponentModel.IContainer components = null;

/// <summary>
/// Clean up any resources being used.
/// </summary>
/// <param name="disposing"> true if managed resources should be disposed; otherwise, false.</param>
protected override void Dispose(bool disposing)
{
    if (disposing && (components != null))
    {
        components.Dispose();
    }
    base.Dispose(disposing);
}

#region Windows Form Designer generated code

/// <summary>
/// Required method for Designer support - do not modify
/// the contents of this method with the code editor.
/// </summary>
private void InitializeComponent()
{
    System.ComponentModel.ComponentResourceManager resources = new System.ComponentModel.ComponentResourceManager(typeof(Form1));
    this.textBox1 = new System.Windows.Forms.TextBox();
    this.menuStrip2 = new System.Windows.Forms.MenuStrip();
    this.tsm_file = new System.Windows.Forms.ToolStripMenuItem();
    this.tsm_edit = new System.Windows.Forms.ToolStripMenuItem();
```

```csharp
this.tsm_tool = new System.Windows.Forms.ToolStripMenuItem();
this.tsm_help = new System.Windows.Forms.ToolStripMenuItem();
this.toolStrip1 = new System.Windows.Forms.ToolStrip();
this.tsb_new = new System.Windows.Forms.ToolStripButton();
this.tsb_open = new System.Windows.Forms.ToolStripButton();
this.tsb_save = new System.Windows.Forms.ToolStripButton();
this.tsb_print = new System.Windows.Forms.ToolStripButton();
this.toolStripSeparator1 = new System.Windows.Forms.ToolStripSeparator();
this.tsb_cut = new System.Windows.Forms.ToolStripButton();
this.tsb_copy = new System.Windows.Forms.ToolStripButton();
this.tsb_paste = new System.Windows.Forms.ToolStripButton();
this.toolStripSeparator2 = new System.Windows.Forms.ToolStripSeparator();
this.tsb_help = new System.Windows.Forms.ToolStripButton();
this.toolStripSeparator3 = new System.Windows.Forms.ToolStripSeparator();
this.tsb_font = new System.Windows.Forms.ToolStripButton();
this.tsb_color = new System.Windows.Forms.ToolStripButton();
this.tsm_open = new System.Windows.Forms.ToolStripMenuItem();
this.tsm_new = new System.Windows.Forms.ToolStripMenuItem();
this.tsm_copy = new System.Windows.Forms.ToolStripMenuItem();
this.tsm_cut = new System.Windows.Forms.ToolStripMenuItem();
this.tsm_past = new System.Windows.Forms.ToolStripMenuItem();
this.tsm_save = new System.Windows.Forms.ToolStripMenuItem();
this.tsm_print = new System.Windows.Forms.ToolStripMenuItem();
this.tsm_font = new System.Windows.Forms.ToolStripMenuItem();
this.tsm_color = new System.Windows.Forms.ToolStripMenuItem();
this.menuStrip2.SuspendLayout();
this.toolStrip1.SuspendLayout();
this.SuspendLayout();
//
// textBox1
//
this.textBox1.Location = new System.Drawing.Point(1, 58);
this.textBox1.Multiline = true;
this.textBox1.Name = "textBox1";
this.textBox1.Size = new System.Drawing.Size(549, 406);
this.textBox1.TabIndex = 3;
//
// menuStrip2
//
this.menuStrip2.ImageScalingSize = new System.Drawing.Size(20, 20);
this.menuStrip2.Items.AddRange(new System.Windows.Forms.ToolStripItem[] {
this.tsm_file,
this.tsm_edit,
this.tsm_tool,
this.tsm_help});
this.menuStrip2.Location = new System.Drawing.Point(0, 0);
this.menuStrip2.Name = "menuStrip2";
this.menuStrip2.Size = new System.Drawing.Size(550, 28);
this.menuStrip2.TabIndex = 4;
```

```csharp
this.menuStrip2.Text = "menuStrip2";
//
// tsm_file
//
this.tsm_file.DropDownItems.AddRange(new System.Windows.Forms.ToolStripItem[] {
this.tsm_open,
this.tsm_new,
this.tsm_save,
this.tsm_print});
this.tsm_file.Name = "tsm_file";
this.tsm_file.Size = new System.Drawing.Size(91, 24);
this.tsm_file.Text = "文件(F)";
//
// tsm_edit
//
this.tsm_edit.DropDownItems.AddRange(new System.Windows.Forms.ToolStripItem[] {
this.tsm_copy,
this.tsm_cut,
this.tsm_past,
this.tsm_font,
this.tsm_color});
this.tsm_edit.Name = "tsm_edit";
this.tsm_edit.Size = new System.Drawing.Size(91, 24);
this.tsm_edit.Text = "编辑(E)";
//
// tsm_tool
//
this.tsm_tool.Name = "tsm_tool";
this.tsm_tool.Size = new System.Drawing.Size(92, 24);
this.tsm_tool.Text = "工具(T)";
//
// tsm_help
//
this.tsm_help.Name = "tsm_help";
this.tsm_help.Size = new System.Drawing.Size(95, 24);
this.tsm_help.Text = "帮助(H)";
//
// toolStrip1
//
this.toolStrip1.ImageScalingSize = new System.Drawing.Size(20, 20);
this.toolStrip1.Items.AddRange(new System.Windows.Forms.ToolStripItem[] {
this.tsb_new,
this.tsb_open,
this.tsb_save,
this.tsb_print,
this.toolStripSeparator1,
this.tsb_cut,
```

```csharp
            this.tsb_copy,
            this.tsb_paste,
            this.toolStripSeparator2,
            this.tsb_help,
            this.toolStripSeparator3,
            this.tsb_font,
            this.tsb_color});
            this.toolStrip1.Location = new System.Drawing.Point(0, 28);
            this.toolStrip1.Name = "toolStrip1";
            this.toolStrip1.Size = new System.Drawing.Size(550, 27);
            this.toolStrip1.TabIndex = 5;
            this.toolStrip1.Text = "toolStrip1";
            // 
            // tsb_new
            // 
            this.tsb_new.DisplayStyle = System.Windows.Forms.ToolStripItemDisplayStyle.Image;
            this.tsb_new.Image = ((System.Drawing.Image)(resources.GetObject("tsb_new.Image")));
            this.tsb_new.ImageTransparentColor = System.Drawing.Color.Magenta;
            this.tsb_new.Name = "tsb_new";
            this.tsb_new.Size = new System.Drawing.Size(29, 24);
            this.tsb_new.Text = "新建";
            // 
            // tsb_open
            // 
            this.tsb_open.DisplayStyle = System.Windows.Forms.ToolStripItemDisplayStyle.Image;
            this.tsb_open.Image = ((System.Drawing.Image)(resources.GetObject("tsb_open.Image")));
            this.tsb_open.ImageTransparentColor = System.Drawing.Color.Magenta;
            this.tsb_open.Name = "tsb_open";
            this.tsb_open.Size = new System.Drawing.Size(29, 24);
            this.tsb_open.Text = "打开";
            // 
            // tsb_save
            // 
            this.tsb_save.DisplayStyle = System.Windows.Forms.ToolStripItemDisplayStyle.Image;
            this.tsb_save.Image = ((System.Drawing.Image)(resources.GetObject("tsb_save.Image")));
            this.tsb_save.ImageTransparentColor = System.Drawing.Color.Magenta;
            this.tsb_save.Name = "tsb_save";
            this.tsb_save.Size = new System.Drawing.Size(29, 24);
            this.tsb_save.Text = "保存";
            // 
            // tsb_print
            // 
            this.tsb_print.DisplayStyle = System.Windows.Forms.ToolStripItemDisplayStyle.Image;
```

```
            this.tsb_print.Image = ((System.Drawing.Image)(resources.GetObject("tsb_print.Image")));
            this.tsb_print.ImageTransparentColor = System.Drawing.Color.Magenta;
            this.tsb_print.Name = "tsb_print";
            this.tsb_print.Size = new System.Drawing.Size(29, 24);
            this.tsb_print.Text = "打印";
            // 
            // toolStripSeparator1
            // 
            this.toolStripSeparator1.Name = "toolStripSeparator1";
            this.toolStripSeparator1.Size = new System.Drawing.Size(6, 27);
            // 
            // tsb_cut
            // 
            this.tsb_cut.DisplayStyle = System.Windows.Forms.ToolStripItemDisplayStyle.Image;
            this.tsb_cut.Image = ((System.Drawing.Image)(resources.GetObject("tsb_cut.Image")));
            this.tsb_cut.ImageTransparentColor = System.Drawing.Color.Magenta;
            this.tsb_cut.Name = "tsb_cut";
            this.tsb_cut.Size = new System.Drawing.Size(29, 24);
            this.tsb_cut.Text = "剪切";
            // 
            // tsb_copy
            // 
            this.tsb_copy.DisplayStyle = System.Windows.Forms.ToolStripItemDisplayStyle.Image;
            this.tsb_copy.Image = ((System.Drawing.Image)(resources.GetObject("tsb_copy.Image")));
            this.tsb_copy.ImageTransparentColor = System.Drawing.Color.Magenta;
            this.tsb_copy.Name = "tsb_copy";
            this.tsb_copy.Size = new System.Drawing.Size(29, 24);
            this.tsb_copy.Text = "复制";
            // 
            // tsb_paste
            // 
            this.tsb_paste.DisplayStyle = System.Windows.Forms.ToolStripItemDisplayStyle.Image;
            this.tsb_paste.Image = ((System.Drawing.Image)(resources.GetObject("tsb_paste.Image")));
            this.tsb_paste.ImageTransparentColor = System.Drawing.Color.Magenta;
            this.tsb_paste.Name = "tsb_paste";
            this.tsb_paste.Size = new System.Drawing.Size(29, 24);
            this.tsb_paste.Text = "粘贴";
            // 
            // toolStripSeparator2
            // 
            this.toolStripSeparator2.Name = "toolStripSeparator2";
            this.toolStripSeparator2.Size = new System.Drawing.Size(6, 27);
            // 
```

```csharp
            // tsb_help
            // 
            this.tsb_help.DisplayStyle = System.Windows.Forms.ToolStripItemDisplayStyle.Image;
            this.tsb_help.Image = ((System.Drawing.Image)(resources.GetObject("tsb_help.Image")));
            this.tsb_help.ImageTransparentColor = System.Drawing.Color.Magenta;
            this.tsb_help.Name = "tsb_help";
            this.tsb_help.Size = new System.Drawing.Size(29, 24);
            this.tsb_help.Text = "帮助";
            // 
            // toolStripSeparator3
            // 
            this.toolStripSeparator3.Name = "toolStripSeparator3";
            this.toolStripSeparator3.Size = new System.Drawing.Size(6, 27);
            // 
            // tsb_font
            // 
            this.tsb_font.DisplayStyle = System.Windows.Forms.ToolStripItemDisplayStyle.Image;
            this.tsb_font.Image = ((System.Drawing.Image)(resources.GetObject("tsb_font.Image")));
            this.tsb_font.ImageTransparentColor = System.Drawing.Color.Magenta;
            this.tsb_font.Name = "tsb_font";
            this.tsb_font.Size = new System.Drawing.Size(29, 24);
            this.tsb_font.Text = "字体设置";
            // 
            // tsb_color
            // 
            this.tsb_color.DisplayStyle = System.Windows.Forms.ToolStripItemDisplayStyle.Image;
            this.tsb_color.Image = ((System.Drawing.Image)(resources.GetObject("tsb_color.Image")));
            this.tsb_color.ImageTransparentColor = System.Drawing.Color.Magenta;
            this.tsb_color.Name = "tsb_color";
            this.tsb_color.Size = new System.Drawing.Size(29, 24);
            this.tsb_color.Text = "颜色设置";
            // 
            // tsm_open
            // 
            this.tsm_open.Name = "tsm_open";
            this.tsm_open.Size = new System.Drawing.Size(224, 26);
            this.tsm_open.Text = "打开";
            // 
            // tsm_new
            // 
            this.tsm_new.Name = "tsm_new";
            this.tsm_new.Size = new System.Drawing.Size(224, 26);
            this.tsm_new.Text = "新建";
            // 
```

```csharp
// tsm_copy
// 
this.tsm_copy.Name = "tsm_copy";
this.tsm_copy.Size = new System.Drawing.Size(224, 26);
this.tsm_copy.Text = "复制";
// 
// tsm_cut
// 
this.tsm_cut.Name = "tsm_cut";
this.tsm_cut.Size = new System.Drawing.Size(224, 26);
this.tsm_cut.Text = "剪切";
// 
// tsm_past
// 
this.tsm_past.Name = "tsm_past";
this.tsm_past.Size = new System.Drawing.Size(224, 26);
this.tsm_past.Text = "粘贴";
// 
// tsm_save
// 
this.tsm_save.Name = "tsm_save";
this.tsm_save.Size = new System.Drawing.Size(224, 26);
this.tsm_save.Text = "保存";
// 
// tsm_print
// 
this.tsm_print.Name = "tsm_print";
this.tsm_print.Size = new System.Drawing.Size(224, 26);
this.tsm_print.Text = "打印";
// 
// tsm_font
// 
this.tsm_font.Name = "tsm_font";
this.tsm_font.Size = new System.Drawing.Size(224, 26);
this.tsm_font.Text = "字体";
// 
// tsm_color
// 
this.tsm_color.Name = "tsm_color";
this.tsm_color.Size = new System.Drawing.Size(224, 26);
this.tsm_color.Text = "颜色";
// 
// Form1
// 
this.AutoScaleDimensions = new System.Drawing.SizeF(8F, 15F);
this.AutoScaleMode = System.Windows.Forms.AutoScaleMode.Font;
this.ClientSize = new System.Drawing.Size(550, 461);
this.Controls.Add(this.toolStrip1);
this.Controls.Add(this.textBox1);
this.Controls.Add(this.menuStrip2);
```

```csharp
            this.Name = "Form1";
            this.Text = "文本编辑器";
            this.Load += new System.EventHandler(this.Form1_Load);
            this.menuStrip2.ResumeLayout(false);
            this.menuStrip2.PerformLayout();
            this.toolStrip1.ResumeLayout(false);
            this.toolStrip1.PerformLayout();
            this.ResumeLayout(false);
            this.PerformLayout();
        }
        #endregion
        private System.Windows.Forms.TextBox textBox1;
        private System.Windows.Forms.MenuStrip menuStrip2;
        private System.Windows.Forms.ToolStripMenuItem tsm_file;
        private System.Windows.Forms.ToolStripMenuItem tsm_edit;
        private System.Windows.Forms.ToolStripMenuItem tsm_tool;
        private System.Windows.Forms.ToolStripMenuItem tsm_help;
        private System.Windows.Forms.ToolStrip toolStrip1;
        private System.Windows.Forms.ToolStripButton tsb_new;
        private System.Windows.Forms.ToolStripButton tsb_open;
        private System.Windows.Forms.ToolStripButton tsb_save;
        private System.Windows.Forms.ToolStripButton tsb_print;
        private System.Windows.Forms.ToolStripSeparator toolStripSeparator1;
        private System.Windows.Forms.ToolStripButton tsb_cut;
        private System.Windows.Forms.ToolStripButton tsb_copy;
        private System.Windows.Forms.ToolStripButton tsb_paste;
        private System.Windows.Forms.ToolStripSeparator toolStripSeparator2;
        private System.Windows.Forms.ToolStripButton tsb_help;
        private System.Windows.Forms.ToolStripSeparator toolStripSeparator3;
        private System.Windows.Forms.ToolStripButton tsb_font;
        private System.Windows.Forms.ToolStripButton tsb_color;
        private System.Windows.Forms.ToolStripMenuItem tsm_open;
        private System.Windows.Forms.ToolStripMenuItem tsm_new;
        private System.Windows.Forms.ToolStripMenuItem tsm_save;
        private System.Windows.Forms.ToolStripMenuItem tsm_print;
        private System.Windows.Forms.ToolStripMenuItem tsm_copy;
        private System.Windows.Forms.ToolStripMenuItem tsm_cut;
        private System.Windows.Forms.ToolStripMenuItem tsm_past;
        private System.Windows.Forms.ToolStripMenuItem tsm_font;
        private System.Windows.Forms.ToolStripMenuItem tsm_color;
    }
```

后台的代码:

```csharp
public partial class Form1 : Form
    {
        public Form1()
        {
            InitializeComponent();
```

```csharp
}
OpenFileDialog ofd;            //打开文件对话框
string fileName = "";          //文件路径
SaveFileDialog sfd;            //保存文件对话框
private void Form1_Load(object sender, EventArgs e)
{
    //this.richTextBox1
}
/// <summary>
/// 打开文件的文件
/// </summary>
/// <param name = "sender"></param>
/// <param name = "e"></param>
private void tsm_open_Click(object sender, EventArgs e)
{
    //初始化打开文件对话框
    ofd = new OpenFileDialog();
    //设置只能打开 txt 文件
    ofd.Filter = "文本文件(*.txt)|*.txt";
    //获取打开文件对话框单击结果
    DialogResult re = ofd.ShowDialog();
    if (re == DialogResult.OK)
    {
        //打开 txt 文件,并将文件内容存储在 textbox 控件中
        //获取打开文件打开的文件路径
        fileName = ofd.FileName;
        //定义文件读取流,参数(文件路径,编码方式)
        StreamReader sr = new StreamReader(fileName, Encoding.Default);
        while (sr.Peek() > 0)
        {
            textBox1.Text = sr.ReadLine() + "\n";
        }
        //关闭文件读取流
        sr.Close();
    }
}
/// <summary>
/// 新建文件的按钮
/// </summary>
/// <param name = "sender"></param>
/// <param name = "e"></param>
private void tsm_new_Click(object sender, EventArgs e)
{
    ofd = null;
    fileName = "";
    textBox1.Text = "";
}
/// <summary>
/// 保存文件按钮
```

```csharp
/// </summary>
/// <param name = "sender"></param>
/// <param name = "e"></param>
private void tsm_save_Click(object sender, EventArgs e)
{
    sfd = new SaveFileDialog();
    sfd.Filter = "文本文件(*.txt)|*.txt";
    //获取保存文件对话框单击结果
    DialogResult re = sfd.ShowDialog();
    if (re == DialogResult.OK)
    {
        //打开 txt 文件,并将 textbox 控件内容存储在文件中
        //获取保存文件打开的文件路径
        fileName = sfd.FileName;
        //定义文件写入流,参数(文件路径,true 在文件中追加 false 覆盖原来的文
        //件内容,编码方式)
        StreamWriter sw = new StreamWriter(fileName, false, Encoding.Default);
        string[] strTxt = textBox1.Text.Split('\n');
        foreach (string str in strTxt)
        {
            sw.WriteLine(str);
        }
        //关闭文件写入流
        sw.Close();
    }
}
/// <summary>
/// 复制的菜单栏按钮
/// </summary>
/// <param name = "sender"></param>
/// <param name = "e"></param>
private void tsm_copy_Click(object sender, EventArgs e)
{
    if (textBox1.SelectedText != "")
        Clipboard.SetDataObject(textBox1.SelectedText);
}
/// <summary>
/// 粘贴的菜单栏按钮
/// </summary>
/// <param name = "sender"></param>
/// <param name = "e"></param>
private void tsm_past_Click(object sender, EventArgs e)
{
    IDataObject iData = Clipboard.GetDataObject();
    // Determines whether the data is in a format you can use
    if (iData.GetDataPresent(DataFormats.Text))
    {
        // Yes it is, so display it in a text box
        textBox1.Text = (String)iData.GetData(DataFormats.Text);
    }
```

```csharp
}
/// <summary>
/// 剪切的菜单栏按钮
/// </summary>
/// <param name = "sender"></param>
/// <param name = "e"></param>
private void tsm_cut_Click(object sender, EventArgs e)
{
    if (textBox1.SelectedText != "")
    {
        Clipboard.SetDataObject(textBox1.SelectedText);
        textBox1.SelectedText = "";
    }
}
/// <summary>
/// 设置字体和颜色
/// </summary>
/// <param name = "sender"></param>
/// <param name = "e"></param>
private void tsm_font_Click(object sender, EventArgs e)
{
    //定义字体设置的对话框变量
    FontDialog fd = new FontDialog();
    //设置字体对话框显示颜色选项
    fd.ShowColor = true;
    fd.Color = textBox1.ForeColor;
    fd.Font = textBox1.Font;
    DialogResult re = fd.ShowDialog();
    if (re == DialogResult.OK) {
        textBox1.Font = fd.Font;
        textBox1.ForeColor = fd.Color;
    }
}
/// <summary>
/// 设置颜色
/// </summary>
/// <param name = "sender"></param>
/// <param name = "e"></param>
private void tsm_color_Click(object sender, EventArgs e)
{
    //定义颜色对话框的变量
    ColorDialog fd = new ColorDialog();
    //设置初始颜色
    fd.Color = textBox1.ForeColor;
    //打开对话框
    DialogResult re = fd.ShowDialog();
    //当单击确定时改变文本框颜色
    if (re == DialogResult.OK)
    {
```

```csharp
            textBox1.ForeColor = fd.Color;
        }
    }
    /// <summary>
    /// 工具栏的新建
    /// </summary>
    /// <param name = "sender"></param>
    /// <param name = "e"></param>
    private void tsb_new_Click(object sender, EventArgs e)
    {
        ofd = null;
        sfd = null;
        fileName = "";
        textBox1.Text = "";
    }
    /// <summary>
    /// 工具栏打开文件
    /// </summary>
    /// <param name = "sender"></param>
    /// <param name = "e"></param>
    private void tsb_open_Click(object sender, EventArgs e)
    {
        //初始化打开文件对话框
        ofd = new OpenFileDialog();
        //设置只能打开 txt 文件
        ofd.Filter = "文本文件( * .txt)| * .txt";
        //获取打开文件对话框单击结果
        DialogResult re = ofd.ShowDialog();
        if (re == DialogResult.OK)
        {
            //打开 txt 文件,并将文件内容存储在 textbox 控件中
            //获取打开文件打开的文件路径
            fileName = ofd.FileName;
            //定义文件读取流,参数(文件路径,编码方式)
            StreamReader sr = new StreamReader(fileName, Encoding.Default);
            while (sr.Peek() > 0)
            {
                textBox1.Text = sr.ReadLine() + "\n";
            }
            //关闭文件读取流
            sr.Close();
        }
    }
    /// <summary>
    /// 工具栏的保存
    /// </summary>
    /// <param name = "sender"></param>
    /// <param name = "e"></param>
    private void tsb_save_Click(object sender, EventArgs e)
    {
```

```csharp
            sfd = new SaveFileDialog();
            sfd.Filter = "文本文件(*.txt)|*.txt";
            //获取保存文件对话框单击结果
            DialogResult re = sfd.ShowDialog();
            if (re == DialogResult.OK)
            {
                //打开 txt 文件,并将 textbox 控件内容存储在文件中
                //获取保存文件打开的文件路径
                fileName = sfd.FileName;
                //定义文件写入流,参数(文件路径,true 在文件中追加 false 覆盖原来的文
                //件内容,编码方式)
                StreamWriter sw = new StreamWriter(fileName, false, Encoding.Default);
                string[] strTxt = textBox1.Text.Split('\n');
                foreach (string str in strTxt)
                {
                    sw.WriteLine(str);
                }
                //关闭文件写入流
                sw.Close();
            }
        }
        /// <summary>
        /// 工具栏的打印
        /// </summary>
        /// <param name="sender"></param>
        /// <param name="e"></param>
        private void tsb_print_Click(object sender, EventArgs e)
        {
        }
        /// <summary>
        /// 工具栏剪切
        /// </summary>
        /// <param name="sender"></param>
        /// <param name="e"></param>
        private void tsb_cut_Click(object sender, EventArgs e)
        {
            if (textBox1.SelectedText != "")
            {
                Clipboard.SetDataObject(textBox1.SelectedText);
                textBox1.SelectedText = "";
            }
        }
        /// <summary>
        /// 工具栏复制
        /// </summary>
        /// <param name="sender"></param>
        /// <param name="e"></param>
        private void tsb_copy_Click(object sender, EventArgs e)
        {
            if (textBox1.SelectedText != "")
```

```csharp
            Clipboard.SetDataObject(textBox1.SelectedText);
        }
        /// <summary>
        /// 工具栏粘贴
        /// </summary>
        /// <param name = "sender"></param>
        /// <param name = "e"></param>
        private void tsb_paste_Click(object sender, EventArgs e)
        {
            IDataObject iData = Clipboard.GetDataObject();
            // Determines whether the data is in a format you can use
            if (iData.GetDataPresent(DataFormats.Text))
            {
                // Yes it is, so display it in a text box
                textBox1.Text = (String)iData.GetData(DataFormats.Text);
            }
        }
        /// <summary>
        /// 工具栏设置字体
        /// </summary>
        /// <param name = "sender"></param>
        /// <param name = "e"></param>
        private void tsb_font_Click(object sender, EventArgs e)
        {
        }
        /// <summary>
        /// 工具栏设置字体颜色
        /// </summary>
        /// <param name = "sender"></param>
        /// <param name = "e"></param>
        private void tsb_color_Click(object sender, EventArgs e)
        {
            //定义颜色对话框的变量
            ColorDialog fd = new ColorDialog();
            //设置初始颜色
            fd.Color = textBox1.ForeColor;
            //打开对话框
            DialogResult re = fd.ShowDialog();
            //当单击确定时改变文本框颜色
            if (re == DialogResult.OK)
            {
                textBox1.ForeColor = fd.Color;
            }
        }
    }
}
```

3. 运行结果

案例运行结果如图 9-37 所示。

第9章 Windows窗体的认识

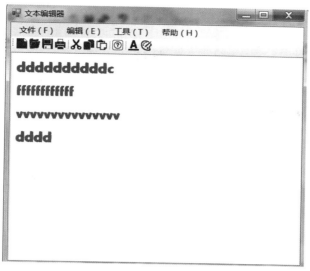

图 9-37 运行结果图

9.2 Windows 高级控件应用

9.2.1 案例描述

视频 16
Windows
高级控件

在如图 9-38 所示的案例中，我们可以利用 TreeView 在线编辑一个属性的小程序，这个功能与 Visual Studio 2019 编辑 TreeView 节点的界面非常类似，比如在做一个小商城的案例中就会经常用到这种界面。在图 9-38 右侧的 ListView 中记录我们对 TreeView 的每一步操作。

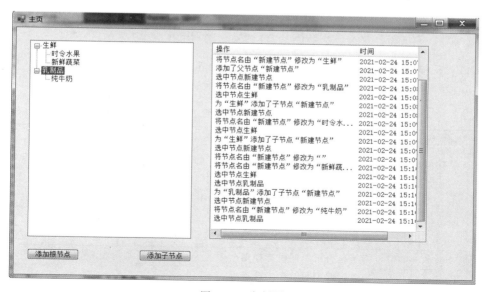

图 9-38 案例图

9.2.2 知识引入

前面学习了 Windows 窗体工具箱中的常用控件。利用这些控件,可以方便快捷地创建界面友好的 Windows 应用程序。现继续学习 Windows 窗体中的比较复杂的控件,使程序界面更加友好,功能更加丰富。

1. 视图控件

1) ListView(列表视图)控件

Windows 操作系统中的资源管理器,大家都很熟悉,如图 9-39 所示。

资源管理器的左边以一个可折叠的树形视图显示目录结构,TreeView 控件可以生成这种树形视图,右边的窗口显示当前文件夹的内容,此窗口有多种视图方式显示,使用 ListView 控件可以实现。Windows 窗体工具箱中的 ListView 控件如图 9-39 所示。

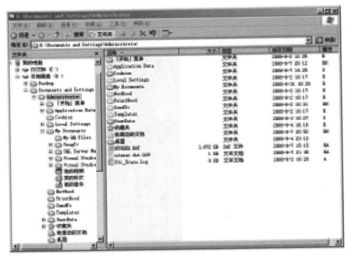

Windows资源管理器　　　　　　　　　　ListView控件

图 9-39　ListView 案例图

ListView 控件用来显示列表,其样式与 Windows 资源管理器的文件列表相似,ListView 控件的属性、方法和事件如表 9-16 所示。

表 9-16　ListView 控件的属性、方法和事件

属性/方法/事件		说　明
属性	Activation	指定用户在列表视图中激活选项的方式,包括 Standard、OneClick、TwoClick
	Alignment	指定列表视图中选项对齐的方式
	AutoArrange	如果此属性为 True,选项会自动根据 Alignment 属性排序
	Items	列表视图中的选项集合
	Sorting	控件中项的排列顺序,包括 Accending(升序)、Descending(降序)、None(不排序)
	MultiSelect	指定是否可以同时选择多个项
	TopItem	列表视图中的第一个可见项
	SelectedItems	选定的项

续表

属性/方法/事件		说　明
属性	FocusedItem	获取控件中当前有焦点的项,如果都没有焦点,则返回 Null 引用
	View	指定显示方式,包括 LargeIcon(大图标)、SmallIcon(小图标)、Details(详细信息)和 List(列表)。默认值为 LargeIcon
方法	Clear()	移除所有项
	Sort()	对控件的项进行排序。通常使用 Sorting 属性,根据项文本对各项信息排序
事件	ColumnClick	单击一个列时引发该事件
	Click	单击控件中的项时发生
	ItemActive	激活某项时发生

ListView 控件中的 Items 属性表示包含控件中所有项的集合,使用 Items 属性的 Add()、Clear()、Remove()、RemoveAt()方法可以添加或移除列表项。示例代码如下:

```
this.lvwList.Items.Add("C#");
this.lvwList.Items.Add("VisualStudio");
```

ListViewItem 类专门用于表示 ListView 控件中的项,定义了与 ListView 控件中显示的项相关联的外观、行为和数据。该类的 SubItems 属性获取包含该项的所有子项的集合,ListView 处于 Details 或 Title 模式下,这些子选项会显示出来。子选项和主选项的区别是子选项不能显示图标。

通过 Items 集合将 ListViewItems 添加到 ListView 中,通过 ListViewItems 中的 SubItems 集合将 ListViewSubItems 添加到 ListViewItems 中,示例代码如下:

```
ListViewItem lst = new ListViewItem();
lst.SubItems[0].Text = "C#入门";
lst.SubItems.Add("C#进级");
lst.SubItems.Add("VS2019");
this.lvwFile.Items.Add(lst);
```

ListView 控件的 Columns 属性表示控件中出现的所有列标题的集合,列标题是 ListView 控件中的标题文本。要使列表视图显示列标题,需要将类 ColumnHeader 的实例添加到 ListView 控件的 Column 集合中。ListView 控件处于 Detail 模式下,ColumnHeader 为要显示的列提供一个标题。添加列标题的示例代码如下:

```
System.Windows.Forms.ColumnHeader header = new ColumnHeader();
header.Text = "标题";                                    //标题文本
header.TextAlign = HorizontalAlignment.Center;          //标题对齐方式
header.Width = 100;                                     //标题宽度
this.lvwList.Columns.Add(header);                       //将标题添加到 ListView 控件中
```

下面通过一个例子学习 ListView 控件的用法。

【例 9-2】 在 ListView 控件中显示"C:\Windows"中的文件和文件夹,并且根据视图选择的不同模式,显示不同的效果。窗体界面设计如图 9-40 所示。

图 9-40 界面图

该程序实现的步骤如下:

① 创建一个 Windows 应用程序,名称为 Example_ListViewTest。

② 创建窗体界面。在窗体上添加一个标签、一个列表视图、一个分组框、一个按钮。在分组框中添加 5 个单选按钮,Text 属性设置为列表视图的 5 种视图模式。

③ 在窗体上添加两个图像列表,命名为 imageListSmall 和 imageListLarge。调整 imageListLarge 的大小。

④ 单击 imageListSmall 右上角的黑色三角形按钮,打开任务栏,单击"选择图像"选项,打开"图像集合编辑器"窗口,单击"添加"按钮,选择要添加的图像。

⑤ 设置单选按钮"详细信息"的 Checked 属性的值为 True。

⑥ 设置列表视图控件的属性。将 ListView 控件的 SmallimageList 属性设为 imageListSmall,LargeimageList 属性设置为 imageListLarge。

⑦ 编写代码。编写实现 ListView 控件中创建列标题的方法。

```
private void CreateColumnHeader()
{
System.Windows.Forms.ColumnHeader header;
//第一列标题
header = new ColumnHeader();
header.Text = "名称";
this.lvwFile.Columns.Add(header);
//第二列标题
header = new ColumnHeader();
header.Text = "大小";
this.lvwFile.Columns.Add(header);
//第三列标题
header = new ColumnHeader();
```

```
header.Text = "修改日期";
this.lvwFile.Columns.Add(header);
}
```

⑧ 编写在 ListView 控件中显示文件和文件夹的代码。

```
public partial class Form1:Form
{
public Form1()
{
InitializeComponent();
}
private void Form1_Load(object sender,EventArgs e)
{
CreateColumnHeader();                        //调用创建标题的方法
try
{
ListViewItem lstItem;                        //声明 ListViewItem 对象
ListViewItem.ListViewSubItem lstSubItem;     //声明 lstSubItem 对象
DirectoryInfo dir = new DirectoryInfo("c:\\windows");
DirectoryInfo[] dirs = dir.GetDirectories();
FileInfo[] files = dir.GetFiles();
this.lblCurrentPath.Text = "c:\\WINDOWS";
this.lvwFile.BeginUpdate();
foreach(DirectoryInfo di in dirs)
{
lstItem = new ListViewItem();
lstItem.Text = di.Name;
lstItem.Tag = di.FullName;
lstItem.ImageIndex = 0;
lstSubItem = new ListViewItem.ListViewSubItem();
lstSubItem.Text = "";
lstItem.SubItems.Add(lstSubItem);
lstSubItem = new ListViewItem.ListViewSubItem();
lstSubItem.Text = di.LastAccessTime.ToString();
lstItem.SubItems.Add(lstSubItem);
this.lvwFile.Items.Add(lstItem);
}
foreach(FileInfo fi in files)
{
lstItem = new ListViewItem();
lstItem.Text = fi.Name;
lstItem.Tag = fi.FullName;
lstItem.ImageIndex = 1;
lstSubItem = new ListViewItem.ListViewSubItem();
lstSubItem.Text = fi.Length.ToString();
lstItem.SubItems.Add(lstSubItem);
lstSubItem = new ListViewItem.ListViewSubItem();
lstSubItem.Text = fi.LastAccessTime.ToString();
```

```
lstItem.SubItems.Add(lstSubItem);
this.lvwFile.Items.Add(lstItem);
}
this.lvwFile.EndUpdate();
}
catch(Exception ex)
{
MessageBox.Show(ex.Message);
}
}
```

在第一个 foreach 块中,调用了 ListViewItem 的 BeginUpdate()方法,此方法通知列表视图控件停止更新可见区域,直到调用 EndUpdate()方法为止。在第二个 foreach 块的最后调用了 EndUpdate()方法,更新 ListView 视图。

⑨ 修改列表视图的查看类型,选择每个单选按钮,在每个单选按钮的 CheckedChanged 事件中编写代码。

```
private void radioButton2_CheckedChanged(object sender,EventArgs e)
{
if(radDetail.Checked)
this.lvwFile.View = View.Details;
}
private void radList_CheckedChanged(object sender,EventArgs e)
{
if(radList.Checked)
{
this.lvwFile.View = View.List;
}
}
private void radLargeIcon_CheckedChanged(object sender,EventArgs e)
{
if(radLargeIcon.Checked)
this.lvwFile.View = View.LargeIcon;
}
private void radSmallIcon_CheckedChanged(object sender,EventArgs e)
{
if(radSmallIcon.Checked)
this.lvwFile.View = View.SmallIcon;
}
private void radTitle_CheckedChanged(object sender,EventArgs e)
{
if(radTitle.Checked)
this.lvwFile.View = View.Tile;
}
```

执行结果如图 9-41 所示。

2) TreeView(树视图)控件

TreeView 控件和 ListView 控件有很多相似的地方,它们都为用户提供便捷的文件导

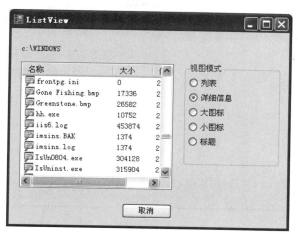

图 9-41　运行图

航功能。不同的是，TreeView 控件以树形视图的方式展示给用户，而 ListView 控件以列表形式展现给用户。Windows 资源管理器左边窗格所包含的目录和文件就是以树形视图排列的，使用 TreeView 控件实现此功能。

在 TreeView 控件中每一个元素都称为节点，这些节点可以是磁盘驱动器、文件夹等。TreeView 控件的属性和事件如表 9-17 所示。

表 9-17　TreeView 控件的属性和事件

	属性/事件	说　　明
属性	CanSelect	确定是否可以被选中
	CheckBoxes	指定是否在控件节点旁出现复选框
	Nodes	节点集合
	SelectedNode	当前选定的树视图中的树节点
事件	AfterExpand	展开树节点后引发
	AfterSelect	选定树节点后引发
	AfterCollapse	折叠树节点后引发
	BeforeExpand	展开树节点前引发
	NodeMouseClick	单击节点时发生

TreeView 控件的 Nodes 属性表示 TreeView 控件的树节点集，树节点集中的每个树节点可以包括本身的树节点集，可以使用 Add()、Remove()、RemoveAt()方法添加、删除节点。

下面介绍在视图中添加节点的方法，步骤如下：

(1) 将 TreeView 控件添加到窗体上，命名为以 trv 开头的控件名称。

(2) 单击 TreeView 控件右上方的黑色三角形按钮，打开 TreeView 控件任务栏，单击编辑节点选项，打开"TreeNode 编辑器"，如图 9-42 所示。

(3) 单击"添加根"按钮，将在左边的窗格中添加一个根节点，右边出现属性面板，可以修改属性值，设置 Text 属性值为节点显示的文本，Name 属性是节点的标识。

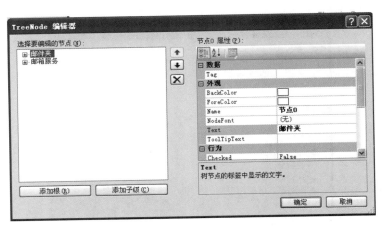

图 9-42　TreeNode 编辑器图

(4) 如果希望在根节点下添加子节点,则单击"添加子级"按钮,左边窗格中显示一个子节点,在属性面板中可同样进行设置。

(5) 选定某节点,单击"TreeNode 编辑器"中的向上箭头或向下箭头按钮,可以实现节点的提升或下降。创建完成的窗体如图 9-43 所示。

也可以通过编程添加节点,下面的代码段向名为 trvTree 的 TreeView 控件添加根节点:

```
TreeNode node = new TreeNode("根节点的文本");
this.trvTree.Nodes.Add(node);
```

向该节点添加子节点的示例代码如下:

```
TreeNode objnode1 = new TreeNode("子节点的文本");
TreeNode objnode2 = new TreeNode("子节点的文本");
node.Nodes.Add(objnode1);
node.Nodes.Add(objnode2);
```

2. 其他控件

1) DateTimePicker 控件

DateTimePicker 控件用来控制用户的输入日期,使用该控件可以使用户通过选择的方式填写日期,避免输入日期格式判断。Windows 窗体工具箱中的日期控件如图 9-44 所示。

图 9-43　界面图

图 9-44　DateTimePicker 图标

DateTimePicker 常用的属性和事件如表 9-18 所示。

表 9-18　DateTimePicker 常用的属性和事件

	属性/事件	说　　明
属性	ShowUpDown	指示是否为修改控件值显示数字显示框,而不是显示下拉日历
	Format	日期的显示样式
	MaxDate	能够显示的最大日期
	MinDate	能够显示的最小日期
事件	Click	单击控件时发生
	ValueChanged	用户更改日期时触发该事件

将 DateTimePicker 控件添加到窗体中,类似于组合框,只是在框中默认显示系统当前日期。在运行时可以使用鼠标选择日期,将选择的日期显示在选定的下拉列表框中。将 DateTimePicker 控件的 ShowUpDown 属性值设为 false 时,运行效果如图 9-45 所示。

图 9-45　DateTimePicker 案例图

2) ImageList 控件

ImageList 控件用于存储图像资源,然后在控件上显示出来,这样就简化了对图像的管理。ImageList 控件的主要属性是 Images,它包含关联控件将要使用的图片。每个单独的图像可通过其索引值或其键值来访问。所有图像都将以同样的大小显示,该大小由 ImageSize 属性设置,较大的图像将缩小至适当的尺寸。

ImageList 控件实际上就相当于一个图片集,也就是将多个图片存储到图片集中,当想要对某一图片进行操作时,只需根据其图片的编号,就可以找出该图片,并对其进行操作。

(1) ImageList 构造函数。

ImageList 的构造函数如表 9-19 所示。

表 9-19　ImageList 构造函数表

名　　称	说　　明
ImageList()	使用默认值 ColorDepth、ImageSize 和 TransparentColor 初始化 ImageList
ImageList(IContainer)	初始化 ImageList,将其与容器相关联

(2) ImageList 属性。

ImageList 的属性的说明如表 9-20 所示。

表 9-20 ImageList 属性表

名 称	说 明
ColorDepth	获取图像列表的颜色深度
Container	获取 IContainer，其中包含 Component(继承自 Component)
Handle	获取图像列表对象的句柄
HandleCreated	获取一个值，该值指示是否已创建基础 Win32 句柄
Images	获取 ImageList.ImageCollection 此图像列表
ImageSize	获取或设置图像的大小的图像列表中
ImageStream	获取 ImageListStreamer 与此图像列表相关联
Site	获取或设置 ISite 的 Component(继承自 Component)
Tag	获取或设置一个对象，包含有关的其他数据
TransparentColor	获取或设置要处理的颜色为透明

(3) ImageList 方法。

ImageList 方法说明如表 9-21 所示。

表 9-21 ImageList 方法表

名 称	说 明
CreateObjRef(Type)	创建包含所有生成代理用于与远程对象进行通信所需的相关信息的对象(继承自 MarshalByRefObject)
Dispose()	释放由 Component 使用的所有资源(继承自 Component)
Draw(Graphics, Int32, Int32, Int32)	绘制由指定的给定索引的图像 Graphics 中指定的位置
Draw(Graphics, Int32, Int32, Int32, Int32, Int32)	绘制由指定的给定索引的图像 Graphics 使用指定的位置和大小
Draw(Graphics, Point, Int32)	绘制由指定索引对指定的图像 Graphics 中给定位置
Equals(Object)	确定指定的对象是否等于当前对象(继承自 Object)
GetHashCode()	作为默认哈希函数(继承自 Object)
GetLifetimeService()	检索当前生存期服务对象，用于控制此实例的生存期策略(继承自 MarshalByRefObject)
GetType()	获取当前实例的 Type(继承自 Object)
InitializeLifetimeService()	获取生存期服务对象来控制此实例的生存期策略(继承自 MarshalByRefObject)
ToString()	此 API 支持产品基础结构，不应从代码直接使用。返回表示当前 ImageList 的字符串(覆盖 Component.ToString())

3) MonthCalendar 控件

(1) MonthCalendar 控件简介。

Windows 窗体中的 MonthCalendar 控件为用户查看和设置日期信息提供了一个直观

的图形界面。该控件以网格形式显示日历,网格包含月份的编号日期,这些日期排列在周日到周六下的 7 列中,并且突出显示选定的日期范围。可以单击月份标题任何一侧的三角形按钮来选择不同的月份。与类似的 DateTimePicker 控件不同,用户可以使用该控件选择多个日期,但其选择范围仅限一周(按住 Shift 键的同时单击范围)。MonthCalendar 控件通常用于选择日期,典型的 MonthCalendar 控件效果如图 9-46 所示。

图 9-46　MonthCalendar 示例图

(2) MonthCalendar 控件的属性。

MonthCalendar 控件主要的属性如表 9-22 所示。

表 9-22　MonthCalendar 控件主要的属性表

名　　称	说　　明
BackColor	月份中显示背景色
SelectionRange	在月历中显示的起始时间范围,Begin 为开始,End 为截止
MinimumSize	最小值,默认为 0
ShowToday	是否显示今天日期
ShowTodayCircle	是否在今天日期上加红圈
ShowWeekNumbers	是否左侧显示周数(1～52 周)
TitleBackColor	日历标题背景色
TitleForeColor	日历标题前景色
TrailingForeColor	上下月颜色

(3) MonthCalendar 控件实践操作。

【例 9-3】　MonthCalendar 控件属性动态控制。

① 从工具箱之中拖放 1 个 MonthCalendar 控件、3 个 ComBoBox 控件和若干 Label 标签,如图 9-47 所示进行布局。运行效果如图 9-48 所示。

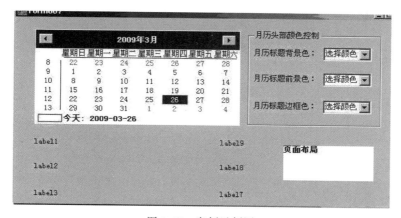

图 9-47　案例示例图

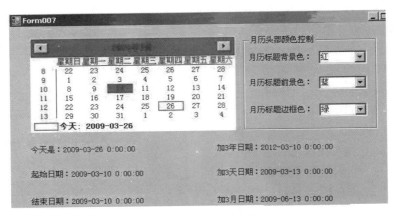

图 9-48　界面运行图

② 具体的代码实现如下：

```
using System;
using System.Collections.Generic;
using System.ComponentModel;
using System.Data;
using System.Drawing;
using System.Text;
using System.Windows.Forms;
namespace WindowsApplication2
{
public partial class Form007 : Form
{
public Form007()
{
InitializeComponent();
}
/// <summary>
/// 初始化时候,首先设置label标签的内容
/// </summary>
private void Form007_Load(object sender, EventArgs e)
{
label1.Text = "今天是:" + monthCalendar1.TodayDate.ToString();
label2.Text = "";
label3.Text = "";
label7.Text = "";
label8.Text = "";
label9.Text = "";
}
/// <summary>
/// 一旦MonthCalendar控件的时间发生变化,则引发label标签的内容改变
/// </summary>
private void monthCalendar1_DateChanged(object sender, DateRangeEventArgs e)
{
```

```csharp
label2.Text = "起始日期:" + monthCalendar1.SelectionStart.ToString();
//学习 MonthCalendar 属性 SelectionStart,表示获取起始日期
label3.Text = "结束日期:" + monthCalendar1.SelectionEnd.ToString();
//学习 MonthCalendar 属性 SelectionEnd,表示获取结束日期
label7.Text = "加 3 月日期:" + monthCalendar1.SelectionStart.AddMonths(3).ToString();
//学习 MonthCalendar 方法 AddMonths,表示增加起始日期的月份
label8.Text = "加 3 天日期:" + monthCalendar1.SelectionStart.AddDays(3).ToString();
//学习 MonthCalendar 方法 AddDays,表示增加起始日期的天数
label9.Text = "加 3 年日期:" + monthCalendar1.SelectionStart.AddYears(3).ToString();
//学习 MonthCalendar 方法 AddYears,表示增加起始日期的年份
}
/// <summary>
/// 当改变背景色时触发代码,熟悉 MonthCalendar 控件的 TitleBackColor 属性
/// </summary>
private void comboBox1_SelectedIndexChanged(object sender, EventArgs e)
{
if (comboBox1.SelectedIndex >= 0)
{
int i = comboBox1.SelectedIndex;
switch (i)
{
case 0:
monthCalendar1.TitleBackColor = System.Drawing.Color.Red;
break;
case 1:
monthCalendar1.TitleBackColor = System.Drawing.Color.Yellow;
break;
case 2:
monthCalendar1.TitleBackColor = System.Drawing.Color.Blue;
break;
case 3:
monthCalendar1.TitleBackColor = System.Drawing.Color.Green;
break;
}
}
}
/// <summary>
/// 当改变标题色时触发代码,熟悉 MonthCalendar 控件的 TrailingForeColor 属性
/// </summary>
private void comboBox2_SelectedIndexChanged(object sender, EventArgs e)
{
if (comboBox2.SelectedIndex >= 0)
{
int i = comboBox2.SelectedIndex;
switch (i)
{
case 0:
monthCalendar1.TrailingForeColor = System.Drawing.Color.Red;
break;
case 1:
```

```
                monthCalendar1.TrailingForeColor = System.Drawing.Color.Yellow;
                break;
                case 2:
                monthCalendar1.TrailingForeColor = System.Drawing.Color.Blue;
                break;
                case 3:
                monthCalendar1.TrailingForeColor = System.Drawing.Color.Green;
                break;
            }
        }
    }
    /// <summary>
    /// 当改变前景色时触发代码,熟悉 MonthCalendar 控件的 TitleForeColor 属性
    /// </summary>
    private void comboBox3_SelectedIndexChanged(object sender, EventArgs e)
    {
        if (comboBox3.SelectedIndex >= 0)
        {
            int i = comboBox3.SelectedIndex;
            switch (i)
            {
                case 0:
                monthCalendar1.TitleForeColor = System.Drawing.Color.Red;
                break;
                case 1:
                monthCalendar1.TitleForeColor = System.Drawing.Color.Yellow;
                break;
                case 2:
                monthCalendar1.TitleForeColor = System.Drawing.Color.Blue;
                break;
                case 3:
                monthCalendar1.TitleForeColor = System.Drawing.Color.Green;
                break;
            }
        }
    }
```

注意：如果以上设置无效,那么在 Main 函数中注释掉"Application.EnableVisualStyles();"语句。

4) ErrorProvider 控件

使用 Windows 窗体的 ErrorProvider 组件,可以对窗体或控件上的用户输入进行验证。当处理用户在窗体中的输入或显示数据集内的错误时,一般要用到该控件。相对于在消息框中显示错误信息,错误提供程序是更好的选择,因为一旦关闭了消息框,就再也看不见错误信息了。ErrorProvider 组件在相关控件(如文本框)旁会显示一个错误图标( );当用户将鼠标指针放在该错误图标上时,将出现显示错误信息字符串的工具提示。

（1）ErrorProvider 组件的常用属性包括：

① BlinkRate 属性——获取或设置错误图标的闪烁速率（以毫秒为单位），默认为 250 毫秒。

② Icon 属性——获取或设置错误图标，当为控件设置了错误描述字符串时，该图标显示在有错误的控件旁边。若要获得最好的效果，请使用大小为 16×16 像素的图标。

③ BlinkStyle 属性——获取或设置一个值，通过该值指示错误图标的闪烁时间。属性值是一个 ErrorBlinkStyle 枚举类型。

ErrorBlinkStyle 枚举类型的值如表 9-23 所示。

表 9-23　ErrorBlinkStyle 枚举类型的值

名　　称	说　　明
AlwaysBlink	当错误图标第一次显示时，或者当为控件设置了错误描述字符串并且错误图标已经显示时，总是闪烁
BlinkIfDifferentError	图标已经显示并且为控件设置了新的错误字符串时闪烁
NeverBlink	错误图标从不闪烁

默认为 BlinkIfDifferentError。

（2）ErrorProvider 组件常用的公共方法。

① SetError 方法：设置指定控件的错误描述字符串。

该方法的声明如下：

```
public void SetError (Control control,string value);
```

其中，参数 control 表示要为其设置错误描述字符串的控件；参数 value 表示错误描述字符串。

② SetIconAlignment 方法：设置错误图标相对于控件的放置位置。

该方法的声明如下：

```
public void SetIconAlignment (Control control,ErrorIconAlignment value);
```

其中，参数 control 是要为其设置图标位置的控件。参数 value 是一个枚举类型 ErrorIconAlignment 的值。

ErrorIconAlignment 枚举值如表 9-24 所示。

表 9-24　ErrorIconAlignment 枚举值

名　　称	说　　明
BottomLeft	图标显示与控件的底部和控件的左边对齐
BottomRight	图标显示与控件的底部和控件的右边对齐
MiddleLeft	图标显示与控件的中间和控件的左边对齐
MiddleRight	图标显示与控件的中间和控件的右边对齐
TopLeft	图标显示与控件的顶部和控件的左边对齐
TopRight	图标显示与控件的顶部和控件的右边对齐

③ SetIconPadding 方法：设置指定控件和错误图标之间应保留的额外空间量。
该方法声明如下：

```
public void SetIconPadding (Control control,int padding);
```

其中，参数 control 是要为其设置空白的控件；padding 是要在图标与指定控件之间添加的像素数。

很多图标的中心图像周围通常都留有多余的空间，因此只有当需要额外空间时才需要填充值。填充值可以为正，也可以为负。负值将使图标与控件的边缘重叠。

【例 9-4】 下面的实例主要介绍了如何使用 ErrorProvider 组件指示窗体上有关错误信息的编程技术。实例程序执行后，当用户两次密码的输入不一致时，会弹出一个错误提示框，并且会在密码输入控件的右边显示一个红色的警告图标，当鼠标指针停留在该图标时，会出现一个工具提示条显示相关提示信息。

具体步骤如下：

① 启动 Visual Studio 2019，新建一个 C# Windows 应用程序项目，如图 9-49 所示。

图 9-49 选择项目模板图

如图 9-50 所示修改解决方案名称和项目名称。

② 在程序设计窗体中添加一个 GroupBox 控件，在属性对话框中设置其 Text 属性为"用户注册信息"；再拖放 4 个 Label 控件，在属性对话框中设置其 Text 属性分别为"请输入用户名"、"请输入用户密码"、"请确认用户密码"、"用户名和密码长度为 6～12 位字符或数字"；再拖放 3 个 TextBox 控件，在属性对话框中设置其中的 2 个密码 TextBox 控件的 PasswordChar 属性为"*"。调整其大小以适应程序设计窗体的大小。

③ 添加一个 ErrorProvider 组件，保留其默认属性值即可。

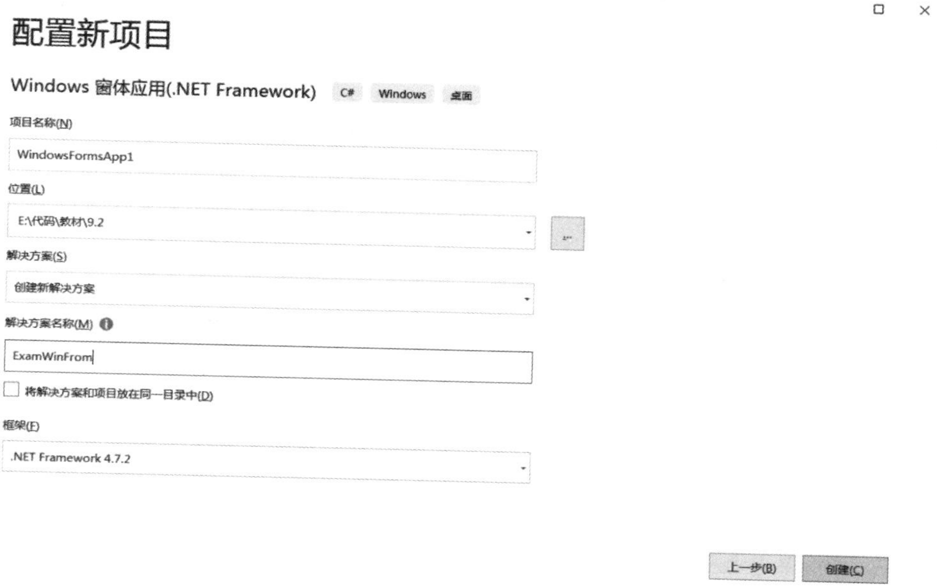

第9章 Windows窗体的认识

图 9-50 修改名称图

④ 添加一个 Button 控件,在属性对话框中设置其 Text 属性为"确定",如图 9-51 所示。

图 9-51 界面图

为 Button 控件的 Click(鼠标单击)事件添加如下代码:

```
private void button1_Click(object sender, EventArgs e)
{
    // 检验用户输入结果
if (this.textBox1.Text.Length > 12 || this.textBox1.Text.Length < 6)
    {
    this.errorProvider1.SetError(this.textBox1,"用户名输入错误");
```

```csharp
            DialogResult ReturnDlg = MessageBox.Show(this, "用户名输入错误,是否重新输入?", "信息提示", MessageBoxButtons.RetryCancel, MessageBoxIcon.Question);
            switch (ReturnDlg)
            {
                case DialogResult.Retry:
                    this.textBox1.Text = "";
                    break;
                case DialogResult.Cancel:
                    break;
            }
        }
        if (this.textBox2.Text.Length > 12 || this.textBox2.Text.Length < 6)
        {
            this.errorProvider1.SetError(this.textBox2, "用户密码输入错误");
            DialogResult ReturnDlg = MessageBox.Show(this, "用户密码输入错误,是否重新输入?", "信息提示", MessageBoxButtons.RetryCancel, MessageBoxIcon.Question);
            switch (ReturnDlg)
            {
                case DialogResult.Retry:
                    this.textBox2.Text = "";
                    break;
                case DialogResult.Cancel:
                    break;
            }
        }
        if (!(this.textBox2.Text == this.textBox3.Text))
        {
            this.errorProvider1.SetError(this.textBox3, "用户密码两次输入不一致");
            DialogResult ReturnDlg = MessageBox.Show(this, "用户密码两次输入不一致,是否重新输入?", "信息提示", MessageBoxButtons.RetryCancel, MessageBoxIcon.Question);
            switch (ReturnDlg)
            {
                case DialogResult.Retry:
                    this.textBox3.Text = "";
                    break;
                case DialogResult.Cancel:
                    break;
            }
        }
    }
```

⑤ 按 F5 键运行实例程序,效果如图 9-52 所示。

5) Timer 控件

Timer 组件也是一个 WinForm 组件,它与其他 WinForm 组件的最大区别是: Timer 组件是不可见的,而大部分的其他组件都是可见的、可以设计的。Timer 组件也被封装在名称空间 System.Windows.Forms 中,其主要作用是当 Timer 组件启动后,每隔一个固定的时间段,触发相同的事件。Timer 组件在程序设计中是一个比较常用的组件,虽然属性、事件都很少,但在有些地方使用它会产生意想不到的效果。

图 9-52 运行结果图

(1) Timer 控件的主要属性。

Enable：Timer 控件是否启用。

Interval：事件的运行间隔时间。

(2) Timer 控件的事件。

timer_Tick：事件间隔时进行的操作。

【例 9-5】 让 Windows 程序的窗体飘动起来。

【分析】 要使得程序的窗体飘动起来,其思路是比较简单的。首先是当加载窗体的时候,给窗体设定一个显示的初始位置。然后通过在窗体中定义的两个 Timer 组件,其中一个叫 Timer1,其作用是控制窗体从左往右飘动(当然如果你愿意,也可以改为从上往下飘动,或者其他的飘动方式),另外一个 Timer2 是控制窗体从右往左飘动(同样你也可以改为其他飘动方式)。当然这两个 Timer 组件不能同时启动,在这里的程序中,是先设定 Timer1 组件启动的,当此 Timer1 启动后,每隔 0.01 秒,就会在触发的事件中给窗体的左上角的横坐标加上 1,这时可以看到的结果是窗体从左往右不断移动,当移动到一定的位置后,Timer1 停止,Timer2 启动,每隔 0.01 秒,在触发定义的事件中给窗体的左上角的横坐标减去 1,这时可以看到的结果是窗体从右往左不断移动。当移动到一定位置后,Timer1 启动,Timer2 停止,如此反复,这样窗体也就飘动起来了。要实现上述思路,必须解决好以下问题。

① 设定窗体的初始位置。

设定窗体的初始位置,是在事件 Form1_Load()中进行的。此事件是在窗体加载的时候触发的。Form 有一个 DesktopLocation 属性,这个属性是设定窗体的左上角的二维位置。在程序中是通过 Point 结构变量来设定此属性的值的,具体如下：

```
//设定窗体起初飘动的位置,位置为屏幕的坐标(0,240)处
private void Form1_Load ( object sender, System.EventArgs e )
{
Point p = new Point ( 0, 240 );
this.DesktopLocation = p;
}
```

② 实现窗体从左往右飘动。

设定 Timer1 的 Interval 值为 10,就是当 Timer1 启动后,每隔 0.01 秒触发的事件是 Timer1_Tick(),在这个事件中编写给窗体左上角的横坐标不断加 1 的代码就可以了,具体如下:

```
private void timer1_Tick(object sender, System.EventArgs e)
{
//窗体的左上角横坐标随着 timer1 不断加 1
Point p = new Point ( this.DesktopLocation.X + 1, this.DesktopLocation.Y );
this.DesktopLocation = p;
if ( p.X == 550 )
{
timer1.Enabled = false;
timer2.Enabled = true;
}
}
```

③ 实现窗体从右往左飘动。

代码设计和从左往右飘动差不多,主要的区别是横坐标减 1 而不是加 1 了,具体如下:

```
//当窗体左上角位置的横坐标为 -150 时,timer2 停止,timer1 启动
private void timer2_Tick(object sender, System.EventArgs e)
{
//窗体的左上角横坐标随着 timer2 不断减 1
Point p = new Point ( this.DesktopLocation.X - 1, this.DesktopLocation.Y );
this.DesktopLocation = p;
  if ( p.X == - 150 )
{
timer1.Enabled = true;
timer2.Enabled = false;
}
}
```

6) ProgressBar 控件

在 Windows 中复制、移动、删除文件时常会有一个窗口显示操作状态,用于显示任务的进度,如图 9-53(a)所示。

Windows 窗体工具箱中提供了进度条(ProgressBar)控件,用来实现上面的功能。ProgressBar 用来显示程序的执行进度,让用户不至于感到太枯燥。Windows 窗体工具箱中的进度条控件如图 9-53(b)所示。

(a) 复制文件时的操作进度　　　　　　　(b) 进度条控件

图 9-53　进度条案例图

使用进度条控件必须设定 3 个值：进度的开始值、结束值和步长。常用的属性如表 9-25 所示。

表 9-25　进度条控件的属性

属　性	说　明
Maximum	进度条控件的最大值，默认为 100
Minimum	进度条控件的最小值
Step	步长值，指定进度条增加的速度
Value	表示进度条中光标的当前位置，默认为 0
PerformStep	按照 Step 属性中指定的值移动进度条的当前位置

在 WinForm 程序中，大多数情况下我们是知道程序运行所需要的时间或步骤的，比如批量复制文件时文件的数量、数据导出或导入时数据的总行数等等。对于步骤比较确定的操作，如果程序执行过程时间较长，那么很容易使用 BackgroundWorker 结合 ProgressBar 来显示一个实时的进度。但是，有时我们是不确定程序执行的具体步骤或时长的，比如连接一个远程服务或数据库服务，或者调用一个远程过程或 WebService 等，这时就没有办法去触发 BackgroundWorker 的 ProgressChanged 事件，因此也就不能实时更新 ProgressBar 的进度了。有两种替代的办法可以解决这个问题。

第一是将 ProgressBar 的 Style 设置为 Marquee 而不是默认的 Blocks。在 Marquee 模式下，进度条会不停前进，以模拟一个长时间的操作。事实上，Windows 中也有很多类似的进度条，大多都是出现在对操作过程所需的步骤和时长不太确定的时候。这种方法很简单，不过你仍然要将后台的执行过程放到多线程来执行，否则进度条会卡在 UI 线程中。一个好的办法就是依旧使用 BackgroundWorker 组件，将后台的执行程序放到 BackgroundWorker 的 DoWorker 事件中，然后调用 BackgroundWorker 的 RunWorkerAsync 方法来异步执行程序。这样，UI 线程和后台执行程序的线程可以分开，进度条便不会再卡住了。

第二种方法是使用 System.Windows.Forms.Timer 定时器控件，设置好 Timer 的 Interval 间隔时间，在 Timer 的 Tick 事件中更新 ProgressBar 的进度。由于 Timer 是多线程的，所以这种办法实现起来很方便。

【例 9-6】 Timer 每隔 100 毫秒便调用一次 Tick 事件，在该事件中更新 ProgressBar 的当前进度。注意，需要判断 ProgressBar 的 Value 值必须小于 Maximum 值时才去执行 Performance()方法，否则会出现 ProgressBar 的 Value 值大于 Maximum 值而抛异常。根据 BackgroundWorker 的 DoWork()方法执行所需的时间长短不同，ProgressBar 的进度可能会在 BackgroundWorker 执行具体操作完成之前到达 100%，也可以没有到达 100%，所以在 BackgroundWorker 的 RunWorkerCompleted 事件中将 ProgressBar 的进度更新为 100%，以确保进度在最后是完成的状态。

```
using System;
using System.Collections.Generic;
using System.ComponentModel;
using System.Data;
using System.Drawing;
```

```csharp
using System.Linq;
using System.Text;
using System.Windows.Forms;
using System.Threading;
namespace WindowsFormsApplication2
{
    public partial class Form1 : Form
    {
        private BackgroundWorker worker = new BackgroundWorker();
        private System.Windows.Forms.Timer timer = new System.Windows.Forms.Timer();
        public Form1()
        {
            InitializeComponent();
            this.progressBar1.Value = 0;
            this.progressBar1.Maximum = 200;
            this.progressBar1.Step = 1;
            timer.Interval = 100;
            timer.Tick += new EventHandler(timer_Tick);
            worker.WorkerReportsProgress = true;
            worker.DoWork += new DoWorkEventHandler(worker_DoWork);
            worker.RunWorkerCompleted += new RunWorkerCompletedEventHandler(worker_RunWorkerCompleted);
            worker.RunWorkerAsync();
            timer.Start();
        }
        void timer_Tick(object sender, EventArgs e)
        {
            if (this.progressBar1.Value < this.progressBar1.Maximum)
            {
                this.progressBar1.PerformStep();
            }
        }
        void worker_RunWorkerCompleted(object sender, RunWorkerCompletedEventArgs e)
        {
            timer.Stop();
            this.progressBar1.Value = this.progressBar1.Maximum;
            MessageBox.Show("Complete!");
        }
        void worker_DoWork(object sender, DoWorkEventArgs e)
        {
            int count = 100;
            for (int i = 0; i < count; i++)
            {
                Thread.Sleep(100);
            }
        }
    }
}
```

9.2.3 案例实现

1. 案例分析

首先要在界面上添加两个 Button 控件：一个 TreeView 控件和一个 ListView 控件。为了方便编辑新添加的节点的内容，需要将 TreeView 控件的 LabelEdit 属性设置为 true。

2. 代码实现

案例界面代码如下：

```csharp
#region Windows 窗体设计器生成的代码

        /// <summary>
        /// 设计器支持所需的方法 - 不要修改
        /// 使用代码编辑器修改此方法的内容
        /// </summary>
        private void InitializeComponent()
        {
            this.treeView1 = new System.Windows.Forms.TreeView();
            this.btnAddRootNode = new System.Windows.Forms.Button();
            this.btnAddChildNode = new System.Windows.Forms.Button();
            this.listView1 = new System.Windows.Forms.ListView();
            this.columnHeader1 = ((System.Windows.Forms.ColumnHeader)(new System.Windows.Forms.ColumnHeader()));
            this.columnHeader2 = ((System.Windows.Forms.ColumnHeader)(new System.Windows.Forms.ColumnHeader()));
            this.SuspendLayout();
            //
            // treeView1
            //
            this.treeView1.LabelEdit = true;
            this.treeView1.Location = new System.Drawing.Point(29, 28);
            this.treeView1.Name = "treeView1";
            this.treeView1.Size = new System.Drawing.Size(344, 423);
            this.treeView1.TabIndex = 0;
            this.treeView1.BeforeLabelEdit += new System.Windows.Forms.NodeLabelEditEventHandler(this.treeView1_BeforeLabelEdit);
            this.treeView1.AfterLabelEdit += new System.Windows.Forms.NodeLabelEditEventHandler(this.treeView1_AfterLabelEdit);
            this.treeView1.AfterSelect += new System.Windows.Forms.TreeViewEventHandler(this.treeView1_AfterSelect);
            //
            // btnAddRootNode
            //
            this.btnAddRootNode.Location = new System.Drawing.Point(29, 478);
            this.btnAddRootNode.Name = "btnAddRootNode";
            this.btnAddRootNode.Size = new System.Drawing.Size(108, 23);
            this.btnAddRootNode.TabIndex = 1;
            this.btnAddRootNode.Text = "添加根节点";
```

```csharp
            this.btnAddRootNode.UseVisualStyleBackColor = true;
            this.btnAddRootNode.Click += new System.EventHandler(this.btnAddRootNode_Click);
            //
            // btnAddChildNode
            //
            this.btnAddChildNode.Location = new System.Drawing.Point(265, 478);
            this.btnAddChildNode.Name = "btnAddChildNode";
            this.btnAddChildNode.Size = new System.Drawing.Size(108, 23);
            this.btnAddChildNode.TabIndex = 1;
            this.btnAddChildNode.Text = "添加子节点";
            this.btnAddChildNode.UseVisualStyleBackColor = true;
            this.btnAddChildNode.Click += new System.EventHandler(this.btnAddChildNode_Click);
            //
            // listView1
            //
            this.listView1.Columns.AddRange(new System.Windows.Forms.ColumnHeader[] {
            this.columnHeader1,
            this.columnHeader2});
            this.listView1.HideSelection = false;
            this.listView1.Location = new System.Drawing.Point(412, 28);
            this.listView1.Name = "listView1";
            this.listView1.Size = new System.Drawing.Size(456, 423);
            this.listView1.TabIndex = 2;
            this.listView1.UseCompatibleStateImageBehavior = false;
            this.listView1.View = System.Windows.Forms.View.Details;
            //
            // columnHeader1
            //
            this.columnHeader1.Text = "操作";
            //
            // columnHeader2
            //
            this.columnHeader2.Text = "时间";
            //
            // MainFrm
            //
            this.AutoScaleDimensions = new System.Drawing.SizeF(8F, 15F);
            this.AutoScaleMode = System.Windows.Forms.AutoScaleMode.Font;
            this.ClientSize = new System.Drawing.Size(966, 533);
            this.Controls.Add(this.listView1);
            this.Controls.Add(this.btnAddChildNode);
            this.Controls.Add(this.btnAddRootNode);
            this.Controls.Add(this.treeView1);
            this.Name = "MainFrm";
            this.Text = "主页";
            this.ResumeLayout(false);
        }
```

```
            #endregion
            private System.Windows.Forms.TreeView treeView1;
            private System.Windows.Forms.Button btnAddRootNode;
            private System.Windows.Forms.Button btnAddChildNode;
            private System.Windows.Forms.ListView listView1;
            private System.Windows.Forms.ColumnHeader columnHeader1;
            private System.Windows.Forms.ColumnHeader columnHeader2;
```

后台代码如下：

```
private void btnAddRootNode_Click(object sender, EventArgs e)
        {
            if (this.treeView1.SelectedNode != null && this.treeView1.SelectedNode.Parent != null)
            {
                this.treeView1.SelectedNode.Parent.Nodes.Add("新建节点");
                ListViewItem item = new ListViewItem();
                item.Text = "添加了父节点" + "\"新建节点\"";
                item.SubItems.Add(DateTime.Now.ToString("yyyy-MM-dd HH:mm:ss"));
                listView1.Items.Add(item);

            }
            else if (this.treeView1.Nodes.Count == 0 || (this.treeView1.SelectedNode != null && this.treeView1.SelectedNode.Parent == null))
            {
                this.treeView1.Nodes.Add("新建节点");
                ListViewItem item = new ListViewItem();
                item.Text = "添加了父节点" + "\"新建节点\"";
                item.SubItems.Add(DateTime.Now.ToString("yyyy-MM-dd HH:mm:ss"));
                listView1.Items.Add(item);

            }
            else
            {
                MessageBox.Show("请先选中节点");
            }
        }
        private void btnAddChildNode_Click(object sender, EventArgs e)
        {
            if (this.treeView1.SelectedNode != null)
            {
                this.treeView1.SelectedNode.Nodes.Add("新建节点");
                ListViewItem item = new ListViewItem();
                item.Text = "为\"" + this.treeView1.SelectedNode.Text + "\"添加了子节点\"" + "新建节点\"";
                item.SubItems.Add(DateTime.Now.ToString("yyyy-MM-dd HH:mm:ss"));
                listView1.Items.Add(item);
            }
            else
            {
```

```
                MessageBox.Show("请先选中节点");
            }
        }

        private void treeView1_AfterSelect(object sender, TreeViewEventArgs e)
        {
            if(treeView1.SelectedNode!= null){
                ListViewItem item = new ListViewItem();
                item.Text = "选中节点" + treeView1.SelectedNode.Text;
                item.SubItems.Add(DateTime.Now.ToString("yyyy-MM-dd HH:mm:ss")) ;
                listView1.Items.Add(item);
            }
        }

        private void treeView1_AfterLabelEdit(object sender, NodeLabelEditEventArgs e)
        {
            if (treeView1.SelectedNode != null)
            {
                ListViewItem item = new ListViewItem();
                item.Text = "将节点名由"" + textL + ""修改为"" + e.Label + """;
                item.SubItems.Add(DateTime.Now.ToString("yyyy-MM-dd HH:mm:ss"));
                listView1.Items.Add(item);
            }
        }
        string textL = "";
        private void treeView1_BeforeLabelEdit(object sender, NodeLabelEditEventArgs e)
        {
            textL = e.Node.Text;
        }
```

3. 运行结果

案例运行结果如图 9-54 所示。

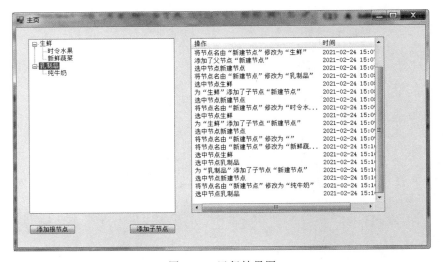

图 9-54　运行结果图

本章小结

本章首先介绍了 Windows 应用程序的常用控件,并通过大量的实例演示了控件的用法。Windows 应用程序中,常用的控件大体分为文本类控件、选择类控件、分组控件等。然后介绍了 Windows 应用程序中的一些高级控件的使用,比如 ListView 控件、TreeView 控件、DateTimePicker 控件等。

第 10 章 ADO.NET 应用

10.1 ADO.NET 如何获取数据

视频 17
ADO.NET

10.1.1 案例描述

本案例的应用程序用于根据学号检索学生的详细信息,其界面如图 10-1 所示。

图 10-1 案例图

10.1.2 知识引入

1. ADO.NET 简介

ADO.NET 是一组用于和数据源进行交互的面向对象的类库。ADO.NET 为创建分布式数据共享应用程序提供了一组丰富的组件。它提供了一系列的方法,用于支持对 Microsoft SQL Server 和 XML 等数据源进行访问,还提供了通过 OLEDB 和 XML 公开的数据源一致的访问方法。数据客户端应用程序可以使用 ADO.NET 来连接到这些数据源,并查询、添加、删除和更新所包含的数据。ADO.NET 工作原理如图 10-2 所示。

ADO.NET 支持两种访问数据的模型:无连接模型和连接模型。无连接模型将数据下载到客户机器上,并在客户机上将数据封装到内存中,然后可以像访问本地关系数据库一样访问内存中的数据(如 Dataset)。连接模型依赖于逐记录的访问,这种访问要求打开并保持与数据源的连接。

这里可以用形象化的方式理解 ADO.NET 对象模型的各个部分,如可以用对比的方法描述 ADO.NET 中每个对象的作用。

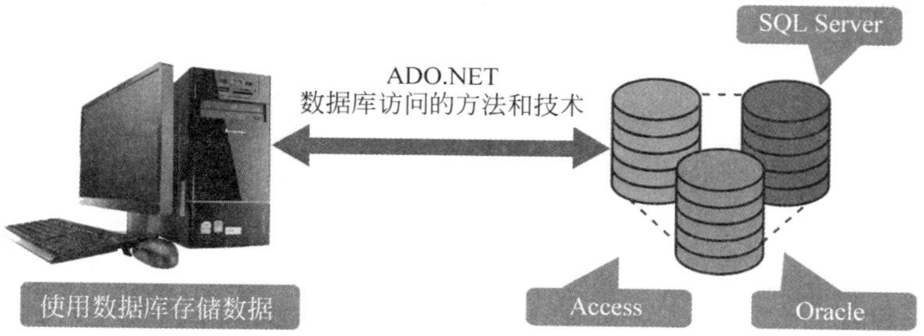

图 10-2　ADO.NET 原理图

（1）数据库就像是水源，存储了大量的数据。

（2）Connection 对象好比水龙头，伸入水中保持与水的接触，只有它与水进行了"连接"，其他对象才可以取到水。

（3）Command 对象则像一台抽水机，为抽水提供动力和执行方法，先通过"水龙头"，然后把水返给上面的"水管"。

（4）DataAdapter、DataReader 对象就像输水管，担任着传输水的重要任务，并起着桥梁的作用。DataAdapter 对象像一根输水管，通过发动机，把水从水源输送到水库里进行保存。而 DataReader 对象也是一种水管，和 DataAdapter 对象不同的是，它不把水输送到水库里面，而是单向地直接把水送到需要水的用户那里或田地里，所以要比在水库中转一下速度更快。

（5）DataSet 对象则是一个大水库，它把取上来的水按一定的关系存放在池子中。即使撤掉"抽水装置"（断开连接，离线状态），也可以保持"水"的存在。这也是 ADO.NET 的核心。

（6）DataTable 对象则像水库中的一个个独立的水池子，分别存放不同种类的水。一个大水库由一个或多个这样的水池子组成。

2．Connection 对象

1）Connection 对象概述

Connection 对象是一个连接对象，主要功能是建立与物理数据库的连接。其主要包括 4 种访问数据库的对象类，也可称为数据提供程序，分别介绍如下。

- SQL Server 数据提供程序，位于 System.Data.SqlClient 命名空间。
- ODBC 数据提供程序，位于 System.Data.Odbc 命名空间。
- OLEDB 数据提供程序，位于 System.Data.OleDb 命名空间。
- Oracle 数据提供程序，位于 System.Data.OracleClient 命名空间。

说明：根据使用数据库的不同，引入不同的命名空间，然后通过命名空间中的 Connection 对象连接类连接数据库。

2）连接数据库

以 SQL Server 数据库为例，如果要连接 SQL Server 数据库，则必须使用 System.Data.SqlClient 命名空间下的 SqlConnection 类。所以首先要通过 using System.Data.SqlClient 命令引用命名空间，连接数据库之后，通过调用 SqlConnection 对象的 Open() 方法打开数据库。通过 SqlConnection 对象的 State 属性判断数据库的连接状态。

语法如下：

```
public override ConnectionState {get;}
```

属性值：ConnectionState 枚举。

数据库连接状态的 ConnectionState 的枚举值如表 10-1 所示。

表 10-1 ConnectionState 枚举值

枚 举 值	说　明
Broken	与数据源的连接中断。只有在连接打开之后才可能发生这种情况。可以关闭处于这种状态的连接，然后重新打开
Closed	连接处于关闭状态
Connecting	连接对象正在与数据源连接
Executing	连接对象正在执行命令
Fetching	连接对象正在检索数据
Open	连接处于打开状态

【例 10-1】 创建一个 Windows 应用程序，在窗体中添加一个 TextBox 控件、一个 Button 控件和一个 Label 控件，分别用于输入要连接的数据库名称、执行连接数据库的操作以及显示数据库的连接状态。然后引入 System.Data.SqlClient 命名空间，使用 SqlConnection 类连接数据库。

代码如下：

```csharp
private void btn_qr_Click(object sender, EventArgs e)
{
    if (textBox1.Text == "")
    {//判断是否输入数据库名称
        MessageBox.Show("请输入要连接的数据库名称");        //弹出提示信息
    }
    else
    {//否则
        try                          //调用 try...catch 语句
        {
            //声明一个字符串,用于存储连接数据库字符串
            string ConStr = "server =.; database = " + textBox1.Text.Trim() + "; uid = sa;pwd = " + textBox2.Text;
            //创建一个 SqlConnection 对象
            SqlConnection conn = new SqlConnection(ConStr);
            conn.Open();                //打开连接
            if (conn.State == ConnectionState.Open)     //判断当前连接的状态
            {
                //显示状态信息
                tip_info.Text = "数据库【" + textBox1.Text.Trim() + "】已经连接并打开";
            }
```

```
                    btn_qr.Enabled = false;
                }
                catch
                {
                    MessageBox.Show("连接数据库失败");          //出现异常弹出提示
                }
            }
        }
```

运行结果如图 10-3 所示。

图 10-3　运行结果图

3) Connection 对象成员

Connection 对象的主要成员如表 10-2 所示。

表 10-2　Connection 属性方法表

	属性/方法	说　　明
属性	ConnectionString	连接字符串
方法	Open	打开数据库连接
	Close	关闭数据库连接

下面介绍连接数据库的步骤。

(1) 定义连接字符串。

```
DataSource = 服务器名;InitialCatalog = 数据库名;UserID = 用户名;Pwd = 密码
```

(2) 创建 Connection 对象。

```
SqlConnection connection = new SqlConnection(connString);
```

(3) 打开与数据库的连接。

```
connection.Open();
```

3. Command 对象

1) Command 对象概述

Command 对象是一个数据命令对象，主要功能是向数据库发送查询、更新、删除、修改操作的 SQL 语句。Command 对象主要有以下几种方式。

（1）SqlCommand：用于向 SQL Server 数据库发送 SQL 语句，位于 System.Data.SqlClient 命名空间。

（2）OleDbCommand：用于向使用 OLEDB 公开的数据库发送 SQL 语句，位于 System.Data.OleDb 命名空间。例如，Access 数据库和 MySQL 数据库都是 OLEDB 公开的数据库。

（3）OdbcCommand：用于向 ODBC 公开的数据库发送 SQL 语句，位于 System.Data.Odbc 命名空间。有些数据库如果没有提供相应的连接程序，这时可以配置好 ODBC 连接后，使用 OdbcCommand。

（4）OracleCommand：用于向 Oracle 数据库发送 SQL 语句，位于 System.Data.OracleClient 命名空间。

注意：在使用 OracleCommand 向 Oracle 数据库发送 SQL 语句时，要引入 System.Data.OracleClient 命名空间。但是，默认情况下没有该命名空间，此时，需要将程序集 System.Data.OracleClient 引入项目中。引入程序集的方法是在项目名称上右击，在弹出的快捷菜单中选择"添加引用"命令，打开"添加引用"对话框。在该对话框中选择 System.Data.OracleClient 程序集，单击"确定"按钮，即可将其添加到项目中。

2) 设置数据源类型

Command 对象有 3 个重要的属性，分别是 Connection、CommandText 和 CornrnandType。

- Connection 属性用于设置 SqlCommand 使用的 SqlConnection。
- CommandText 属性用于设置要对数据源执行的 SQL 语句或存储过程。
- CommandType 属性用于设置指定 CommandText 的类型。

CommandType 属性的值是 CommandType 枚举值，CommandType 枚举有 3 个枚举成员，分别介绍如下。

- StoredProcedure：存储过程的名称。
- TableDirect：表的名称。
- Text：SQL 文本命令。

如果要设置数据源的类型，则可以通过设置 CommandType 属性来实现。下面通过实例演示如何使用 Command 对象的 3 个属性，以及如何设置数据源类型。Command 属性与方法如表 10-3 所示。

表 10-3 Command 属性与方法表

	属性/方法	说　　明
属性	Connection	Command 对象使用的数据库连接
	CommandText	执行的 SQL 语句
方法	ExecuteNonQuery	执行不返回行的语句，如 UPDATE 等
	ExecuteReader	返回 DataReader 对象
	ExecuteScalar	返回单个值，如执行 COUNT(*)

【例 10-2】 Command 对象案例。

```
SqlConnection connection = new SqlConnection(connString);
string sql = "SELECT COUNT( * ) FROM Student";
connection.Open();      // 打开数据库连接
SqlCommand command = new SqlCommand(sql, connection);
int num = (int)command.ExecuteScalar();
```

用 SQL 语句的 Command 设置：

```
SqlCommand Comm = new SqlCommand();
Comm.CommandText = "SQL 语句";
Comm.CommandType = CommandType.Text ;
Comm.Connection = sqlConn;
```

用存储过程的 Command 设置：

```
SqlCommand Comm = new SqlCommand();
Comm.CommandText = "sp_UpdateName";
Comm.CommandType = CommandType.StoredProcedure ;
Comm.Connection = sqlConn;
```

其中，sp_UpdateName 是在 SQL Server 服务器上创建的存储过程。

【例 10-3】 创建一个 WinFrom 应用程序，在"三八"妇女节这一天，公司决定为每位女员工颁发 50 元奖金。这样，我们就需要向数据发送更新命令，将数据库中所有女员工的奖金数额加 50，所以要使用 ExecuteNonQuery 方法执行 SQL 语句。

代码如下：

```
SqlConnection conn;
private void button1_Click(object sender, EventArgs e)
{
//声明一个 SqlConnection 变量
//实例化 SqlConnection 变量 conn
conn = new SqlConnection("server = . ;database = db_1S;uid = sa;pwd = ") ;
conn.Open();                         //打开连接
SqlCommand cmd = new SqlCommand();   //创建一个 SqlCommand 对象
//设置 Connection 属性,指定其使用 conn 连接数据库
cmd.Connection = conn;
//设置 CommandText 属性,以及其执行的 SQL 语句
cmd.CommandText = "update tb_command set 奖金 50 where 性别 = '女'";
//设置 CommandType 属性为 Text,只执行 SQL 语句文本形式
cmd.CommandType = CommandType.Text;
//使用 ExecuteNonQuery 方法执行 SQL 语句
int i = Convert.ToInt32(cmd.ExecuteNonQuery());
label2.Text = "共有" + i.ToString() + "名女员工获得奖金";
}
```

程序的运行结果如图 10-4 所示。

图 10-4 运行结果图

说明：如果想要执行存储过程，则将 CommandType 设置为 StoredProcedure，将 CommandText 属性设置为存储过程的名称。

4. DataReader 对象

DataReader 是 .NET 提供的一个轻量级对象，用来从数据库检索只读的且指针只能向前移动的数据流，对于要求优化只读只进数据访问的应用程序，DataReader 是一个较好的选择。只读就是只能通过它获取数据而不能修改数据，只进就是读取记录的游标只能向前移动，不能读取了后边的记录再返回去读前面的。

1）DataReader 对象概述

DataReader 对象是数据读取器对象，提供只读向前的游标。如果应用程序需要每次从数据库中取出最新的数据，或者只是需要快速读取数据，并不需要修改数据，那么可以使用 DataReader 对象进行读取。对于不同的数据库连接，有不同的 DataReader 类型。

- 在 System.Data.SqlClient 命名空间中，可以调用 SqlDataReader 类。
- 在 System.Data.OleDb 命名空间中，可以调用 OleDbDataReader 类。
- 在 System.Data.Odbc 命名空间中，可以调用 OdbcDataReader 类。
- 在 System.Data.Oracle 命名空间中，可以调用 OracleDataReader 类。
- 在使用 DataReader 对象读取数据时，可以使用 ExecuteReader 方法，根据 SQL 语句的结果创建一个 SqlDataReader 对象。

例如，使用 ExecuteReader() 方法创建一个读取 tb_command 表中所有数据的 SqlDataReader 对象。

代码如下：

```
SqlConnection conn = new SqlConnection("server =.; database = db_1S; uid = sa; pwd = ");
            //连接数据库
conn.Open();    //打开数据库
SqlCommand command = new SqlCommand("select * from tb_command", conn);
SqlDataReader dataReader = command.ExecuteReader();
```

DataReader 的主要属性和方法的用法如表 10-4 所示。

表 10-4　DataReader 主要属性和方法

	属性/方法	说　　　明
属性	FieldCount	返回当前行中的列数
	IsClosed	表示 DataReader 是否关闭
	HasRows	容纳一个指示读取器是否含有一行或多行的值
方法	Read	使 DataReader 前移到下一个记录
	Close	用于关闭 DataReader 对象

2）用 DataReader 读取数据

与前面学习的数据提供程序中的其他组件不同，DataReader 对象不能直接实例化，需要调用 Command 对象的 ExecuteReader()方法的返回值。使用 DataReader 读取数据的步骤如下：

（1）创建数据连接的 Connection 对象。

（2）创建 Command 对象。

（3）打开数据连接。

（4）调用 Command 对象的 ExecuteReader()方法创建 DataReader 对象，示例如下：

`SqlDataReader reader = comm.ExecuteReader();`

其中，comm 为 Command 对象。

（5）使用 DataReader 对象的 read()方法逐行读取数据。

此方法返回一个布尔值，如果读到一行记录，则返回 true，否则返回 false。

读取当前行的某列数据。读取数据有两种写法：一种是使用 GetValue(i)方法获取值，参数 i 为列的索引，得到的值是 Object 类型，必须进行数据类型转换。示例如下：

`string str = reader.GetValue(1).ToString();`

其中，GetValue(1)方法中的参数 1 表示第二列。也可以使用类似索引器的方式访问数据，语法为

`(数据类型)DataReader[i];或(数据类型)DataReader["列名"];`

这种方法返回的值也是 Object 类型的，需要进行拆箱操作，转换数据类型。

（6）关闭 DataReader 对象，调用该对象的 Close()方法。如：

`reader.Close();`

说明：一次只读一条记录时，虽然 DataAdapter 和 DataReader 都可以实现，但 DataReader 对象效率更高。

5．DataAdapter 对象

数据集的作用是临时存放数据，其并不直接与数据库打交道，它和数据库之间的相互作

用是通过数据适配器(DataAdapter)对象来完成的。数据库中的数据需要通过数据适配器的运输才存放到数据集中,而在数据集中的任何修改都要通过数据适配器提交到数据库中,数据适配器就像仓库和车间临时仓库之间运输材料的运货车,而数据连接则是运货车行走的路线。数据适配器在数据集和数据库之间起桥梁的作用。

数据适配器用于管理与数据库的连接、执行命令并填充数据集和更新数据库。

数据适配器属于.NET数据提供程序,不同类型的数据库使用不同的数据适配器,相应的命名空间中的适配器如表10-5所示。

表 10-5 数据适配器

.NET 数据提供程序	数据适配器
SQL 数据提供程序	SqlDataAdapter
OLEDB 数据提供程序	OleDbDataAdapter
Oracle 数据提供程序	OracleDataAdapter
ODBC 数据提供程序	OdbcDataAdapter

DataAdapter 类的部分属性与方法如表10-6所示。

表 10-6 DataAdapter 属性与方法

	属性/方法	说 明
属性	SelectCommand	从数据库检索数据的 Command 方法
方法	Fill	向数据集中的表填充数据
	Update	将 DataSet 中的数据提交到数据库

1) 填充数据集

以下代码演示了如何使用数据适配器 SqlDataAdapter,从数据库 SQL Server 中检索数据并填充到数据集中。

```csharp
//获取数据集的方法
private DataSet GetDataSet()
{
//定义连接字符串,采用 Windows 集成验证的方式登录
string strcon = @"Data Source = (local)\sqlexpress;Initial Catalog = School;Integrated Security = True;Pooling = False";
//创建 Connection 对象
SqlConnection con = new SqlConnection(strcon);
//定义 SQL 语句
string sql = "select * from student ";
//创建数据集对象
DataSet ds = new DataSet();
//创建适配器对象
SqlDataAdapter objadapter = new SqlDataAdapter(sql,con);
//填充数据集
objadapter.Fill(ds, "student");
return ds
}
```

从上面的代码可以看出,使用适配器填充数据集共分 4 步:
(1) 创建数据连接(Connection)对象。
(2) 创建用于查询数据库中数据的 SQL 语句。
(3) 创建 DataAdapter 对象,参数为 SQL 语句和 Connection 对象。
(4) 调用 DataAdapter 对象的 Fill()方法填充数据集。

2) 保存数据集中的数据

数据集中修改后的数据,如果长期保存,就必须存放到数据库中,这就需要使用 DataAdapter 对象的 Update()方法。

事实上,数据适配器是通过 Command 对象来操作数据库和数据集的,当调用 Fill()方法时,系统会通过 SelectCommand 命令将数据库中的数据填充到数据集中。当调用 Update()方法时,数据适配器会检查数据表中行的状态,如果行状态为增加、删除、修改中的一种,则会调用相应的 InsertCommand、DeleteCommand、UpdateCommand 命令执行数据操作。

在执行适配器的 Update()方法时,通常要求创建 InsertCommand、DeleteCommand、UpdateCommand 的 3 种 SQL 语句,少了其中任一种都可能会引发异常。为了使编码更简单,.NET 提供了 SqlCommandBuilder 对象自动生成需要的 SQL 命令。通过 SqlCommandBuilder 对象创建三大命令,语法如下:

```
SqlCommandBuilder 对象名 = new SqlCommandBuilder(已创建的 DataAdapter 对象);
```

示例如下:

```
SqlCommandBuilder Builder = new SqlCommandBuilder(objadapter);
```

将数据集中的数据保存到数据库的方法如下:
(1) 使用 SqlCommandBuilder 对象生成更新的相关命令。
(2) 调用 DataAdapter 的 Update()方法。语法如下:

```
DataAdapter 对象名.Update(数据库对象,"数据库名");
```

例如:

```
SqlCommandBuilder Builder = new SqlCommandBuilder(objadapter);
DataAdapter.Update(da,"student");
```

6. DataSet 对象

DataSet 对象是 ADO.NET 的一个重要组成部分,是支持 ADO.NET 断开式、分布式的数据方案的核心对象,它允许从数据库中检索到的数据存放在内存中,可以理解为一个临时的数据库,可以从任何有效的数据源将数据加载到数据集中。

1) 什么是数据集

简单地说,数据集就是内存中的一个临时数据库。如何理解这个概念呢?下面来打一个比方。工厂一般在每天上班时要把当天用的原料由专人从仓库领出来,放在车间的临时仓库中,由每个工人直接从临时仓库领取,而不是每个人要用材料都去仓库领取。下午下班时要把没有用的材料和制作好的成品由专人存放到仓库中。那么数据集就相当于临时仓库,将需要的数据从数据库一次提取出来,提供给用户使用,修改后的结果可以再经由数据集提交给数据库进行保存。

数据集将应用程序需要的数据临时保存在内存中,可以实现数据库的断开式访问,应用程序需要数据时,直接从内存中的数据集读取数据,也可以修改数据集中的数据,将修改后的数据一起提交给数据库。

数据集的结构和数据库很相似,由表组成,每张表由行和列组成,数据集的结构如图 10-5 所示。

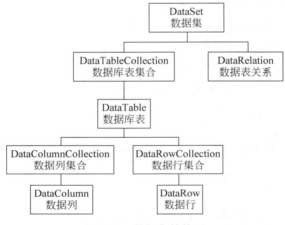

图 10-5 数据集结构图

数据集由数据表集合(DataTableCollection)对象组成,每个数据表就是一个 DataTable 对象,而每个数据表都由行和列组成,所有的列构成数据列集合(DataColumnCollection),每个列就是数据列(DataColumn)对象。数据表所有的行构成数据行集合(DataRowCollection),每行就是数据行(DataRow)对象,数据表与数据表之间的关系用 DataRelation 对象表示。

数据集及数据表、数据行、数据列对象都在 System.Data 命名空间中,使用数据集应先引入命名空间。

2) 数据集如何工作

数据集并不直接和数据库打交道,它和数据库之间的相互作用是通过.NET 数据提供程序中的数据适配器(DataAdapter)对象来完成的。那么数据集是如何工作的呢?它的工作原理如图 10-6 所示。

3) 怎么创建数据集

创建数据集对象和创建普通类的对象方法相同,都使用 new 关键字实例化类,语法如下:

```
DataSet 数据集对象名 = new DataSet("数据集的名称");
```

图 10-6　数据集工作原理图

语法中的参数"数据集的名称"有和没有均可，没有时，系统默认给数据集分配名称为 NewDataSet，以下写法都是正确的：

```
DataSet da = new DataSet();
DataSet da = new DataSet("book");
```

Visual Studio 2019 可以通过使用控件的方式创建数据集对象。在工具箱中双击 DataSet 按钮，打开"添加数据集"对话框，在"类型化数据集"和"非类型化数据集"中选择，如图 10-7 所示。如果选择"类型化数据集"，则要求必须已经在项目中有内置架构的数据集，如果没有，是不能创建的。

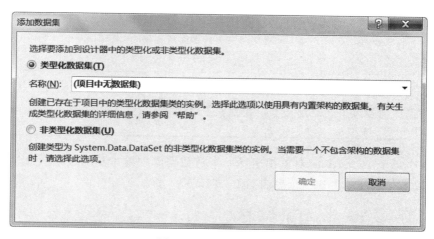

图 10-7　添加数据集图

类型化数据集和非类型化数据集的区别如表 10-7 所示。数据集常用的属性与方法如表 10-8 所示。

表 10-7　类型化数据集和非类型化数据集的区别

类型化数据集	非类型化数据集
派生自 DataSet 基类，使用 XML 构架文件生成新类	没有固定的内置构架，包含表、列和行，但只是作为集合公开
可直接通过数据集名称引用表、列和行	通过 Tables 集合引用表、列和行

表 10-8　数据集常用的属性和方法

	属性/方法	说　　明
属性	Tables	DataSet 中表的集合
方法	Clear	清除数据集中所有表的所有行
	HasChanges	该方法返回一个布尔值,表示数据集是否更改

(1) 数据表。

数据集中核心的对象是数据表(DataTable),这也是数据集保存数据的地方。数据表和数据库中的表很相似。建立数据表首先定义列,然后才可以添加数据行。数据表常用的属性与方法如表 10-9 所示。

表 10-9　数据表的常用属性、事件和方法

	属性/方法/事件	说　　明
属性	Columns	表示列的集合或 DataTable 包含的 DataColumn
	Constraints	表示特定 DataTable 的约束集合
	DataSet	表示 DataTable 所属的数据集
	PrimaryKey	表示作为 DataTable 主键的字段或 DataColumn
	Rows	表示行的集合或 DataTable 包含的 DataRow
	HasChanges	返回一个布尔值,指示数据集是否更改了
方法	AcceptChanges	提交对该表所做的所有修改
	NewRow	添加新的 DataRow
事件	ColumnChanged	修改该列中的值时激发该事件
	RowChanged	成功编辑行后激发该事件
	RowDeleted	成功删除行时激发该事件

数据集中每个 DataTable 对象都表示一个从数据库中检索到的表,也可以使用代码创建表对象,以下代码演示创建一个表名为 BookInfo 的方法:

```
DataTable table = new DataTable("BookInfo")
```

将其添加到数据集中,代码如下:

```
DataSet ds = new DataSet();
DataTable table = ds.Tables.Add("BookInfo ");
```

(2) 列。

上面代码中创建了一个数据表,该表在创建时是没有任何结构的,通过 DataColumn 对象定义表的结构,DataColumn 常见的属性和方法如表 10-10 所示。

表 10-10　DataColumn 常见的属性和方法

属性	说明
AllowDBNull	表示一个值，指示对于该表中的行，此列是否允许 null 值
ColumnName	表示指定 DataColumn 的名称
DataType	表示指定 DataColumn 对象中存储的数据类型
DefaultValue	设置或得到该列的默认值
Table	表示 DataColumn 所属的 DataTable 的名称
Unique	表示 DataColumn 的值是否必须是唯一的
ReadOnly	是否为只读

以下代码创建了表的结构，并将之应用到数据表中。

```
DataTable table = new DataTable();
DataColumn column = new DataColumn();
Column.DataType = typeof(string);
Column.ColumnName = "name";
Column.AllowDBNull = false;
Column.Unique = True;
Column.DefaultValue = "张三";
table.Columns.Add(Column);
```

（3）访问数据集中的表、行和列。

访问数据集中的数据表，获取表中的值是编程中常需要实现的操作。有两种方式可以访问数据集中的数据表，具体如下：

① 按表名访问。

myDataSet.Tables["BookInfo"]访问数据集中 myDataSet 中的表 BookInfo。

② 按索引（索引从 0 开始）访问。

myDataSet.Tables[0]访问数据集中的第一个表。

DataTable 中都有一个 Rows 属性，它是 DataRow 对象的集合，即数据表中行的集合，获取表中的记录就通过该属性。获取表中某行某列的值的方法如下：

```
myDataSet.Tables["BookInfo"].Rows[行号]["列名"];
```

例如，访问 BookInfo 的 name 列的第三行值，代码如下：

```
myDataSet.Tables["BookInfo"].Rows[2]["name"];
```

如果 name 列是第二列，则根据索引也可访问，代码如下：

```
myDataSet.Tables["BookInfo"].Rows[2][1];
```

注意：行和列的索引都是从零开始的。

10.1.3　案例实现

1．案例分析

本案例中在编写代码之前要先完成创建数据库、数据库表和插入数据。案例采用 SQL

Server 2012 数据库,接下来看一下如何实现上述的准备工作。

(1) 创建数据库。

```
Create database School;
```

(2) 创建数据库表。

```
Use School;
Create table student(
    Sno nvarchar(30) primary key,
    Sname nvarchar(5) not null,
    Ssex nvarchar(1),
    Sage int,
    Sclassid nvarchar(30)
);
```

(3) 插入数据。

```
insert into student values('20201001', '张珊', '女', '20', '0001');
insert into student values('20201002', '刘洋', '男', '19', '0001');
insert into student values('20201003', '杨帆', '男', '21', '0001');
insert into student values('20201004', '刘涛', '女', '20', '0001');
insert into student values('20202001', '吴霞', '女', '20', '0001');
insert into student values('20202002', '李云', '女', '17', '0001');
```

2. 代码实现

(1) 将以下命名空间添加到项目中。

```
using System.Data.SqlClient;        //引入命名空间
```

(2) "查询"按钮的 Click 事件的代码如下。

```csharp
//查询按钮的 Click 事件
private void btnSearch_Click(object sender, EventArgs e)
{
    //定义连接字符串,采用 Windows 集成验证的方式登录
    string connstr = @"Data Source = .;Initial Catalog = School;Integrated Security = True;
    Pooling = False";
    //创建 Connection 对象
    SqlConnection con = new SqlConnection(connstr);
    //定义 SQL 语句
    string sql = "select * from student where sno = " + this.txtId.Text;
    //创建数据集对象
    DataSet ds = new DataSet();
    //创建适配器对象
    SqlDataAdapter adapter = new SqlDataAdapter(sql,con);
    try
```

```csharp
{
    //填充数据集
    adapter.Fill(ds, "student");
    //判断数据集中是否有记录
    if (ds.Tables[0].Rows.Count > 0)
    {
        //如果有记录显示在窗体控件中
        this.txtName.Text = ds.Tables[0].Rows[0]["Sname"].ToString();
        this.txtSex.Text = ds.Tables[0].Rows[0]["Ssex"].ToString();
        this.txtAge.Text = ds.Tables[0].Rows[0]["Sage"].ToString();
        this.txtClass.Text = ds.Tables[0].Rows[0]["Sclassid"].ToString();
    }
    else
    {
        MessageBox.Show("没有相关记录");
    }
}
catch (Exception ex)
{
    MessageBox.Show(ex.Message);
}
}
```

3. 运行结果

案例运行结果如图 10-8 所示。

图 10-8 运行结果图

10.2 DataGridView 的使用

10.2.1 案例描述

在复杂的程序编程中少不了如图 10-9 所示案例中的情况,即展示数据库中的数据,并且进行查询,向数据库中添加新的数据。通过学习本节的内容可以实现如图 10-9 所示的案例。

视频 18
DataGridView
的使用

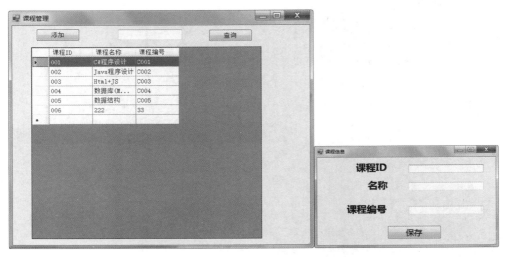

图 10-9 案例图

10.2.2 知识引入

DataGridView 功能强大，且开发简单快速，该控件除了可以直接显示数据表数据，还支持排序、数据绑定、自定义外观等高级功能。

首先介绍"数据绑定"的概念。C♯中的数据绑定就是把数据源和显示数据的窗体中控件进行绑定，绑定后数据源和窗体控件构成了一个逻辑整体，数据源中的数据发生变化，窗体中控件显示的数据也会发生相同的变化。

Windows 窗体有两种类型的数据绑定：简单绑定和复杂绑定。简单绑定用于 TextBox、Label 等控件，只能将控件的某个属性绑定到单个数据元素。复杂绑定是指将一个控件绑定到多个数据元素，DataGridView 控件绑定数据就属于复杂绑定，它可以一次显示多条记录和多个字段的值。

图 10-10 DataGridView 图标

1. DataGridView（数据网格视图）控件

Windows 窗体工具箱中的 DataGridView 控件位于"数据"项中，如图 10-10 所示。

本节主要讲述 DataGridView 控件通过代码的方式绑定数据。DataGridView 控件是 WinForms 中的一个很强大的控件，不仅可以绑定到数据表，还可以绑定数据集、数据视图、集合和数组等，并且在该控件中还可以直接修改和删除数据，DataGridView 控件的重要属性和事件如表 10-11 所示。

表 10-11 DataGridView 控件的重要属性和事件

	属性/事件	说　　明
属性	Columns	获取控件中所有列的集合
	ColumnCount	获取或设置列数
	RowCount	获取或设置行数
	Rows	获取控件中所有行的集合

续表

	属性/事件	说　明
属性	CurrentCell	获取当前单元格
	CurrentRow	获取当前单元格所在的行
	SelectedRows	获取选中的行的集合
	DtataSource	获取或设置控件绑定的数据源
	DataMember	当绑定的数据源是数据表时,获取数据表的名
	ReadOnly	设置单元格是否可以编辑
	RowHeaderVisible	设置列标题是否显示,默认为显示
	MultiSelect	是否允许多重选择
事件	CurrentCellChanged	当选择单元格时触发的事件
	CellContentClick	单击单元格时触发的事件

2. DataGridView 绑定数据

1) 将 DataGridView 控件绑定到数据集

DataGridView 控件显示数据最简单的方式就是绑定数据源,设置其 DataSource 属性即可实现。DataGridView 控件的数据源可以是数组、集合或数据集,本节介绍绑定到数据集的方法。将 DataGridView 控件绑定到数据集的步骤如下:

(1) 创建项目,将 DataGridView 控件添加到窗体中。

(2) 设置 DataGridView 控件的属性和各列的属性,如图 10-11 所示。

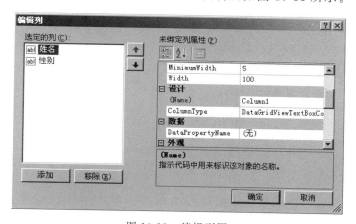

图 10-11　编辑列图

(3) 绑定到数据集。使用 DataSoure 属性将 DataGridView 控件绑定到数据集通常有 3 种方式。

① 直接绑定数据表,代码如下:

```
DataGridView.DataSoure = ds.Tables[0];
```

② 绑定数据表的数据视图,代码如下:

```
DataGridView.DataSoure = ds.Tables[0].DefaultView;
```

③ 绑定到数据集,代码如下:

```
DataGridView.DataSoure = ds;
DataGridView.DataMember = ds.Tables[0].TableName;
```

下面的例子使用 DataGridView 控件显示 Student 表中数据。
(1) 创建 Windows 应用程序并添加控件 DataGridView。
(2) 在窗体的 Load 事件中添加代码。

```csharp
using System;
using System.Collections.Generic;
using System.ComponentModel;
using System.Data;
using System.Drawing;
using System.Linq;
using System.Text;
using System.Windows.Forms;
using System.Data.SqlClient;
namespace Example_dgViewTest
{
    public partial class frmStudent : Form
    {
        //声明数据库连接字符串
        static string connstr = @"Data Source = .;Initial Catalog = School; Integrated Security = True;Pooling = False";
        private DataSet ds = new DataSet();                    //定义数据集
        //定义 Connection 对象
        private SqlConnection con = new SqlConnection(connstr);
        //声明数据适配器对象
        private SqlDataAdapter ada;
        public frmStudent()
        {
            InitializeComponent();
        }
        private void frmStudent_Load(object sender, EventArgs e)
        {
            string sql = "select * from Student";              //定义查询语句
            ada = new SqlDataAdapter(sql,con);                 //创建数据适配器
            ada.Fill(ds,"Student");                            //填充数据集
            this.dgvStudent.DataSource = ds.Tables[0];         //绑定数据源
        }
        private void btnClose_Click(object sender, EventArgs e)
        {
            this.Close();
            Application.Exit();
        }
    }
}
```

编译并运行,执行结果如图 10-12 所示。

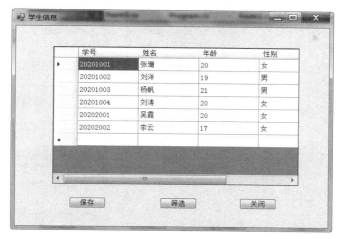

图 10-12　运行结果图

设置 DataGridView 控件各列属性步骤如下:

(1) 打开 DataGridView 控件属性面板,单击 Columns 属性右边的单元格,打开"编辑列"对话框。

(2) 在该对话框中添加 5 列(希望在控件中显示多少列就添加多少列),但通常应和数据源的列数相匹配,如图 10-13 所示。

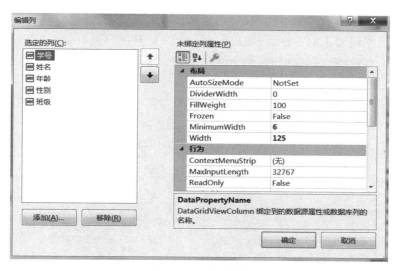

图 10-13　编辑列图

(3) 选中列,HeadText 属性设置为显示的文本,如"姓名",Name 属性设置为相应的标识。

DataPropertyName 属性的设置非常重要,通过此属性的设置和数据源中的列名相对应,才可以显示数据。将每一列的 DataPropertyName 属性设定为 Student 表的相应列的名称,如"姓名"对应 Sname,"性别"对应 Ssex,如图 10-14 所示。

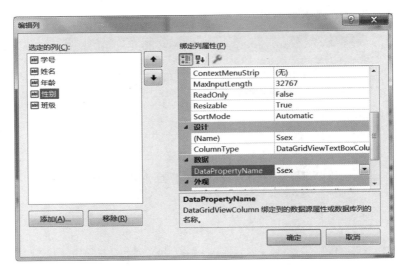

图 10-14　绑定数据库表字段图

2）将 DataGridView 控件绑定到数据视图

在用 DataGridView 控件显示数据的时候，常常并不需要显示表中的全部内容，可能只需要显示根据某个条件设定的内容，如只显示学生信息表中的女生，你可能想到利用 SQL 语句重新查询数据库中的数据，这样是可以实现的。使用数据视图可以利用已经获得的数据表，不需要重新进行数据查询，在数据连接断开后也可以实现数据查询。

数据视图的概念和数据库中的视图概念相似，可用于排序、筛选数据表等操作。视图是为了满足数据的不同需求而存在的，数据库中一个表的数据可以有多个视图，这些视图并不影响原始数据。如果将数据表中的记录看作一个人，那么视图就像这个人穿不同衣服，就有不同的形象，但实质上还是同一个人。

视图最常用的属性就是进行数据绑定，其重要功能是可以根据表达式或行状态进行行的过滤，通过设置 RowFilter 属性可以利用表达式进行过滤。

现在演示 DataGridView 控件绑定到数据视图的方法。"筛选"按钮的实现代码如下：

```csharp
private void btnFilter_Click(object sender, EventArgs e)
{
    DataView dv = new DataView(ds.Tables[0]);      //定义数据视图
    dv.RowFilter = "Ssex = '女'";                   //设定筛选条件
    this.dgvStudent.DataSource = dv;               //绑定数据源
}
```

3）保存 DataGridView 控件修改后的数据

利用 DataGridView 控件显示了数据后，单元格都是可以编辑的，编辑后的数据如何保存到数据库中呢？其实很简单，即使用 10.1.3 节介绍的方法，这里不再详细讲述，只给出示例代码。

打开项目 Example_dgViewTest，在窗体文件 frmStudent 中添加按钮 btnSave，将 Text 属性设为"保存"，用来保存 DataGridView 控件修改后的数据。按钮 btnSave 的 Click 事件

处理方法代码如下：

```
private void btnSave_Click(object sender, EventArgs e)
{
DialogResult result = MessageBox.Show("要将修改保存到数据库吗?","操作提示",
MessageBoxButtons.OKCancel,MessageBoxIcon.Question);
if (result == DialogResult.OK)
{
SqlCommandBuilder bulilder = new SqlCommandBuilder(ada);
ada.Update(ds,"student");
MessageBox.Show("保存成功");}
}
```

4）获取 DataGridView 控件中当前的单元格

若要与 DataGridView 进行交互，通常要求通过编程找出哪个单元格处于活动状态。如果需要更改当前单元格，可通过 DataGridView 控件的 CurrentCell 属性来获取当前单元格的信息。

CurrentCell 属性用于获取当前处于活动状态的单元格。语法如下：

```
public DataGridViewCell CurrentCell { get; set; }
```

CurrentCell 属性值：表示当前单元格的 DataGridViewCell 对象，如果没有当前单元格，则为空引用。默认值是第一列中的第一个单元格。

【例 10-4】 创建一个 Windows 应用程序，向窗体中添加一个 DataGridView 控件、一个 Button 控件和一个 Label 控件，主要用于显示数据、获取指定单元格信息以及显示单元格信息。当单击 Button 控件后，会通过 DataGridView 的 CurrentCell 属性来获取当前单元格信息。

```
SqlConnection conn;              //声明一个 SqlConnection 变量
SqlDataAdapter sda;              //声明一个 SqlDataAdapter 变量
Dataset ds = null;               //声明一个 Dataset 变量
private void Form1_Load(object sender, EventArgs e)
{
//实例化 SqlConnection 变量 conn,连接数据库
conn = new SqlConnection("Data Source = .; Initial Catalog = School; Integrated Security =
True;Pooling=False");
//实例化 SqlDataAdapter 对象
sda = new SqlDataAdapter("select * from Student",conn);
//实例化 Dataset 对象
ds = new Dataset();
//使用 SqlDataAdapter 对象的 Fill 方法填充
DataSet sda.Fill(ds, "student");
//设置 dataGridView1 控件的数据源
dataGridView1.DataSource = ds.Tables[0];
}
private void button1_Click(object sender, EventArgs e)
```

```
        {
           //使用 CurrentCell.RowIndex 和 CurrentCell.ColumnIndex 获取数据的行和列坐标
                    string msg = String.Format("第{0}行,第{1}列",dgvStudent.CurrentCell.
           RowIndex, dgvStudent.CurrentCell.ColumnIndex);
                    label1.Text = "选择的单元格为:" + msg;
        }
```

运行结果如图 10-15 所示。

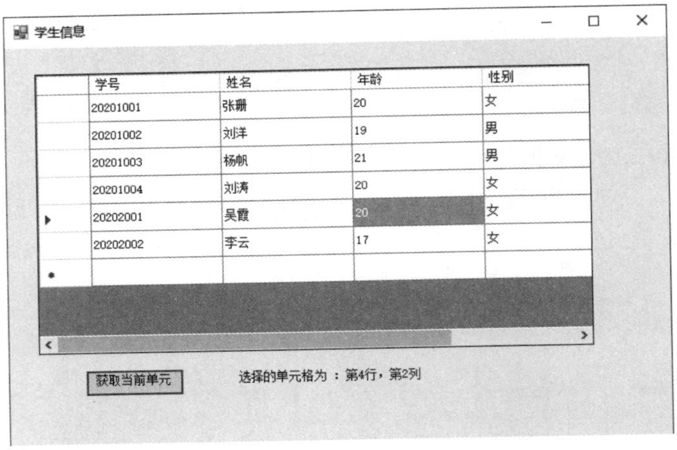

图 10-15　运行结果图

说明：可以通过 DataGridView 控件的 SelectedCells 属性集获取该控件中被选中的单元格信息。

5）当选中 DataGridView 控件中的行时显示不同的颜色

可以利用 DataGridView 控件的 SelectionMode、ReadOnly 和 SelectionBackColor 属性实现当选中 DataGridView 控件中的行时显示不同的颜色。

- SelectionMode 属性用于设置如何选择 DataGridView 的单元格。语法如下：

```
public DataGridViewSelectionMode SelectionMode { get; set; }
```

属性值：DataGridViewSelectionMode 值之一，默认为 RowHeaderSelect。

DataGridViewSelectionMode 枚举值说明如表 10-12 所示。

表 10-12　DataGridViewSelectionMode 枚举值及说明

枚 举 值	说　　明
CellSelect	可以选中一个或多个单元格
ColumnHeaderSelect	可以通过单击列的标头单元格选中此列，通过单击某个单元格可以单独选中此单元格
FullColumnSelect	通过单击列的标头或该列所包含的单元格选中整个列
FullRowSelect	通过单击行的标头或该行所包含的单元格选中整个行
RowHeaderSelect	可以通过单击行的标头单元格选中此行，通过单击某个单元格可以单独选中此单元格

说明：在更改 SelectionMode 属性的值时，会清除当前的选择，所以在更改行的颜色时，要注意更改和选中的顺序。

- ReadOnly 属性用于设置是否可以编辑 DataGridView 控件的单元格。语法如下：

```
public bool ReadOnly { get; set; }
```

属性值：如果用户不能编辑 DataGridView 控件的单元格，则为 true；否则为 false。默认为 false。

- SelectionBackColor 属性用于设置 DataGridView 单元格在被选定时的背景色。语法如下：

```
public Color SelectionBackColor   { get; set; }
```

属性值：Color，它表示选中单元格的背景色，默认为 Empty。

SelectionBackColor 属性包含在 DataGridViewCellStyle 类中，所以调用此属性之前要调用 DataGridViewCellStyle 属性。

【例 10-5】 创建一个 Windows 应用程序，向窗体中添加一个 DataGridView 控件，用于显示 tb_emp 表中的所有数据。然后通过 DataGridView 控件的 SelectionMode、ReadOnly 和 SelectionBackColor 属性实现选中某一行时，行的背景变色。

代码如下：

```
SqlConnection conn ;           //声明 SqlConnection 变量
private void Form1_Load(object sender, EventArgs e)
{
//实例化 SqlConnection 变量 conn,连接数据库
conn = new SqlConnection("Data Source = . ; Initial Catalog = School; Integrated Security = True;Pooling = False");
//实例化 SqlDataAdapter 对象
sda = new SqlDataAdapter("select * from Student",conn);
//实例化 Dataset 对象
ds = new DataSet();
//使用 SqlDataAdapter 对象的 Fill 方法填充 DataSet
sda.Fill(ds, "student");
//设置 dataGridView1 控件的数据源
dataGridView1.DataSource = ds.Tables[0];
//设置 SelectionMode 属性为 FullRowSelect,使控件能够整行选择
dataGridView1.SelectionMode = DataGridViewSelectionMode.FullRowSelect;
//设置 dataGridView1 控件的 ReadOnly 属性,使其为只读
dataGridView1.ReadOnly = true;
//设置 dataGridView1 控件的 DefaultCellStyle.SelectionBackColor 属性,使其选择行为黄绿色
dataGridView1.DefaultCellStyle.SelectionBackColor = Color.YellowGreen;
}
```

程序运行结果如图 10-16 所示。

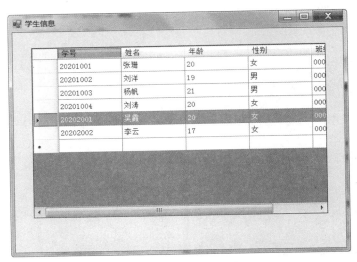

图 10-16 运行结果图

10.2.3 案例实现

1. 案例分析

本案例最重要的是要实现两个界面之间的交互，当单击"添加"按钮时，要打开课程添加的界面。单击课程添加界面的"保存"按钮时要将课程信息保存到数据库中，然后关闭添加课程的界面，同时刷新课程信息的列表。

2. 代码实现

课程列表界面的设计代码如下：

```csharp
#region Windows 窗体设计器生成的代码

/// <summary>
/// 设计器支持所需的方法 - 不要修改
/// 使用代码编辑器修改此方法的内容
/// </summary>
private void InitializeComponent()
{
    System.Windows.Forms.DataGridViewCellStyle dataGridViewCellStyle1 = new System.Windows.Forms.DataGridViewCellStyle();
    System.Windows.Forms.DataGridViewCellStyle dataGridViewCellStyle2 = new System.Windows.Forms.DataGridViewCellStyle();
    System.Windows.Forms.DataGridViewCellStyle dataGridViewCellStyle3 = new System.Windows.Forms.DataGridViewCellStyle();
    this.btn_Add = new System.Windows.Forms.Button();
    this.txt_key = new System.Windows.Forms.TextBox();
    this.btn_Search = new System.Windows.Forms.Button();
    this.dataGridView1 = new System.Windows.Forms.DataGridView();
    this.CID = new System.Windows.Forms.DataGridViewTextBoxColumn();
```

```
            this.Cname = new System.Windows.Forms.DataGridViewTextBoxColumn();
            this.Cno = new System.Windows.Forms.DataGridViewTextBoxColumn();
            ((System.ComponentModel.ISupportInitialize)(this.dataGridView1)).BeginInit();
            this.SuspendLayout();
            // 
            // btn_Add
            // 
            this.btn_Add.Location = new System.Drawing.Point(55, 26);
            this.btn_Add.Margin = new System.Windows.Forms.Padding(4);
            this.btn_Add.Name = "btn_Add";
            this.btn_Add.Size = new System.Drawing.Size(100, 29);
            this.btn_Add.TabIndex = 11;
            this.btn_Add.Text = "添加";
            this.btn_Add.UseVisualStyleBackColor = true;
            this.btn_Add.Click += new System.EventHandler(this.btn_Add_Click);
            // 
            // txt_key
            // 
            this.txt_key.Location = new System.Drawing.Point(244, 28);
            this.txt_key.Margin = new System.Windows.Forms.Padding(4);
            this.txt_key.Name = "txt_key";
            this.txt_key.Size = new System.Drawing.Size(148, 25);
            this.txt_key.TabIndex = 10;
            // 
            // btn_Search
            // 
            this.btn_Search.Location = new System.Drawing.Point(454, 28);
            this.btn_Search.Margin = new System.Windows.Forms.Padding(4);
            this.btn_Search.Name = "btn_Search";
            this.btn_Search.Size = new System.Drawing.Size(100, 29);
            this.btn_Search.TabIndex = 9;
            this.btn_Search.Text = "查询";
            this.btn_Search.UseVisualStyleBackColor = true;
            this.btn_Search.Click += new System.EventHandler(this.btn_Search_Click);
            // 
            // dataGridView1
            // 
            dataGridViewCellStyle1.Alignment = System.Windows.Forms.DataGridViewContentAlignment.MiddleLeft;
            dataGridViewCellStyle1.BackColor = System.Drawing.SystemColors.Control;
            dataGridViewCellStyle1.Font = new System.Drawing.Font("宋体", 9F, System.Drawing.FontStyle.Regular, System.Drawing.GraphicsUnit.Point, ((byte)(134)));
            dataGridViewCellStyle1.ForeColor = System.Drawing.SystemColors.WindowText;
            dataGridViewCellStyle1.SelectionBackColor = System.Drawing.SystemColors.Highlight;
```

```
            dataGridViewCellStyle1.SelectionForeColor = System.Drawing.SystemColors.HighlightText;
            dataGridViewCellStyle1.WrapMode = System.Windows.Forms.DataGridViewTriState.True;
            this.dataGridView1.ColumnHeadersDefaultCellStyle = dataGridViewCellStyle1;
            this.dataGridView1.ColumnHeadersHeightSizeMode = System.Windows.Forms.DataGridViewColumnHeadersHeightSizeMode.AutoSize;
            this.dataGridView1.Columns.AddRange(new System.Windows.Forms.DataGridViewColumn[] {
            this.CID,
            this.Cname,
            this.Cno});
            dataGridViewCellStyle2.Alignment = System.Windows.Forms.DataGridViewContentAlignment.MiddleLeft;
            dataGridViewCellStyle2.BackColor = System.Drawing.SystemColors.Window;
            dataGridViewCellStyle2.Font = new System.Drawing.Font("宋体", 9F, System.Drawing.FontStyle.Regular, System.Drawing.GraphicsUnit.Point, ((byte)(134)));
            dataGridViewCellStyle2.ForeColor = System.Drawing.SystemColors.ControlText;
            dataGridViewCellStyle2.SelectionBackColor = System.Drawing.SystemColors.Highlight;
            dataGridViewCellStyle2.SelectionForeColor = System.Drawing.SystemColors.HighlightText;
            dataGridViewCellStyle2.WrapMode = System.Windows.Forms.DataGridViewTriState.False;
            this.dataGridView1.DefaultCellStyle = dataGridViewCellStyle2;
            this.dataGridView1.Location = new System.Drawing.Point(43, 70);
            this.dataGridView1.Margin = new System.Windows.Forms.Padding(4);
            this.dataGridView1.Name = "dataGridView1";
            dataGridViewCellStyle3.Alignment = System.Windows.Forms.DataGridViewContentAlignment.MiddleLeft;
            dataGridViewCellStyle3.BackColor = System.Drawing.SystemColors.Control;
            dataGridViewCellStyle3.Font = new System.Drawing.Font("宋体", 9F, System.Drawing.FontStyle.Regular, System.Drawing.GraphicsUnit.Point, ((byte)(134)));
            dataGridViewCellStyle3.ForeColor = System.Drawing.SystemColors.WindowText;
            dataGridViewCellStyle3.SelectionBackColor = System.Drawing.SystemColors.Highlight;
            dataGridViewCellStyle3.SelectionForeColor = System.Drawing.SystemColors.HighlightText;
            dataGridViewCellStyle3.WrapMode = System.Windows.Forms.DataGridViewTriState.True;
            this.dataGridView1.RowHeadersDefaultCellStyle = dataGridViewCellStyle3;
            this.dataGridView1.RowHeadersWidth = 51;
            this.dataGridView1.RowTemplate.Height = 23;
            this.dataGridView1.SelectionMode = System.Windows.Forms.DataGridViewSelectionMode.FullRowSelect;
            this.dataGridView1.Size = new System.Drawing.Size(532, 458);
            this.dataGridView1.TabIndex = 8;
```

```csharp
            this.dataGridView1.DoubleClick += new System.EventHandler(this.dataGridView1_DoubleClick);
            // 
            // CID
            // 
            this.CID.DataPropertyName = "CID";
            this.CID.HeaderText = "课程ID";
            this.CID.Name = "CID";
            this.CID.Width = 125;
            // 
            // Cname
            // 
            this.Cname.DataPropertyName = "Cname";
            this.Cname.HeaderText = "课程名称";
            this.Cname.Name = "Cname";
            this.Cname.Width = 125;
            // 
            // Cno
            // 
            this.Cno.DataPropertyName = "Cno";
            this.Cno.HeaderText = "课程编号";
            this.Cno.Name = "Cno";
            this.Cno.Width = 125;
            // 
            // CourseList
            // 
            this.AutoScaleDimensions = new System.Drawing.SizeF(8F, 15F);
            this.AutoScaleMode = System.Windows.Forms.AutoScaleMode.Font;
            this.ClientSize = new System.Drawing.Size(621, 561);
            this.Controls.Add(this.btn_Add);
            this.Controls.Add(this.txt_key);
            this.Controls.Add(this.btn_Search);
            this.Controls.Add(this.dataGridView1);
            this.Name = "CourseList";
            this.Text = "Form1";
            this.Load += new System.EventHandler(this.CourseList_Load);
            ((System.ComponentModel.ISupportInitialize)(this.dataGridView1)).EndInit();
            this.ResumeLayout(false);
            this.PerformLayout();

        }

        # endregion

        private System.Windows.Forms.Button btn_Add;
        private System.Windows.Forms.TextBox txt_key;
        private System.Windows.Forms.Button btn_Search;
        private System.Windows.Forms.DataGridView dataGridView1;
        private System.Windows.Forms.DataGridViewTextBoxColumn CID;
        private System.Windows.Forms.DataGridViewTextBoxColumn Cname;
        private System.Windows.Forms.DataGridViewTextBoxColumn Cno;
```

课程列表的后台代码如下：

```csharp
public CourseList()
        {
            InitializeComponent();
        }
        string conStr = "Data Source=.;Initial Catalog=Exam20190917;Persist Security Info=True;User ID=sa;Password=txt";
        private void CourseList_Load(object sender, EventArgs e)
        {
            loadData();
        }
        private void btn_Search_Click(object sender, EventArgs e)
        {
            loadData();
        }

        void loadData()
        {
            string sql
                = "select ID CID,Cname,Cno from T_Course "
                + " where ID like'%" + txt_key.Text + "%' or " +
                "Cname like '%" + txt_key.Text + "%'" +
                " or Cno like '%" + txt_key.Text + "%'";
            DataSet ds = new DataSet();
            //定义返回值
            //创建数据集,用来保存数据查询结果
            //创建数据库连接
            //创建一个数据库连接
            SqlConnection conn =
                new SqlConnection(conStr);
            //填充数据集的变量
            SqlDataAdapter sda =
                new SqlDataAdapter(sql, conn);
            //打开连接
            conn.Open();
            //填充数据集
            sda.Fill(ds);
            //关闭数据连接
            conn.Close();
            this.dataGridView1.DataSource
                = ds.Tables[0];
        }
        //添加按钮的单击事件
        private void btn_Add_Click(object sender, EventArgs e)
        {
            Add_Course frm = new Add_Course();
            frm.ShowDialog();
            loadData();
        }
```

```csharp
        //双击时候添加的事件
        private void dataGridView1_DoubleClick(object sender, EventArgs e)
        {
            //获取选中的行
            DataGridViewRow row =
                this.dataGridView1.SelectedRows[0];
            string cid = row.Cells["CID"].Value.ToString();
            Add_Course frm = new Add_Course(cid);
            frm.ShowDialog();
            loadData();
        }
```

课程添加界面的设计代码如下：

```csharp
#region Windows Form Designer generated code
        /// <summary>
        /// Required method for Designer support - do not modify
        /// the contents of this method with the code editor
        /// </summary>
        private void InitializeComponent()
        {
            this.btn_Save = new System.Windows.Forms.Button();
            this.txt_Cno = new System.Windows.Forms.TextBox();
            this.txt_Cname = new System.Windows.Forms.TextBox();
            this.txt_CID = new System.Windows.Forms.TextBox();
            this.label6 = new System.Windows.Forms.Label();
            this.label2 = new System.Windows.Forms.Label();
            this.label1 = new System.Windows.Forms.Label();
            this.SuspendLayout();
            // 
            // btn_Save
            // 
            this.btn_Save.Font = new System.Drawing.Font("微软雅黑", 10F);
            this.btn_Save.Location = new System.Drawing.Point(146, 184);
            this.btn_Save.Margin = new System.Windows.Forms.Padding(4);
            this.btn_Save.Name = "btn_Save";
            this.btn_Save.Size = new System.Drawing.Size(130, 29);
            this.btn_Save.TabIndex = 25;
            this.btn_Save.Text = "保存";
            this.btn_Save.UseVisualStyleBackColor = true;
            this.btn_Save.Click += new System.EventHandler(this.btn_Save_Click);
            // 
            // txt_Cno
            // 
            this.txt_Cno.Location = new System.Drawing.Point(167, 131);
            this.txt_Cno.Margin = new System.Windows.Forms.Padding(4);
            this.txt_Cno.Name = "txt_Cno";
            this.txt_Cno.Size = new System.Drawing.Size(195, 25);
            this.txt_Cno.TabIndex = 23;
```

```
            // 
            // txt_Cname
            // 
            this.txt_Cname.Location = new System.Drawing.Point(167, 87);
            this.txt_Cname.Margin = new System.Windows.Forms.Padding(4);
            this.txt_Cname.Name = "txt_Cname";
            this.txt_Cname.Size = new System.Drawing.Size(195, 25);
            this.txt_Cname.TabIndex = 24;
            // 
            // txt_CID
            // 
            this.txt_CID.Location = new System.Drawing.Point(167, 43);
            this.txt_CID.Margin = new System.Windows.Forms.Padding(4);
            this.txt_CID.Name = "txt_CID";
            this.txt_CID.Size = new System.Drawing.Size(195, 25);
            this.txt_CID.TabIndex = 22;
            // 
            // label6
            // 
            this.label6.AutoSize = true;
            this.label6.Font = new System.Drawing.Font("微软雅黑", 10F, System.Drawing.FontStyle.Bold);
            this.label6.Location = new System.Drawing.Point(37, 132);
            this.label6.Margin = new System.Windows.Forms.Padding(4, 0, 4, 0);
            this.label6.Name = "label6";
            this.label6.Size = new System.Drawing.Size(78, 24);
            this.label6.TabIndex = 19;
            this.label6.Text = "课程编号";
            // 
            // label2
            // 
            this.label2.AutoSize = true;
            this.label2.Font = new System.Drawing.Font("微软雅黑", 10F, System.Drawing.FontStyle.Bold);
            this.label2.Location = new System.Drawing.Point(71, 88);
            this.label2.Margin = new System.Windows.Forms.Padding(4, 0, 4, 0);
            this.label2.Name = "label2";
            this.label2.Size = new System.Drawing.Size(44, 24);
            this.label2.TabIndex = 21;
            this.label2.Text = "名称";
            // 
            // label1
            // 
            this.label1.AutoSize = true;
            this.label1.Font = new System.Drawing.Font("微软雅黑", 10F, System.Drawing.FontStyle.Bold);
            this.label1.Location = new System.Drawing.Point(52, 41);
            this.label1.Margin = new System.Windows.Forms.Padding(4, 0, 4, 0);
            this.label1.Name = "label1";
            this.label1.Size = new System.Drawing.Size(63, 24);
```

```
            this.label1.TabIndex = 20;
            this.label1.Text = "课程ID";
            // 
            // Add_Course
            // 
            this.AutoScaleDimensions = new System.Drawing.SizeF(8F, 15F);
            this.AutoScaleMode = System.Windows.Forms.AutoScaleMode.Font;
            this.ClientSize = new System.Drawing.Size(436, 226);
            this.Controls.Add(this.btn_Save);
            this.Controls.Add(this.txt_Cno);
            this.Controls.Add(this.txt_Cname);
            this.Controls.Add(this.txt_CID);
            this.Controls.Add(this.label6);
            this.Controls.Add(this.label2);
            this.Controls.Add(this.label1);
            this.Name = "Add_Course";
            this.Text = "课程信息";
            this.ResumeLayout(false);
            this.PerformLayout();

        }
        #endregion
        private System.Windows.Forms.Button btn_Save;
        private System.Windows.Forms.TextBox txt_Cno;
        private System.Windows.Forms.TextBox txt_Cname;
        private System.Windows.Forms.TextBox txt_CID;
        private System.Windows.Forms.Label label6;
        private System.Windows.Forms.Label label2;
        private System.Windows.Forms.Label label1;
```

课程添加的后台代码如下:

```
public Add_Course()
        {
            InitializeComponent();
        }
        string conStr = "Data Source=.;Initial Catalog=Exam20190917;Persist Security Info=True;User ID=sa;Password=txt";
        public Add_Course(string CID)
        {
            InitializeComponent();
            flg = true;
            txt_CID.ReadOnly = true;
            string sql =
                "select ID CID,Cname,Cno from T_Course where ID = '" +
                CID + "'";
            DataSet ds = new DataSet();
            //定义返回值
```

```csharp
            //创建数据集,用来保存数据查询结果
            //创建数据库连接
            //创建一个数据库连接
            SqlConnection conn =
                new SqlConnection(conStr);
            //填充数据集的变量
            SqlDataAdapter sda =
                new SqlDataAdapter(sql, conn);
            //打开连接
            conn.Open();
            //填充数据集
            sda.Fill(ds);
            //关闭数据连接
            conn.Close();
            if (ds.Tables[0].Rows.Count > 0)
            {
                //给界面赋值
                txt_CID.Text
                    = ds.Tables[0].Rows[0]["CID"].ToString();
                txt_Cname.Text
                    = ds.Tables[0].Rows[0]["Cname"].ToString();
                txt_Cno.Text
                    = ds.Tables[0].Rows[0]["Cno"].ToString();
            }
        }
        bool flg = false;
        private void btn_Save_Click(object sender, EventArgs e)
        {
            if (flg)
            {
                string sql = "update t_Course set Cname = '"
                    + txt_Cname.Text + "',Cno = '" +
                    txt_Cno.Text + "' where ID = "
                    + "'" + txt_CID.Text + "'";
                SqlConnection conn
                    = new SqlConnection(conStr);
                //创建命令
                SqlCommand comm =
                    new SqlCommand();
                //给命令绑定连接和 SQL 语句
                comm.Connection = conn;
                comm.CommandText = sql;
                conn.Open();
                int i = comm.ExecuteNonQuery();
                conn.Close();
```

```csharp
            MessageBox.Show("保存成功!");
            this.Close();

        }
        else
        {
            string sql = "INSERT INTO t_Course values(" +
                "'" + txt_CID.Text + "','"
                + txt_Cname.Text + "','" +
                txt_Cno.Text + "')";
            //创建数据库连接
            SqlConnection conn
                = new SqlConnection(conStr);
            //创建命令
            SqlCommand comm =
                new SqlCommand();
            //给命令绑定连接和 SQL 语句
            comm.Connection = conn;
            comm.CommandText = sql;
            conn.Open();
            int i = comm.ExecuteNonQuery();
            conn.Close();
            MessageBox.Show("保存成功!");
            this.Close();
        }
    }
```

3. 运行结果

运行结果如图 10-17 所示。

图 10-17 案例运行结果图

本章小结

本章首先介绍了数据库的基础知识,需要掌握什么是 ADO.NET。在 ADO.NET 中提供了连接数据库对象(Connection 对象)、执行 SQL 语句对象(Command 对象)、读取数据对象(DataReader 对象)、数据适配器对象(DataAdapter 对象)以及数据集对象(DataSet 对象),通过实例来加深对这些对象的理解。然后介绍了 DataGridView 控件,以及如何绑定 DataGridView 控件。

第 11 章 文件流技术

11.1 文件的基本操作

11.1.1 案例描述

如图 11-1 所示是一个简单文件读取、写入、复制、移动和保存的小案例,通过本节的学习可以实现该案例。

视频 19
文件操作

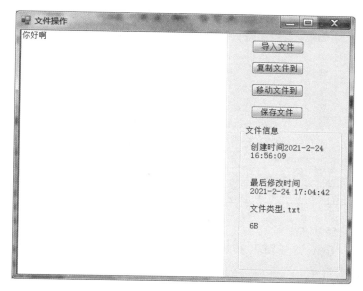

图 11-1 案例图

11.1.2 知识引入

1. System.IO 命名空间

System.IO 命名空间包含允许在数据流和文件上进行同步和异步读取及写入的类型。这里需要注意的是文件和流的差异,文件是一些具有永久存储及特定顺序的字节组成的一个有序的、具有名称的集合,因此,关于文件,人们常会想到目录路径、磁盘存储、文件和目录名等。流提供一种向后备存储写入字节和从后备存储读取字节的方式。后备存储可以为多种存储介质之一,正如除磁盘外存在多种后备存储一样,除文件流之外也存在多种流。例如,网络流、内存流和磁带流等。

System.IO 命名空间中的类及说明如表 11-1 所示。

表 11-1 System.IO 命名空间中的类及说明

属 性	说 明
BinaryReader	用特定的编码将基元数据类型读作 二进制值
BinaryWriter	以二进制形式将基元类型写入流,并支持用特定的编码写入字符串
BufferedStream	给另一流上的读写操作添加 一个缓冲层。无法继承该类
Directory	公开用于创建、移动和枚举通过目录和子目录的静态方法。无法继承该类
DirectoryInfo	公开用于创建、移动和枚举目录和子目录的实例方法。无法继承该类
DriveInfo	提供对有关驱动器的信息的访问
File	提供用于创建、复制、删除、移动和打开文件的静态方法,并协助创建 FileStream 对象
FileInfo	提供创建、复制、删除、移动和打开文件的实例方法,并且帮助创建 FileStream 对象。无法继承该类
FileStream	公开以文件为主的 Stream,既支持同步读写操作,也支持异步读写操作
FileSystemInfo	为 FileInfo 和 DirectoryInfo 对象提供基类
FileSystemWatcher	侦听文件系统更改通知,并在目录或目录中的文件发生更改时引发事件
MemoryStream	创建其支持存储区为内存的流
Path	对包含文件或目录路径信息的 String 实例执行操作。这些操作是以跨平台的方式执行的
StreamReader	实现一个 TextReader,使其以一种特定的编码从字节流中读取字符
StreamWriter	实现一个 TextWriter,使其以一种特定的编码向流中写入字符
StringReader	实现从字符串进行读取的 TextReader
StringWriter	实现一个用于将信息写入字符串的 TextWriter,该信息存储在基础 StringBuilder 中
TextReader	表示可读取连续字符系列的读取器
TextWriter	表示可以编写 一个有序字符系列的编写器。该类为抽象类

2. File 类和 Directory 类

File 类和 Directory 类分别用来对文件和各种文件夹进行操作,这两个类可以被实例化,但不能被其他类继承。

File 类和 Directory 类就好比一个工厂,文件和文件夹就好比工厂所制作的产品,而工厂和产品的关系主要表现在以下几个方面:工厂可以自行开发产品(文件和文件夹的创建),也可以对该产品进行批量生产(文件和文件夹的复制),将产品进行销售(文件和文件夹的移动)以及将有质量问题的产品进行回收消除(文件和文件夹的删除)。

下面详细介绍 File 类和 Directory 类的用法。

1) File 类

File 类支持对文件的基本操作,它包括用于文件的创建、复制、删除、移动和打开的静态方法,并协助创建 FileStream 对象。File 类常用的方法及说明如表 11-2 所示。

表 11-2　File 类常用的方法及说明

方　　法	说　　明
Copy	将现有文件复制到新文件
Create	在指定路径中创建文件
Delete	删除指定的文件,如果指定的文件不存在,则引发异常
Exists	确定指定的文件是否存在
Move	将指定文件移到新位置,并提供指定新文件名的选项
Open	打开指定路径上的 FileStream
CreateText	创建或打开一个文件用于写入 UTF-8 编码的文本
GetCreationTime	返回指定文件或目录的创建日期和时间
GetLastAccessTime	返回上次访问指定文件或目录的日期和时间
GetLastWriteTime	返回上次写入指定文件或目录的日期和时间
OpenRead	打开现有文件以进行读取
OpenText	打开现有 UTF-8 编码文本文件以进行读取
OpenWrite	打开现有文件以进行写入
ReadAllBytes	打开一个文件,将文件的内容读入一个字符串,然后关闭该文件
ReadAllLines	打开一个文本文件,将文件的所有行都读入一个字符串数组,然后关闭该文件
ReadAllText	打开一个文本文件,将文件的所有行读入一个字符串,然后关闭该文件
Replace	使用其他文件的内容替换指定文件的内容,这一过程将删除原始文件,并创建被替换文件的备份
SetCreationTime	设置创建该文件的日期和时间
SetLastAccessTime	设置上次访问指定文件的日期和时间
SetLastWriteTime	设置上次写入指定文件的日期和时间
WriteAllBytes	创建一个新文件,在其中写入指定的字节数组,然后关闭该文件。如果目标文件已存在,则改写该文件
WriteAllLines	创建一个新文件,在其中写入指定的字符串,然后关闭文件。如果目标文件已存在,则改写该文件
WriteAllText	创建一个新文件,在文件中写入内容,然后关闭文件。如果目标文件已存在,则改写该文件

说明:

① 由于 File 类中的所有方法都是静态的,所以如果只想执行一个操作,那么使用 File 类中方法的效率比使用相应的 FileInfo 类中的方法可能更高。

② File 类的静态方法对所有方法都执行安全检查,因此如果打算多次重用某个对象,则可以考虑改用 FileInfo 类中的相应方法,因为并不总是需要安全检查。

【例 11-1】 下面演示如何使用 File 类中的方法。程序开发步骤如下:

(1) 新建一个 Windows 应用程序,并命名为 Test01,默认窗体为 Form1.cs。

(2) 在 Form1 窗体中添加一个 TextBox 控件和一个 Button 控件。其中,TextBox 控件用来输入要创建的文件路径及名称,Button 控件用来执行创建文件操作。

程序代码如下:

```
private void button1_Click(object sender, EventArgs e)
{
```

```
if(textBox1.Text == string.Empty)//判断输入的文件名是否为空
MessageBox.Show("文件名不能为空!");
else if(File.Exists(textBox1.Text))//使用 File 类的 Exists 方法判断要创建的文件是否存在
MessageBox.Show("该文件已经存在"),
else
File.Create(textBox1.Text);
}
```

说明：使用与文件、文件夹及流相关的类时，首先需要添加 System.IO 命名空间。

2) Directory 类

Directory 类公开了用于创建、移动、枚举、删除目录和子目录的静态方法。Directory 类常用的方法及说明如表 11-3 所示。

表 11-3 Directory 类常用的方法及说明

方法	说明
CreateDirectory	创建指定路径中的所有目录
Delete	删除指定的目录
Exists	确定给定路径是否引用磁盘上的现有目录
GetCreationTime	获取目录的创建日期和时间
GetDirectories	获取指定目录中子目录的名称
GetDirectoryRoot	返回指定路径的卷信息、根信息或两者同时返回
GetFiles	返回指定目录中的文件的名称
GetFileSystemEntries	返回指定目录中所有文件和子目录的名称
GetLastAccessTime	返回上次访问指定文件或目录的日期和时间
GetLastWriteTime	返回上次写入指定文件或目录的日期和时间
GetParent	检索指定路径的父目录，包括绝对路径和相对路径
Move	将文件或目录及其内容移到新位置
SetCreationTime	为指定的文件或目录设置创建日期和时间
SetCurrentDirectory	将应用程序的当前工作目录设置为指定的目录
SetLastAccessTime	设置上次访问指定文件或目录的日期和时间
SetLastWriteTime	设置上次写入目录的日期和时间
SetCreationTime	设置创建该文件的日期和时间

【例 11-2】 下面演示如何使用 Directory 类中的方法。

程序开发步骤如下：

(1) 新建一个 Windows 应用程序，并命名为 Test02，默认窗体为 Form1.cs。

(2) 在 Form1 窗体中添加一个 TextBox 控件和一个 Button 控件。其中，TextBox 控件用来输入要创建的文件夹路径及名称，Button 控件用来执行创建文件夹操作。

程序代码如下：

```
using System;
using System.Collections.Generic;
using System.ComponentModel;
```

```
using System.Data;
using System.Drawing;
using System.Linq;
Private void button1_Click(object sender, EventArgs e)
{
    if(textBox1.Text == string.Empty)        //判断输入的文件夹名称是否为空
    MessageBox.Show("文件夹名称不能为空！");
    else if(Directory.Exists(textBox1.Text))
                        //使用 Directory 类的 Exists 方法判断要创建的文件夹是否存在
    MessageBox.Show("该文件夹已经存在!");
    else
    Directory.CreateDirectory(textBox1.Text);
                        //使用 Directory 类的 CreateDirectory 方法创建文件夹
}
```

3. FileInfo 类和 DirectoryInfo 类

1) FileInfo 类

FileInfo 类和 File 类之间许多方法调用都是相同的，但是 FileInfo 类没有静态方法，该类中的方法仅可用于实例化的对象。File 类是静态类，所以它的调用需要通过字符串参数为每个方法调用规定文件位置。因此，如果要在对象上进行单一方法调用，则可以使用静态 File 类，在这种情况下，静态调用速度要快一些，因为.NET 框架不必执行实例化新对象并调用其方法的过程。如果要在文件上执行几种操作，则实例化 FileInfo 对象使用 FileInfo 对象的方法就更好一些。这样会提高效率，因为对象将在文件系统中引用正确的文件，而静态类必须每次都寻找文件。

这里还是借用工厂的例子对 FileInfo 类和 DirectoryInfo 类进行讲解。这两个类就好比工厂对产品（文件和文件夹）的记录清单，如产品名称（文件和文件夹的名称）、产品的库地址和销售商地址（文件和文件夹的位置）、产品的创建及检测时间（文件和文件夹的访问时间）、产品二次加工的时间（文件和文件夹的写入时间）以及当前产品为成品（文件只读）等。

FileInfo 类的常用属性及说明如表 11-4 所示。

表 11-4　FileInfo 类的常用属性及说明

属　　性	说　　明
CreationTime	获取或设置当前 FileInfo 对象的创建时间
Directory	获取父文件夹的实例
DirectoryName	获取表示文件夹的完整路径的字符串
Exists	获取指定文件是否存在的值
Extension	获取表示文件扩展名部分的字符串
FullName	获取文件夹或文件的完整路径
IsReadOnly	获取或设置确定当前文件是否为只读的值
LastAccessTime	获取或设置上次访问当前文件或文件夹的时间
LastWriteTime	获取或设置上次写入当前文件或文件夹的时间
Length	获取当前文件的大小
Name	获取文件名

说明：如果想要对某个对象进行重复操作，应使用 FileInfo 类。

2) DirectoryInfo 类

DirectoryInfo 类和 Directory 类之间的关系与 FileInfo 类和 File 类之间的关系类似，此处不再赘述。DirectoryInfo 类的常用属性如表 11-5 所示。

表 11-5　DirectoryInfo 类的常用属性及说明

属　　性	说　　明
CreationTime	获取或设置当前 DirectoryInfo 对象的创建时间
Exists	获取指示目录是否存在的值
Extension	获取表示文件扩展名部分的字符串
FullName	获取目录或文件的完整目录
LastAccessTime	获取或设置上次访问当前文件或目录的时间
LastWriteTime	获取或设置上次写入当前文件或目录的时间
Name	获取 DirectoryInfo 实例名称
Parent	获取指定子目录的父目录
Root	获取路径的根部分

【例 11-3】　下面演示如何使用 DirectoryInfo 类中的属性及方法。

程序开发步骤如下：

(1) 新建一个 Windows 应用程序，命名为 Test04，默认窗体为 Form1.cs。

(2) 在 Form1 窗体中添加一个 TextBox 控件和一个 Button 控件。其中，TextBox 控件用来输入要创建的文件夹路径及名称，Button 控件用来执行创建文件夹操作。

(3) 主要代码如下：

```csharp
using System;
private void button1_Click(object sender, EventArgs e)
{
    if(textBox1.Text == string.Empty)                        //判断输入的文件夹名称是否为空
    {
        MessageBox.Show("文件夹名称不能为空！");
    }
    else
    {
        DirectoryInfo dinfo = new DirectoryInfo(textBox1.Text);    //实例化 DirectoryInfo 类对象
        if(dinfo.Exists)//使用 DirectoryInfo 对象的 Exists 属性判断要创建的文件夹是否存在
        {
            MessageBox.Show("该文件夹已经存在");
        }
    }
}
```

4．文件基本操作

1) 判断文件是否存在

判断文件是否存在时，可以使用 File 类的 Exists() 方法或者 FileInfo 类的 Exists 属性来实现，下面分别对它们进行介绍。

(1) File 类的 Exists()方法。

该方法用于确定指定的文件是否存在,语法如下:

```
public static bool Exists(string path)
```

- path:要检查的文件。

返回值:如果调用方具有要求的权限并且 path 包含现有文件的名称,则为 true;否则为 false。如果 path 为空引用或零长度字符串,则该方法返回 false。如果调用方不具有读取指定文件所需的足够权限,则引发异常并且该方法返回 false。这与 path 是否存在无关。

说明:在用 Exists()方法时,若路径为空,则会触发异常。

【例 11-4】 下面的代码使用 File 类的 Exists()方法判断 C 盘根目录下是否存在 Test.txt 文件。

```
File.Exists("C:\\Test.txt");
```

(2) FileInfo 类的 Exists 属性。

该属性获取指示文件是否存在的值,语法如下:

```
public override bool Exists { get; }
```

属性值:如果该文件存在,则为 true;如果该文件不存在或该文件是目录,则为 false。

【例 11-5】 下面的代码首先实例化一个 FileInfo 对象,然后使用该对象调用 FileInfo 类中的 Exists 属性判断 C 盘根目录下是否存在 Test.txt 文件。

```
FileInfo fileInfo = new FileInfo("C:\\Test.txt");
If(fileInfo.Exists){
}
```

2) 创建文件

创建文件可以使用 File 类的 Create()方法或者 FileInfo 类的 Create()方法来实现,下面分别对它们进行介绍。

(1) File 类的 Create()方法。

该方法为可重载方法,它有以下 4 种重载形式。

```
public static FileStream Create(string path)
public static FileStream Create(string path, int bufferSize)
public static FileStream Create(string path, int bufferSize,FileOptions options)
public static FileStream Create(string path, int bufferSize,FileOptions options,FileSecurity fileSecurity)
```

File 类的 Create()方法的参数说明如表 11-6 所示。

表 11-6　File 类的 Create() 方法的参数说明

方　　法	说　　明
path	创建文件路径名称
bufferSize	用于读取和写入文件的已存入缓冲区的字节数
options	FileOptions 值之一，表示如何创建或改写该文件
fileSecurity	FileSecurity 值之一，确定访问控制和安全性

说明：在用 Create() 方法创建文件时，如果路径为空，或是文件夹为只读，则会触发异常。

（2）FileInfo 类的 Create() 方法。

语法如下：

```
public FileStream Create()
```

返回值：新文件，默认情况下，该方法将向所有用户授予对新文件的完整读/写访问权限。

3）复制或移动文件

复制或移动文件时，可以使用 File 类的 Copy() 方法、Move() 方法或者 FileInfo 类的 CopyTo() 方法、MoveTo() 方法来实现，下面分别对它们进行介绍。

（1）File 类的 Copy() 方法。

该方法为可重载方法，它有以下两种重载形式：

```
public static void Copy(string sourceFileName,string destFileName)
public static void Copy(string sourceFileName,string destFileName,bool overwrite)
```

- sourceFileName：要复制的文件。
- destFileName：目标文件的名称，不能是文件夹。如果是第一种重载形式，则该参数不能是现有文件。
- overwrite：如果可以改写目标文件，则为 true；否则为 false。

（2）File 类的 Move() 方法。

该方法将指定文件移到新位置，并提供指定新文件名的选项，语法如下：

```
public static void Move(string sourceFileName,string destFileName)
```

- sourceFileName：要移动的文件的名称。
- destFileName：文件的新路径。

说明：在对文件进行移动时，如果目标文件已存在，则发生异常。

（3）FileInfo 类的 CopyTo() 方法。

该方法为可重载方法，它有以下两种重载形式：

```
public FileInfo CopyTo(string destFileName)
public FileInfo CopyTo(string destFileName,bool overwrite)
```

- destFileName：要复制到的新文件的名称。
- overwrite：若为 true,则允许改写现有文件；否则为 false。
- 返回值：第一种重载形式的返回值为带有完全限定路径的新文件。第二种重载形式的返回值为新文件,或者如果 overwrite 为 true,则为现有文件的改写。如果文件存在,且 overwrite 为 false,则会发生 IOException。

（4）FileInfo 类的 MoveTo 方法。

该方法将指定文件移动到新位置,并提供指定新文件名的选项,语法如下:

```
public void MoveTo(string destFileName)
```

- destFileName：要将文件移动到新位置,可以指定另一个文件名。

4）删除文件

删除文件可以使用 File 类的 Delete() 方法或者 FileInfo 类的 Delete() 方法来实现,下面分别对它们进行介绍。

（1）File 类的 Delete() 方法。

该方法是指删除指定的文件,语法如下:

```
public static void Delete(string path)
```

- path：要删除的文件的名称。

说明：如果当前删除的文件正在被使用,删除时则发生异常。

（2）FileInfo 类的 Delete() 方法。

该方法是指永久删除文件,语法如下:

```
public override void Delete()
```

11.1.3 案例实现

1. 案例分析

本案例中文件内容控件采用 richTextBox 控件,该控件具有一些文件编辑的功能。

2. 代码实现

界面设计代码如下:

```
#region Windows 窗体设计器生成的代码
        /// <summary>
        /// 设计器支持所需的方法 - 不要修改
        /// 使用代码编辑器修改此方法的内容.
        /// </summary>
        private void InitializeComponent()
        {
            this.richTextBox1 = new System.Windows.Forms.RichTextBox();
            this.btnOpen = new System.Windows.Forms.Button();
```

```csharp
this.btnCopy = new System.Windows.Forms.Button();
this.btnMove = new System.Windows.Forms.Button();
this.btnSave = new System.Windows.Forms.Button();
this.groupBox1 = new System.Windows.Forms.GroupBox();
this.lbcjsj = new System.Windows.Forms.Label();
this.lbxgsj = new System.Windows.Forms.Label();
this.lblx = new System.Windows.Forms.Label();
this.lbsize = new System.Windows.Forms.Label();
this.groupBox1.SuspendLayout();
this.SuspendLayout();
//
// richTextBox1
//
this.richTextBox1.Location = new System.Drawing.Point(0, -3);
this.richTextBox1.Name = "richTextBox1";
this.richTextBox1.Size = new System.Drawing.Size(376, 457);
this.richTextBox1.TabIndex = 0;
this.richTextBox1.Text = "";
//
// btnOpen
//
this.btnOpen.Location = new System.Drawing.Point(419, 12);
this.btnOpen.Name = "btnOpen";
this.btnOpen.Size = new System.Drawing.Size(93, 23);
this.btnOpen.TabIndex = 1;
this.btnOpen.Text = "导入文件";
this.btnOpen.UseVisualStyleBackColor = true;
this.btnOpen.Click += new System.EventHandler(this.btnOpen_Click);
//
// btnCopy
//
this.btnCopy.Location = new System.Drawing.Point(419, 51);
this.btnCopy.Name = "btnCopy";
this.btnCopy.Size = new System.Drawing.Size(93, 23);
this.btnCopy.TabIndex = 1;
this.btnCopy.Text = "复制文件到";
this.btnCopy.UseVisualStyleBackColor = true;
this.btnCopy.Click += new System.EventHandler(this.btnCopy_Click);
//
// btnMove
//
this.btnMove.Location = new System.Drawing.Point(419, 93);
this.btnMove.Name = "btnMove";
this.btnMove.Size = new System.Drawing.Size(93, 23);
this.btnMove.TabIndex = 1;
this.btnMove.Text = "移动文件到";
this.btnMove.UseVisualStyleBackColor = true;
this.btnMove.Click += new System.EventHandler(this.btnMove_Click);
//
// btnSave
```

```csharp
//
this.btnSave.Location = new System.Drawing.Point(419, 134);
this.btnSave.Name = "btnSave";
this.btnSave.Size = new System.Drawing.Size(93, 23);
this.btnSave.TabIndex = 1;
this.btnSave.Text = "保存文件";
this.btnSave.UseVisualStyleBackColor = true;
this.btnSave.Click += new System.EventHandler(this.btnSave_Click);
//
// groupBox1
//
this.groupBox1.Controls.Add(this.lbsize);
this.groupBox1.Controls.Add(this.lblx);
this.groupBox1.Controls.Add(this.lbxgsj);
this.groupBox1.Controls.Add(this.lbcjsj);
this.groupBox1.Location = new System.Drawing.Point(400, 173);
this.groupBox1.Name = "groupBox1";
this.groupBox1.Size = new System.Drawing.Size(183, 267);
this.groupBox1.TabIndex = 2;
this.groupBox1.TabStop = false;
this.groupBox1.Text = "文件信息";
//
// lbcjsj
//
this.lbcjsj.Location = new System.Drawing.Point(16, 30);
this.lbcjsj.Name = "lbcjsj";
this.lbcjsj.Size = new System.Drawing.Size(161, 57);
this.lbcjsj.TabIndex = 0;
this.lbcjsj.Text = "创建时间";
//
// lbxgsj
//
this.lbxgsj.Location = new System.Drawing.Point(16, 97);
this.lbxgsj.Name = "lbxgsj";
this.lbxgsj.Size = new System.Drawing.Size(161, 39);
this.lbxgsj.TabIndex = 0;
this.lbxgsj.Text = "最近修改时间";
//
// lblx
//
this.lblx.AutoSize = true;
this.lblx.Location = new System.Drawing.Point(16, 145);
this.lblx.Name = "lblx";
this.lblx.Size = new System.Drawing.Size(37, 15);
this.lblx.TabIndex = 0;
this.lblx.Text = "类型";
//
// lbsize
//
this.lbsize.AutoSize = true;
```

```csharp
            this.lbsize.Location = new System.Drawing.Point(16, 176);
            this.lbsize.Name = "lbsize";
            this.lbsize.Size = new System.Drawing.Size(0, 15);
            this.lbsize.TabIndex = 0;
            // 
            // Form1
            // 
            this.AutoScaleDimensions = new System.Drawing.SizeF(8F, 15F);
            this.AutoScaleMode = System.Windows.Forms.AutoScaleMode.Font;
            this.ClientSize = new System.Drawing.Size(595, 452);
            this.Controls.Add(this.groupBox1);
            this.Controls.Add(this.btnSave);
            this.Controls.Add(this.btnMove);
            this.Controls.Add(this.btnCopy);
            this.Controls.Add(this.btnOpen);
            this.Controls.Add(this.richTextBox1);
            this.Name = "Form1";
            this.Text = "文件操作";
            this.groupBox1.ResumeLayout(false);
            this.groupBox1.PerformLayout();
            this.ResumeLayout(false);
        }
        #endregion
        private System.Windows.Forms.RichTextBox richTextBox1;
        private System.Windows.Forms.Button btnOpen;
        private System.Windows.Forms.Button btnCopy;
        private System.Windows.Forms.Button btnMove;
        private System.Windows.Forms.Button btnSave;
        private System.Windows.Forms.GroupBox groupBox1;
        private System.Windows.Forms.Label lblx;
        private System.Windows.Forms.Label lbxgsj;
        private System.Windows.Forms.Label lbcjsj;
        private System.Windows.Forms.Label lbsize;
```

后台代码如下：

```csharp
FileInfo fileInfo;
        public Form1()
        {
            InitializeComponent();
        }
        private void btnOpen_Click(object sender, EventArgs e)
        {
            OpenFileDialog ofd = new OpenFileDialog();
            ofd.Filter = "文本文件|*.txt";
            DialogResult dr = ofd.ShowDialog();
            if (dr == DialogResult.OK) {
                fileInfo = new FileInfo(ofd.FileName);
                lbcjsj.Text = "创建时间" + fileInfo.CreationTime;
```

```csharp
            lbxgsj.Text = "最后修改时间" + fileInfo.LastWriteTime;
            lblx.Text = "文件类型" + fileInfo.Extension;
            lbsize.Text = fileInfo.Length.ToString() + "B";
            richTextBox1.LoadFile(ofd.FileName, RichTextBoxStreamType.PlainText);
        }
    }
    private void btnCopy_Click(object sender, EventArgs e)
    {
        SaveFileDialog ofd = new SaveFileDialog();
        ofd.Filter = "文本文件|*.txt";
        DialogResult dr = ofd.ShowDialog();
        if (dr == DialogResult.OK)
        {
            if (File.Exists(ofd.FileName))
            {
                MessageBox.Show("目标文件已经存在,无法复制");
            }
            else {
                fileInfo.CopyTo(ofd.FileName);
            }

        }
    }
    private void btnSave_Click(object sender, EventArgs e)
    {
        richTextBox1.SaveFile(fileInfo.FullName, RichTextBoxStreamType.PlainText);
        fileInfo = new FileInfo(fileInfo.FullName);
        lbxgsj.Text = "最后修改时间" + fileInfo.LastWriteTime;
    }
    private void btnMove_Click(object sender, EventArgs e)
    {
        SaveFileDialog ofd = new SaveFileDialog();
        ofd.Filter = "文本文件|*.txt";
        DialogResult dr = ofd.ShowDialog();
        if (dr == DialogResult.OK)
        {
            if (File.Exists(ofd.FileName))
            {
                MessageBox.Show("目标文件已经存在,无法移动");
            }
            else
            {
                fileInfo.MoveTo(ofd.FileName);
            }
        }
    }
}
```

3. 运行结果

运行结果如图 11-2 所示。

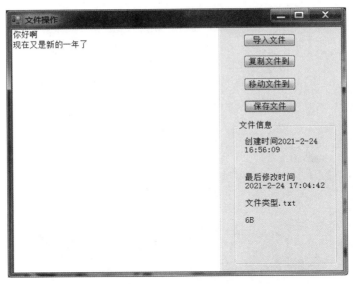

图 11-2　运行结果图

11.2　文件夹的基本操作

视频 20
文件夹操作

11.2.1　案例描述

Windows 系统中的资源管理器是文件夹操作和 WinForm 控件相结合的典型应用,通过学习本节和第 9 章所学的内容可以完成图 11-3 所示的案例。

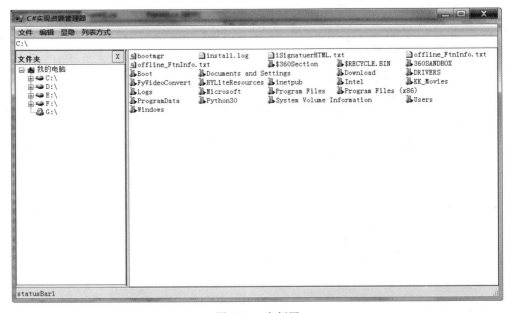

图 11-3　案例图

11.2.2 知识引入

1. 文件夹操作

文件夹操作类用于操作文件夹，可以完成创建、复制、移动、重命名、删除文件夹等操作。Directory 类和 DirectoryInfo 类都是 C# 提供的用于操作文件夹的类，Directory 类和 File 类一样，所有的方法都是静态的，而 DirectoryInfo 类是普通类。选择使用 Directory 类还是 DirectoryInfo 类的规则与 File 和 FileInfo 的规则相同，如果只执行一个操作，则选择 Directory 类；如果执行多次文件夹操作，则选择 DirectoryInfo 类。Directory 类常用的方法如表 11-7 所示。

表 11-7 Directory 类常用的方法

静态方法	说明
CreateDirectory	创建目录并返回相关的 DirectoryInfo
Delete	删除目录
Exists	判断指定目录是否存在
GetLastWriteTime	返回目录最后修改时间
GetDirectories	返回指定目录下所有子目录的字符串数组
GetFiles	返回指定目录下所有文件名的字符串数组
GetCreationTime	返回指定目录的创建时间
GetLastAccessTime	返回指定目录最后访问时间
Move	移动目录（目录改名）

【例 11-6】 下面的代码演示了 Directory 类和 DirectoryInfo 类常用的属性、方法的使用。

```csharp
using System;
using System.Collections.Generic;
using System.Linq;
using System.Text;
using System.IO;
namespace Example_DirTest
{
    /// <summary>
    /// Directory 类和 DirectoryInfo 类的使用
    /// </summary>
    class Program
    {
        static void Main(string[] args)
        {
            string filefath = @"c:\test\myfile.txt";      //声明文件路径
//创建 DirectoryInfo 对象
            DirectoryInfo dir = new DirectoryInfo(@"c:\mytest");
            //创建文件夹和文件
            Directory.CreateDirectory(filefath);
```

```csharp
            dir.Create();
            dir.CreateSubdirectory("subdir");
            //检查文件夹是否存在
            if (Directory.Exists(filefath))
                Directory.Delete(filefath);
            if (dir.Exists)
                Console.WriteLine("文件夹已存在");
            else
                dir.Create();
            //获取子目录
            string[] dirs = Directory.GetDirectories(@"E:\QQTang");
            foreach (string mydir in dirs)
            {
                Console.WriteLine(mydir);
            }
            DirectoryInfo objinfo = new DirectoryInfo(@"E:\QQTang");
            DirectoryInfo[] objdirs = objinfo.GetDirectories();
            foreach (DirectoryInfo objdir in objdirs)
            {
                Console.WriteLine(objdir);
            }
            //获取文件名
            string[] files = Directory.GetFiles(@"E:\QQTang");
            foreach (string file in files)
            {
                Console.WriteLine(file);
            }
            FileInfo[] myfile = objinfo.GetFiles();
            foreach (FileInfo objfile in myfile)
            {
                Console.WriteLine(objfile);
            }
            //获得当前程序运行的目录
            Console.WriteLine(Directory.GetCurrentDirectory());
        }
    }
}
```

2．数据流

数据流提供了一种向后备存储写入字节和从后备存储读取字节的方式，它是在.NET框架中执行读写文件操作时一种非常重要的介质。

1）数据流类的介绍

.NET框架使用流来支持读取和写入文件，开发人员可以将流视为一组连续的一维数据，包含开头和结尾，并且其中的游标指示了流中的当前位置。

（1）流操作。

流中包含的数据可能来自内存、文件或TCP/IP套接字。流包含以下几种可应用于自身的基本操作。

- 读取：将数据从流传输到数据结构（如字符串或字节数组）中。
- 写入：将数据从数据源传输到流中。
- 查找：查询和修改在流中的位置。

（2）流的类型。

在.NET框架中，流由Stream类来表示，该类构成了所有其他流的抽象类。不能直接创建Stream类的实例，必须使用它实现其中的一个类。

C#中有许多类型的流，但在处理文件I/O时，最重要的类型为FileStream类，它提供读取和写入文件的方式。在处理文件I/O时使用的其他流主要包括BufferedStream、CryptoStream、MemoryStream和NetworkStream等。

2）文件流类FileStream

FileStream类用于读写文件中的数据，此类提供了在文件中读写字节的方法。

对文件流的操作，实际上可以将文件看作是电视信号发送塔要发送的一个电视节目（文件），将电视节目转换成模拟数字信号（文件的二进制流），按指定的发送序列发送到指定的接收地点（文件的接收地址）。

（1）文件流常用的属性如表11-8所示。

表11-8 FileStream 属性表

属 性	说 明
CanRead	获取一个值，该值指示当前流是否支持读取
CanSeek	获取一个值，该值指示当前流是否支持查找
CanTimeout	获取一个值，该值确定当前流是否可以超时
CanWrite	获取一个值，该值指示当前流是否支持写入
IsAsync	获取一个值，该值指示FileStream是异步还是同步打开的
Length	获取字节表示的流长度
Name	获取传递给构造函数的FileStream的名称
Position	获取或设置此流的当前位置
ReadTimeout	获取或设置一个值，该值确定流在超时前尝试读取多长时间
WriteTimeout	获取或设置一个值，该值确定流在超时前尝试写入多长时间

（2）文件流常用的方法如表11-9所示。

表11-9 文件流方法表

方 法	说 明
BeginRead	开始异步读操作
BeginWrite	开始异步写操作
Close	关闭流并释放与之关联的所有资源
EndRead	等待挂起的异步读取完成
EndWrite	结束异步写入，在I/O操作完成之前一直阻止
Lock	允许读取访问的同时防止其他进程更改FileStream
Read	从流中读取字节块，并将该数据写入给定的缓冲区中
ReadByte	从文件中读取一个字节，并将读取位置提升一个字节
Seek	将该流的当前位置设置给为定值

续表

方　　法	说　　明
SetLength	将该流的长度设置为给定值
Unlock	允许其他进程访问以前锁定的某个文件的全部或部分
Write	使用从缓冲区读取的数据将字节块写入该流
WriteByte	将一个字节写入文件流的当前位置

11.2.3 案例实现

1. 案例分析

在资源管理器中,左面用一个 TreeView 控件来显示计算机的文件结构,右面用一个 ListView 控件来显示所选择文件夹下的内容。

2. 代码实现

设计界面代码请扫码获取。

后台代码请扫码获取。

代码1
设计界面
代码

代码2
后台代码

3. 运行结果

案例运行结果如图 11-4 所示。

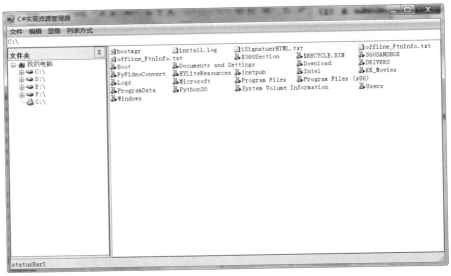

图 11-4　案例运行结果图

本章小结

本章主要介绍了文件的处理技术以及如何以数据流形式写入和读取文件。在程序编写过程中对文件进行操作及读取数据流时主要用到了 System.IO 命名空间下的各种类。本章还重点讲解了文件和文件夹的基本操作。学完本章之后,能够了解文件及数据流操作的理论知识,并在实际开发中熟练使用。

第 12 章 异常处理与线程

12.1 异常处理语句应用

12.1.1 案例描述

如图 12-1 所示是 5.2 节介绍的简单计算器界面,当用户在输入第一个数字时,如果输入的是字母或者其他字符,则会引发字符转换异常;当用户输入的第二个数字为 0 时,若选择除法,则运算时会引发除数为 0 的异常。通过本章的学习,将会学会如何避免这些异常发生。

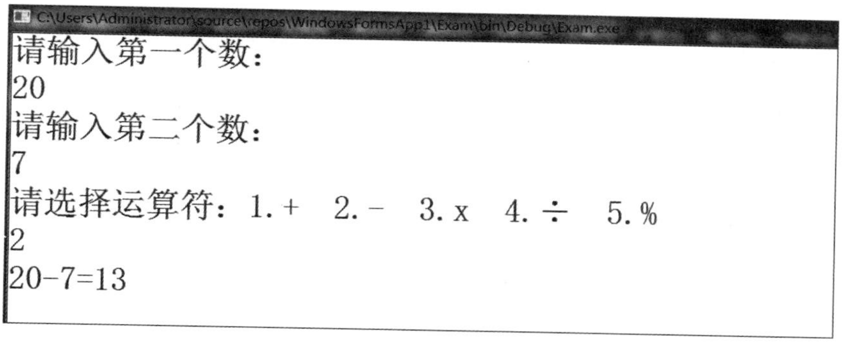

```
C:\Users\Administrator\source\repos\WindowsFormsApp1\Exam\bin\Debug\Exam.exe
请输入第一个数:
20
请输入第二个数:
7
请选择运算符: 1.+   2.-   3.x   4.÷   5.%
2
20-7=13
```

图 12-1 案例图

12.1.2 知识引入

1. 异常处理概述

在编写程序时,不仅要关心程序的正常操作,还应该检查代码错误及可能发生的各类不可预期的事件。在现代编程语言中,异常处理是解决这些问题的主要方法。异常处理是一种功能强大的机制,用于处理应用程序可能产生的错误或是其他可以中断程序执行的异常情况。异常处理可以捕捉程序执行所发生的错误,通过异常处理可以有效、快速地构建各种用来处理程序异常情况的程序代码。

使用生活中的案例,异常处理就相当于大楼失火时(发生异常),烟雾感应器捕获到高于正常密度的烟雾(捕获异常),将自动喷水进行灭火(处理异常)。

.NET 类库提供了针对各种异常情形所设计的异常类,这些类包含了异常的相关信息。

配合异常处理语句,应用程序能够轻松避免程序执行时可能中断应用程序的各种错误。.NET 框架中的异常类都是 System.Exception 直接或间接的子类。常见的异常类的说明如表 12-1 所示。

表 12-1 常见的异常类

异 常 类	说 明
System.ArithmeticException	在算术运算期间发生的异常
System.ArrayTypeMismatchException	当在存储一个数组时,如果由于被存储的元素的实际类型与数组的实际类型不兼容而导致存储失败,则会引发此异常
System.DivideByZeroException	在试图用零除整数值时引发
System.IndexOutOfRangeException	在试图使用小于零或超出数组界限的下标索引数组时引发
System.InvalidCastException	当从基类型或接口到派生类型的显式转换在运行时失败,就会引发此异常
System.NullReferenceException	在需要使用引用对象的场合,如果使用 null 引用,则会引发此异常
System.OutOfMemoryException	在分配内存的尝试失败时引发
System.OverflowException	在程序中进行的算术运算、类型转换或转换操作导致溢出时引发的异常
System.StackOverflowException	挂起的方法调用过多而导致执行堆栈溢出时引发的异常
System.TypeInitializationException	在静态构造函数中出现异常,并且没有可以捕捉到它的 catch 子句时引发

2. 异常处理语句

在 C# 程序中,可以使用异常处理语句处理异常。主要的异常处理语句有 try…catch 语句、throw 语句和 try…catch…finally 语句,通过这 3 个异常处理语句,可以对可能产生异常的程序代码进行监控。

1) try…catch 语句

try…catch 语句允许在 try 后面的大括号{}中放置可能发生异常情况的程序代码,对这些程序代码进行监控。在 catch 后面的大括号{}中则放置处理错误的程序代码,以处理程序发生的异常。try…catch 语句的基本格式如下:

```
try{

被监控的代码
}
catch(异常类名  异常变量名){
异常处理
}
```

在 catch 子句中,异常类名必须为 System.Exception 或从 System.Exception 派生的类型。当 catch 子句指定了异常类名和异常变量名后,就相当于声明了一个具有给定名称和类型的异常变量,此异常变量表示当前正在处理的异常。

说明:只捕捉能够合法处理的异常,而不要在 catch 子句中创建特殊异常的列表。

2）throw 语句

throw 语句用于主动引发一个异常,使用 throw 语句可以在特定的情形下,自行抛出异常。Throw 语句的基本格式如下:

```
throw ExObject
```

其中,ExObject 为所要抛出的异常对象,这个异常对象是派生自 System.Exception 类的类对象。

3）try...catch...finally 语句

将 finally 语句与 try...catch 语句结合,形成 try...catch...finally 语句。finally 语句同样以区块的方式存在,它被放在所有 try...catch 语句的最后面,程序执行完毕,最后都会跳到 finally 语句区块,执行其中的代码。无论程序是否产生异常,最后都会执行 finally 语句区块中的程序代码,其基本格式如下:

```
try
{
被监控的代码
}
catch(异常类名    异常变量名)
{
异常处理
}
finally
{
程序代码
}
```

对于 try...catch...finally 语句的理解并不复杂,它只是比 try..catch 语句多了一个 finally 语句,如果程序中有一些在任何情形中都必须执行的代码,那么就可以将它们放在 finally 语句区块中。

说明: 使用 catch 语句是为了处理异常。无论是否引发了异常,使用 finally 语句即可执行清理代码。如果分配了昂贵或有限的资源(如数据库连接或流),则应将释放这些资源的代码放置在 finally 语句区块中。

12.1.3 案例实现

1. 案例分析

本案例首先要对输入的字符串进行是否是数字的验证,如果转换为 int 类型发生异常,那么提示用户重新输入。其次是当用户输入运算符为除法时,如果输入的第二个数为 0,则提示用户输入的被除数为 0 重新输入并进行运算。

2. 代码实现

首先创建一个控制台应用程序,主程序中的代码如下:

```csharp
static void Main(string[] args)
{
    int number1 = 0;
    int number2 = 0;
    string fun = "1";
    try
    {
        // 先输入第一个数
        Console.WriteLine("请输入第一个数:");
        string num1 = Console.ReadLine();
        //接着判断输入的这个数是否为整数,如果不是整数,提示重新输入第一个数
        //实参:真正在方法中使用的参数
        number1 = CheckNum(num1);
        //先输入第二个数
        Console.WriteLine("请输入第二个数:");
        string num2 = Console.ReadLine();
        number2 = CheckNum(num2);
        //选择运算符
        Console.WriteLine("请选择运算符:1. + 2. - 3. x 4. ÷ 5. %");
        fun = Console.ReadLine();
        GetResult(fun, number1, number2);
    }
    catch (DivideByZeroException e)
    {
        Console.WriteLine("被除数为 0,请重新输入第二个数");
        string num2 = Console.ReadLine();
        number2 = CheckNum(num2);
        GetResult(fun, number1, number2);
    }
    Console.ReadLine();
}
// < summary >
// 检测这个字符串是否能够转换为 32 位有符号整数
// </summary >
// < param name = "num">要进行判断的字符串</param >
static int CheckNum(string num)
{
    try
    {
        int i = int.Parse(num);
        return i;
    }
    catch (Exception e)
    {
        Console.WriteLine("输入有误,请重新输入:");
        string str = Console.ReadLine();
        //递归算法
        return CheckNum(str);
    }
}
```

```csharp
static void GetResult(string fun, int num1, int num2)
{
    int res = 0;
    string yun = "";
    switch (fun)
    {
        case "1":
            res = num1 + num2;
            yun = " + ";
            break;
        case "2":
            res = num1 - num2;
            yun = " - ";
            break;
        case "3":
            res = num1 * num2;
            yun = "x";
            break;
        case "4":
            res = num1 / num2;
            yun = " ÷ ";
            break;
        case "5":
            res = num1 % num2;
            yun = " % ";
            break;
        default:
            Console.WriteLine("请重新选择:");
            string str = Console.ReadLine();
            GetResult(str, num1, num2);
            return;
    }
    Console.WriteLine("{0}{3}{1} = {2}", num1, num2, res, yun);
}
```

3. 运行结果

案例运行结果如图 12-2 所示。

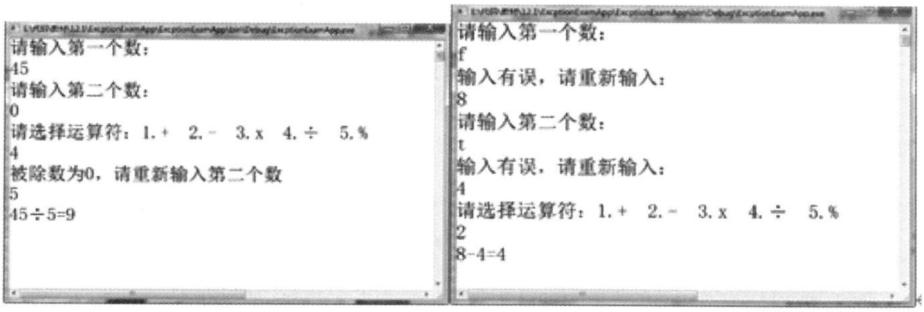

图 12-2 案例运行结果图

12.2 线程的使用

12.2.1 案例描述

如图 12-3 所示是一个典型的线程应用的案例,通过本节的学习可完成该案例。

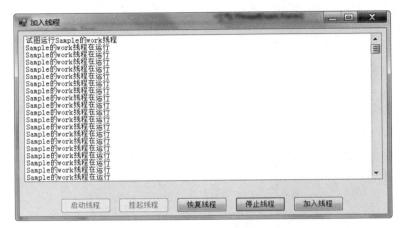

图 12-3　线程案例图

12.2.2 知识引入

1. 线程简介

每个正在操作系统上运行的应用程序都是一个进程,一个进程可以包括一个或多个线程。线程是操作系统分配处理器时间的基本单元,在进程中可以有多个线程同时执行代码。每个线程都维护异常处理程序、调度优先级和一组系统用于在调度该线程前保存线程上下文的结构。线程上下文包括为使线程在线程的宿主进程地址空间中无缝地继续执行所需的所有信息,包括线程的 CPU 寄存器组和堆栈。

进程就好像是一个公司,公司中的每个员工相当于线程,公司想要运转就必须有负责人,负责人相当于主线程。

1) 单线程简介

顾名思义,单线程就是只有一个线程。默认情况下,系统为应用程序分配一个主线程,该线程执行程序中以 Main()方法开始和结束的代码。

【例 12-1】 新建一个 Windows 应用程序,程序会在 Program.cs 文件中自动生成一个 Main()方法,该方法就是主线程的启动入口点。

Main()方法的代码如下:

```
[STAThread]
static void Main(){
Application.EnableVisualStyles();                    //启用应用程序的可视样式
Application.SetCompatibleTextRenderingDefault(false); //新控件使用 GDI +
```

```
Application.Run(new Form1());
}
```

在以上代码中,Application 类的 Run()方法主要用于设置当前项目的主窗体,这里设置的是 Form1。

2)多线程简介

一般情况下,需要用户交互的软件都必须尽可能快地对用户的活动做出反应,以便提供丰富多彩的用户体验。但同时它又必须执行必要的计算,以便尽可能快地将数据呈现给用户,这时就可以使用多线程来实现。

(1)多线程的优点。

要提高对用户的响应速度并且处理所需数据,以便几乎同时完成工作,使用多线程是一种功能强大的技术。在具有一个处理器的计算机上,多线程可以通过利用用户事件之间很短的时间段在后台处理数据来达到这种效果。例如,通过使用多线程,在另一个线程正在重新计算同一应用程序中的电子表格的其他部分时,用户可以编辑该电子表格。

单个应用程序可以使用多线程来完成以下任务:
- 通过网络与 Web 服务器和数据库进行通信。
- 执行占用大量时间的操作。
- 区分具有不同优先级的任务。
- 使用户界面可以在将时间分配给后台任务时仍能快速做出响应。

(2)多线程的缺点。

使用多线程有好处,同时也有坏处,一般建议不要在程序中使用太多的线程,这样可以最大限度地减少操作系统资源的使用,并提高性能。

如果在程序中使用了多线程,则可能会产生如下问题。
- 系统将为进程、AppDomain 对象和线程所需的上下文信息使用内存。因此,可以创建的进程、AppDomain 对象和线程的数目会受到可用内存的限制。
- 跟踪大量的线程将占用大量的处理器时间。如果线程过多,则其中的大多数线程都不会产生明显的进展。如果大多数当前线程处于一个进程中,则其他进程中线程的调度频率就会很低。
- 使用许多线程控制代码执行非常复杂,并可能产生许多问题(bug)。
- 销毁线程时需要了解可能发生的问题并对这些问题进行处理。

2. 线程的基本操作

在 C#中对线程进行操作时,主要用到了 Thread 类,该类位于 System.Threading 命名空间中。通过使用 Thread 类,可以对线程进行创建、暂停、恢复、休眠、终止及设置优先权等操作。另外,还可以通过使用 Monitor 类、Mutex 类和 lock 关键字控制线程间的同步执行。

Thread 类位于 System.Threading 命名空间中,System.Threading 命名空间提供了一些可以进行多线程编程的类和接口。除同步线程活动和访问数据的类(Mutex、Monitor、Interlocked 和 AutoResetEvent 等)外,该命名空间还包含一个 ThreadPool 类(它允许用户使用系统提供的线程池)和一个 Timer 类(它在线程池的线程上执行回调方法)。

Thread 类主要用于创建并控制线程、设置线程优先级并获取其状态。一个进程可以创建一个或多个线程以执行与该进程关联的部分程序代码,线程执行的程序代码由 ThreadStart 委托或 ParameterizedThreadStart 委托指定。

在线程运行期间,不同的时刻会表现为不同的状态,但它总是处于由 ThreadState 定义的一个或多个状态中。用户可以通过使用 ThreadPriority 枚举值为线程定义优先级,但不能保证操作系统会接受该优先级。

Thread 类的常用属性及说明如表 12-2 所示,Thread 类的常用方法及说明如表 12-3 所示。

表 12-2 Thread 类的常用属性及说明

属性	说明
ApartmentState	获取或设置该线程的单元状态
CurrentContext	获取线程正在其中执行的当前上下文
CurrentThread	获取当前正在运行的线程
IsAlive	该值指示当前线程的执行状态
ManagedThreadId	获取当前托管线程的唯一标识符
Name	获取或设置线程的名称
Priority	获取或设置一个值,该值指示线程的调度优先级
ThreadState	获取一个值,该值包含当前线程的状态

表 12-3 Thread 类的常用方法及说明

方法	说明
Abort	在调用该方法的线程上引发 ThreadAbortException,以开始终止该线程的过程。调用该方法通常会终止线程
GetApartmentState	返回一个 ApartmentState 值,该值指示单元状态
GetDomain	返回当前线程正在其中运行的当前域
GetDomainID	返回唯一的应用程序域标识符
Interrupt	中断处于 WaitSleepJoin 线程状态的线程
Join	阻止调用线程,直到某个线程终止时为止
ResetAbort	取消为当前线程请求的 Abort
Resume	继续已挂起的线程
SetApartmentState	在线程启动前设置其单元状态
Sleep	将当前线程阻止指定的毫秒数
SpinWait	导致线程等待由 iterations 参数定义的时间量
Start	使线程被安排进行执行
Suspend	挂起线程,或者如果线程已挂起,则不起作用
VolatileRead	读取字段值。无论处理器的数目或处理器缓存的状态如何,该值都是由计算机的任何处理器写入的最新值
VolatileWrite	立即向字段写入一个值,以使该值对计算机中的所有处理器都可见

12.2.3 案例实现

1. 案例分析

本案例是一个 Windows 应用程序项目。在 Windows 应用程序中,线程不能直接调用控件，但是利用委托或者在窗体创建时将"Control. CheckForIllegalCrossThreadCalls = false;"代码加入进去即可。

通过案例，可以实现线程启动、挂起、恢复和结束等操作。

2．代码实现

窗体的界面设计代码请扫码获取。

窗体的后台代码请扫码获取。

代码3
窗体的界面
设计代码

代码4
窗体的后台
代码

3．运行结果

案例运行结果如图 12-4 所示。

图 12-4　运行结果图

本章小结

本章主要介绍了异常处理的概念及异常处理语句，通过大量实例来了解异常处理语句的用法。在学习过程中，应重点掌握异常处理语句的用法。本章还介绍了线程的使用，应重点了解线程的基本操作。

第 13 章 网络编程

视频 23
Socket
编程基础

13.1 Socket 编程基础

13.1.1 案例描述

Socket 服务器端和客户端进行连接通信是 Socket 编程的一个典型应用,通过本节学习可以实现如图 13-1 所示的案例。

图 13-1 案例图

13.1.2 知识引入

1. 网络编程基础

1) System.NET 命名空间

System.NET 命名空间为当前网络上使用的多种协议提供了简单的编程接口,它所包含的 WebRequest 类和 WebResponse 类形成了可插接式协议的基础。可插接式协议是网络服务的一种实现,它使用户能够开发出使用 Internet 资源的应用程序,而不必考虑各种不同协议的具体细节。

(1) Dns 类。

Dns 类是一个静态类,它从 Internet 域名系统(DNS)检索关于特定主机的信息,在

IPHostEntry 类的实例中返回来自 DNS 查询的主机信息。如果指定的主机在 DNS 数据库中有多个入口,则 IPHostEntry 包含多个 IP 地址和别名。

Dns 类的方法及说明如表 13-1 所示。

表 13-1　Dns 类方法及说明

方　　法	说　　明
BeginGetHostAddresses	异步返回指定主机的网际协议(IP)地址
BeginGetHostByName	开始异步请求关于指定 DNS 主机名的 IPHostEntry 信息
EndGetHostAddresses	结束对 DNS 地址信息的异步请求
EndGetHostByName	结束对 DNS 名称信息的异步请求
EndGetHostEntry	结束对 DNS 入口信息的异步请求
GetHostAddresses	返回指定主机的网际协议(IP)地址
GetHostByName	获取指定 DNS 主机名的 DNS 信息
GetHostEntry	将主机名或 IP 地址解析为 IPHostEntry 实例
GetHostName	获取本地计算机的主机名

(2) IPAddress 类。

IPAddress 类包含计算机在 IP 网络上的地址,它主要用来提供网际协议(IP)地址。IPAddress 字段、属性、方法及说明如表 13-2 所示。

表 13-2　IPAddress 字段、属性、方法及说明

	字段/属性/方法	说　　明
字段	Any	提供一个 IP 地址,指示服务器应侦听所有网络接口上的客户端活动,该字段为只读
	Broadcast	提供 IP 广播地址。该字段为只读
	Loopback	提供 IP 环回地址。该字段为只读
	None	提供指示不应使用任何网络接口的 IP 地址。该字段为只读
属性	Address	网际协议(IP)地址
	AddressFamily	获取 IP 地址的地址族
	IsIPv6LinkLocal	获取地址是否为 IPv6 链接本地地址
	IsIPv6Multicast	获取地址是否为 IPv6 多站点传送全域地址
	IsIPv6SiteLocal	获取地址是否为 IPv6 多站本机地址
	ScopeId	获取或设置 IPv6 地址范围标识符
方法	GetAddressBytes	以字节数组形式提供 IPAddress 的副本
	IsLoopback	指示指定的 IP 地址是否是环回地址
	Parse	将 IP 地址字符串转换为 IPAddress 实例
	TryParse	确定字符串是否为有效的 IP 地址

(3) IPEndPoint 类。

IPEndPoint 类包含应用程序连接到主机上的服务所需的主机以及本地或远程端口信息。通过组合服务的主机 IP 地址和端口号,IPEndPoint 类形成到服务的连接点,它主要用来将网络端点表示为 IP 地址和端口号。IPEndPoint 字段、属性、方法及说明如表 13-3 所示。

表 13-3　IPEndPoint 字段、属性、方法及说明

字段/属性		说　明
字段	MaxPort	指定可以分配给 Port 属性的最大值，MaxPort 值设置为 0x0000FFFF，该字段为只读
	MinPort	指定可以分配给 Port 属性的最小值，该字段为只读
属性	Address	网际协议(IP)地址
	AddressFamily	获取或设置 IP 地址的地址族
	Port	获取或设置终结点的端口号

在设置端口号时，其值必须大于或等于 0 或者小于或等于 0x0000FFFF。

(4) WebClient 类。

WebClient 类提供向 URI 标识的任何本地、Internet 或 Internet 资源发送数据以及从这些资源接收数据的公共方法。WebClient 属性、方法及说明如表 13-4 所示。

表 13-4　WebClient 属性、方法及说明

属性/方法		说　明
属性	BaseAddress	获取或设置 WebClient 发出请求的基 URI
	Encoding	获取或设置用于上传和下载字符串的 Encoding
	Headers	获取或设置与请求关联的报头名称/值对集合
	QueryString	获取或设置与请求关联的查询名称/值对集合
	ResponseHeaders	获取与响应关联的报头名称/值对集合
方法	DownloadData	以 Byte 数组形式下载指定的 URI
	DownloadFile	将具有指定 URI 的资源下载到本地文件
	DownloadString	以 String 或 URI 形式下载指定的资源
	OpenRead	为从具有指定 URI 的资源下载的数据打开一个可读的流
	OpenWrite	打开一个流，以将数据写入具有指定 URI 的资源
	UploadData	将数据缓冲区上传到具有指定 URI 的资源
	UploadFile	将本地文件上传到具有指定 URI 的资源
	UploadString	将指定的字符串上传到指定的资源
	UploadValues	将名称/值集合上传到具有指定 URI 的资源

说明：默认情况下，WebClient 实例不发送可选的 HTTP 报头。如果要发送可选报头，则必须将该报头加到 Headers(报头)集合中。

(5) WebRequest 类和 WebResponse 类。

WebRequest 类是 .NET 框架的请求/响应模型的抽象基类，用于访问 Internet 数据。使用该请求/响应模型的应用程序可以用协议不可知的方式从 Internet 请求数据。在这种方式下，应用程序处理 WebRequest 类的实例，而协议特定的子类则执行请求的具体细节。

WebResponse 类也是抽象基类，应用程序可以使用 WebResponse 类的实例以协议不可知的方式参与请求和响应事务，而从 WebResponse 类派生的协议类携带请求的详细信息。另外，需要注意的是，客户端应用程序不直接创建 WebResponse 对象，而是通过对 WebRequest 实例调用 GetResponse() 方法来进行创建。

WebRequest 类常用的属性、方法及说明如表 13-5 所示，Web Response 类常用的属性、方法及说明如表 13-6 所示。

表 13-5 WebRequest 类的常用属性、方法及说明

	属性/方法	说　　　明
属性	ConnectionGroupName	当在子类中重写时，获取或设置请求的连接组的名称
	ContentLength	当在子类中被重写时，获取或设置所发送的请求数据的内容长度
	ContentType	当在子类中被重写时，获取或设置所发送的请求数据的内容类型
	Headers	当在子类中被重写时，获取或设置请求关联的报头名称/值对的集合
	Method	当在子类中被重写时，获取或设置要在此请求中使用的协议方法
	RequestUri	当在子类中被重写时，获取与请求关联的 Internet 资源的 URI
	Timeout	获取或设置请求超时前的时间量
方法	Abort	中止请求
	BeginGetResponse	当在子类中被重写时，开始对 Internet 资源的异步请求
	Create	创建新的 WebRequest
	EndGetResponse	当在子类中被重写时，返回 WebResponse
	GetRequestStream	当在子类中被重写时，返回用于将数据写入 Internet 资源的 Stream
	RegisterPrefix	为指定的 URI 注册 WebRequest 子代

表 13-6 WebResponse 类的常用属性、方法及说明

	属性/方法	说　　　明
属性	ContentLength	当在子类中重写时，获取或设置接收的数据的内容长度
	ContentType	当在派生类中重写时，获取或设置接收数据的内容类型
	Headers	当在派生类中重写时，获取与请求关联的报头名称/值对的集合
	ResponseUri	当在派生类中重写时，获取实际响应此请求的 Internet 资源的 URI
方法	Close	当在子类中重写时，将响应流
	GetResponseStream	当在子类中重写时，从 Internet 资源返回数据流

说明：客户端应用程序不直接创建 WebResponse 对象，而是通过对 WebRequest 实例调用 GetResponse()方法来进行创建。

2) System.NET.Sockets 命名空间

System.NET.Sockets 命名空间主要提供制作 Sockets 网络应用程序的相关类，其中 Socket 类、TcpClient 类、TcpListener 类和 UdpClient 类较为常用。下面介绍它们的具体用法。

(1) Socket 类。

Socket 类为网络通信提供了一套丰富的方法和属性，它主要用于管理连接，实现 Berkeley 通信端套接字接口。同时，它还定义了绑定、连接网络端点及传输数据所需的各种方法，提供处理端点连接传输等细节所需要的功能。WebRequest、TcpClient 和 UdpClient 等类在内部使用该类。

Socket 类的常用属性及说明如表 13-7 所示，Socket 类的常用方法及说明如表 13-8 所示。

表 13-7　Socket 类的常用属性及说明

属　　性	说　　明
AddressFamily	获取 Socket 的地址族
Available	获取已经从网络接收且可供读取的数据量
Connected	获取一个值，该值指示 Socket 是在上次 Send 还是 Receive 操作时连接到远程主机
Handle	获取 Socket 的操作系统句柄

表 13-8　Socket 类的常用方法及说明

方　　法	说　　明
Accept	为新建连接创建新的 Socket
BeginAccept	开始一个异步操作来接收一个传入的连接尝试
BeginConnect	开始一个对远程主机连接的异步请求
BeginDisconnect	开始异步请求从远程终结点断开连接
BeginReceive	开始从连接的 Socket 中异步接收数据
BeginSend	将数据异步发送到连接的 Socket
BeginSendFile	将文件异步发送到连接的 Socket 对象
BeginSendTo	向特定远程主机异步发送数据
Close	关闭 Socket 连接并释放所有关联的资源
Connect	建立与远程主机的连接
Disconnect	关闭套接字连接并允许重用套接字
EndAccept	异步接收传入的连接尝试
EndConnect	结束挂起的异步连接请求
EndDisconnect	结束挂起的异步断开连接请求
EndReceive	结束挂起的异步获取
EndSend	结束挂起的异步发送
EndSendFile	结束主文件的挂起异步发送
EndSendTo	结束挂起的、向指定位置进行的异步发送
Listen	将 Socket 置于侦听状态
Receive	接收来自绑定的 Socket 的数据
Send	将数据发送到连接的 Socket
SendFile	将文件和可选数据异步发送到连接的 Socket
SendTo	将数据发送到特定终结点
Shutdown	禁用某 Socket 上的发送和接收

说明：如果当前使用的是面向连接的协议（如 TCP），则服务器可以使用 Listen() 方法侦听连接。如果当前使用的是无连接协议（如 UDP），则根本不需要侦听连接。调用 ReceiveFrom() 方法可接收任何传入的数据包。使用 SendTo() 方法可将数据包发送到远程主机。

（2）TcpClient 类和 TcpListener 类。

TcpClient 类用于在同步阻止模式下通过网络来连接、发送与接收流数据。为使 TcpClient 连接并交换数据，使用 TcpProtocolType 类创建的 TcpListener 实例或 Socket 实例必须侦听是否有传入的连接请求。可以使用下面两种方法之一连接到该侦听器。

- 创建一个 TcpClient,并调用 3 个可用的 Connect()方法之一。
- 使用远程主机的主机名和端口号创建 TcpClient,该构造函数将自动尝试一个连接。

TcpListener 类用于在阻止同步模式下侦听和接收传入的连接请求。可使用 TcpClient 类或 Socket 类来连接 TcpListener,并且可以使用 IPEndPoint、本地 IP 地址及端口号或者仅使用端口号来创建 TcpListener 实例对象。

注意:如果要在同步阻止模式下发送无连接数据包,则使用 UdpClient 类。

TcpClient 类的常用属性、方法及说明如表 13-9 所示,TcpListener 类的常用属性、方法及说明如表 13-10 所示。

表 13-9 TcpClient 类的常用属性、方法及说明

	属性/方法	说 明
属性	Available	获取已经从网络接收且可供读取的数据量
	Client	获取或设置基础 Socket
	Connected	获取一个值,该值指示 TcpClient 的基础 Socket 是否已连接到远程主机
	ReceiveBufferSize	获取或设置接收缓冲区的大小
	ReceiveTimeout	获取或设置在初始化一个读取操作以后 TcpClient 等待接收数据的时间量
	SendBufferSize	获取或设置发送缓冲区的大小
	SendTimeout	获取或设置 TcpClient 等待发送操作成功完成的时间量
方法	BeginConnect	开始一个对远程主机连接的异步请求
	Close	释放 TcpClient 实例,而不关闭基础连接
	Connect	使用指定的主机名和端口号将客户端连接到 TCP 主机
	EndConnect	结束挂起的异步接收传入的连接尝试
	GetStream	返回用于发送和接收数据的 NetworkStream

表 13-10 TcpListener 类的常用属性、方法及说明

	属性/方法	说 明
属性	LocalEndpoint	获取当前 TcpListener 的基础 EndPoint
	Server	获取主基础网络 Socket
方法	AcceptSocket/AcceptTcpClient	接收挂起的连接请求
	BeginAcceptSocket/BeginAcceptTcpClient	开始一个异步操作来接收一个传入的连接尝试
	EndAcceptSocket	异步接收传入的连接尝试,并创建新的 Socket 来处理远程主机通信
	EndAcceptTcpClient	异步接收传入的连接尝试,并创建新的 TcpClient 来处理远程主机通信
	Start	开始侦听传入的连接请求
	Stop	关闭侦听器

注意:Stop()方法用来关闭 TcpListenerStop(侦听),但不会关闭任何已接受的连接。

(3) UdpClient 类。

UdpClient 类用于在阻止同步模式下发送和接收无连接 UDP 数据包。因为 UDP 是无连接传输协议,所以不需要在发送和接收数据前建立远程主机连接,但可以选择使用下面两种方法之一来建立默认远程主机。

- 使用远程主机名和端口号作为参数创建 UdpClient 类的实例。
- 创建 UdpClient 类的实例,然后调用 Connect() 方法。

UdpClient 类的常用属性、方法及说明如表 13-11 所示。

表 13-11 UdpClient 类的常用属性、方法及说明

	属性/方法	说明
属性	Available	获取从网络接收的可读取的数据量
	Client	获取或设置基础网络 Socket
方法	BeginReceive	从远程主机异步接收数据包
	BeginSend	将数据包异步发送到远程主机
	Close	关闭 UDP 连接
	Connect	建立默认远程主机
	EndReceive	结束挂起的异步接收
	EndSend	结束挂起的异步发送
	Receive	返回由远程主机发送的 UDP 数据包
	Send	将 UDP 数据包发送到远程主机
	EndConnect	异步接收传入的连接尝试
	GetStream	返回用于发送和接收数据的 NetworkStream

说明:如果已指定了默认远程主机,则不要使用主机名或 IPEndPoint 调用 Send() 方法,否则将引发异常。

3) System.NET.Mail 命名空间

System.NET.Mail 命名空间包含用于将电子邮件发送到简单邮件传输协议(SMTP)服务器进行传送的类,其中 MailMessage 类用来表示邮件的内容,Attachment 类用来创建邮件附件,SmtpClient 类用来将电子邮件传输到指定用于邮件传送的 SMTP 主机。下面对这 3 个类进行详细讲解。

(1) MailMessage 类。

MailMessage 类表示可以使用 SmtpClient 类发送的电子邮件,它主要用于指定邮件的发送地址、收件人地址、邮件正文及附件等。

MailMessage 类的常用属性及说明如表 13-12 所示。

表 13-12 MailMessage 类的常用属性及说明

属性	说明
Attachments	获取用于存储附加到此电子邮件的数据的附件集合
Bcc	获取包含此电子邮件的密件抄送(bcc)收件人的地址集合
Body	获取或设置邮件正文
BodyEncoding	获取或设置用于邮件正文的编码
Cc	获取包含此电子邮件的抄送(cc)收件人的地址集合
From	获取或设置此电子邮件的发信人地址
Headers	获取与此电子邮件一起传输的电子邮件报头
Priority	获取或设置此电子邮件的优先级
ReplyTo	获取或设置邮件的回复地址

说明:如果要将附件添加到 MailMessage 对象中,可为该附件创建一个 Attachment,

再将其添加到由 AlternateViews 返回的集合中。使用 Body 属性可以指定文本类型,使用 AlternateViews 集合可以指定具有其他 MIME 类型的视图,使用 MediaTypeNames 类成员可以指定电子邮件附件的媒体类型信息。

（2）Attachment 类。

Attachment 类表示电子邮件的附件,它需要与 MailMessage 类一起使用。创建完电子邮件的附件之后,若要将附件添加到邮件中,则需要将附件添加到 MailMessage.Attachments 集合中。

Attachment 类的常用属性、方法及说明如表 13-13 所示。

表 13-13 Attachment 类的常用属性、方法及说明

	属性/方法	说 明
属性	ContentDisposition	获取附件的 MIME 内容报头信息
	ContentId	获取或设置附件的 MIME 的内容 ID
	ContentStream	获取附件的内容流
	ContentType	获取附件的内容类型
	Name	获取或设置与附件关联的内容类型中的 MIME 内容类型名称值
	NameEncoding	指定用于 AttachmentName 的编码
	TransferEncoding	获取或设置附件的编码
方法	CreateAttachmentFromString	用字符串创建附件

（3）SmtpClient 类。

SmtpClient 类用于将电子邮件发送到 SMTP 服务器,以便传递。使用 SmtpClient 类实现发送电子邮件功能时,必须指定以下信息。

- 用来发送电子邮件的 SMTP 主机服务器。
- 身份验证凭据(如果 SMTP 服务器要求)。
- 发件人的电子邮件地址。
- 收件人的电子邮件地址。
- 邮件内容。

SmtpClient 类的常用属性、方法及说明如表 13-14 所示。

表 13-14 SmtpClient 类的常用属性、方法及说明

	属性/方法	说 明
属性	Credentials	获取或设置用于验证发件人身份的凭据
	Host	获取或设置用于 SMTP 事务的主机的名称或 IP 地址
	Port	获取或设置用于 SMTP 事务的端口
	ServicePoint	获取用于传输电子邮件的网络连接
	Timeout	获取或设置一个值,该值指定同步 Send 方法调用的超时时间
方法	Send	将电子邮件发送到 SMTP 服务器,以便传递。该方法在传输邮件的过程中将阻止其他操作
	SendAsync	发送电子邮件。该方法不会阻止调用线程
	SendAsyncCancel	取消异步操作,以发送电子邮件

说明：当正在传输电子邮件时，再次调用 SendAsync 或 Send 方法，则会触发 InvalidOperationException 异常（当前状态无效时引发的异常）。

4) POP3 协议

POP(Post Office Protocol，邮局协议)用于电子邮件的接收，现在常用第 3 版，所以称为 POP3。客户机通过 POP 协议登录到服务器后，可以对自己的邮件进行删除，或是下载到本地。

POP3 协议的常用及说明如表 13-15 所示。

表 13-15 POP3 协议的常用命令及说明

命令	说明
USER	该命令与下面的 PASS 命令若都发送成功，将使状态转换
PASS	用户名所对应的密码
APOP	Digest 是 MD5 消息摘要
STAT	请求服务器发回关于邮箱统计资料(邮件总数和总字节数)
UIDL	回送邮件唯一标识符
LIST	回送邮件数量和每个邮件的大小
RETR	回送由参数标识的邮件的全部文本
DELE	服务器将由参数标识的邮件标记为删除，由 QUIT 命令执行
RSET	服务器将重置所有标已为删除的邮件，用于撤销 DELE 命令
TOP	服务器将回送由参数标识的邮件前 n 行内容，n 是正整数
NOOP	服务器返回一个肯定的响应，不做任何操作
QUIT	退出

注意：SMTP 服务器使用的端口号一般为 25，POP 服务器使用的端口号一般为 110。

使用 POP3 协议实现电子邮件的接收功能时，首先需要配置 POP3 服务。具体操作步骤如下：

(1) 在"Windows 组件向导"对话框中选中"电子邮件服务"复选框，依次单击"下一步"按钮，完成电子邮件服务的安装操作。

(2) 当添加完电子邮件服务后，打开"管理工具"窗口，这时将会出现一项新的功能"POP3 服务"。

(3) 双击打开"POP3 服务"对话框，添加一个新域（如 163.corn），单击"确定"按钮。

(4) 添加完域后，选中相应的域，并在指定域内添加邮箱名和密码，然后单击"确定"按钮，即可添加一个邮箱。

2. Socket 的 C/S 模式

C/S(Client/Server，客户端/服务器)模式，套接字之间的连接过程可以分为 3 个步骤：服务器监听、客户端请求、连接确认。

连接过程结束后，服务器端套接字继续处于监听状态，继续接收其他客户端套接字的连接请求。

1) 服务器监听

服务器端套接字并不定位具体的客户端套接字，而是处于等待连接的状态，实时监控网络状态。

2) 客户端请求

客户端请求指由客户端的套接字提出连接请求,连接的目标是服务器端的套接字。为此,客户端必须首先描述它要连接的服务器的套接字(地址和端口号),然后向服务器端套接字提出连接请求。

3) 连接确认

连接确认是指当服务器端套接字监听到或者说接收到客户端套接字的连接请求,它就响应客户端套接字的请求,建立一个新的线程,把服务器端套接字的描述发给客户端,一旦客户端确认了此描述,连接就建立好了。

13.1.3 案例实现

1. 案例分析

案例中需要创建两个控制台应用程序:一个命名为 SocketServer,用于编写服务器端的程序;另一个命名为 SocketCilent,用于编写客户端应用程序。

2. 代码实现

SocketServer 主程序代码如下:

```
private static byte[] result = new byte[10];
        private static int myProt = 8898;         //端口
        static Socket serverSocket;
        static void Main(string[] args)
        {
            //服务器 IP 地址
            IPAddress ip = IPAddress.Parse("127.0.0.1");
            serverSocket = new Socket(AddressFamily.InterNetwork, SocketType.Stream, ProtocolType.Tcp);
            serverSocket.Bind(new IPEndPoint(ip, myProt)); //绑定 IP 地址:端口
            serverSocket.Listen(10);            //设定最多 10 个排队连接请求
            Console.WriteLine("启动监听{0}成功", serverSocket.LocalEndPoint.ToString());
            //通过 Clientsoket 发送数据
            Thread myThread = new Thread(ListenClientConnect);
            myThread.Start();
            Console.ReadLine();
        }
        /// <summary>
        /// 监听客户端连接
        /// </summary>
        private static void ListenClientConnect()
        {
            while (true)
            {
                Socket clientSocket = serverSocket.Accept();
                clientSocket.Send(Encoding.Default.GetBytes("欢迎连接服务器!"));
                Thread receiveThread = new Thread(ReceiveMessage);
                receiveThread.Start(clientSocket);
            }
```

```csharp
        }
        /// <summary>
        /// 接收消息
        /// </summary>
        /// <param name = "clientSocket"></param>
        private static void ReceiveMessage(object clientSocket)
        {
            Socket myClientSocket = (Socket)clientSocket;
            while (true)
            {
                try
                {
                    //通过 clientSocket 接收数据
                    int receiveNumber = myClientSocket.Receive(result);
                    if (receiveNumber == 0)
                    {
                        break;
                    }
                    Console.WriteLine("接收客户端{0}消息{1}", myClientSocket.RemoteEndPoint.ToString(), Encoding.Default.GetString(result, 0, receiveNumber));
                }
                catch (Exception ex)
                {
                    Console.WriteLine(ex.Message);
                    break;
                }
            }
            myClientSocket.Shutdown(SocketShutdown.Both);
            myClientSocket.Close();
        }
```

SocketCilent 主程序代码如下：

```csharp
private static byte[] result = new byte[1024];
static void Main(string[] args)
{
    //设定服务器 IP 地址
    IPAddress ip = IPAddress.Parse("127.0.0.1");
    Socket clientSocket = new Socket(AddressFamily.InterNetwork, SocketType.Stream, ProtocolType.Tcp);
    try
    {
        clientSocket.Connect(new IPEndPoint(ip, 8898));  //配置服务器 IP 与端口
        Console.WriteLine("连接服务器成功");
    }
    catch
    {
        Console.WriteLine("连接服务器失败,请按任意键退出!");
        Console.Read();
```

```
                return;
            }
            //通过 clientSocket 接收数据
            int receiveLength = clientSocket.Receive(result);
            Console.WriteLine("接收服务器消息:{0}", Encoding.Default.GetString
(result, 0, receiveLength));
            try
            {
                string sendMessage = "hello";
                clientSocket.Send(Encoding.Default.GetBytes(sendMessage));
                Console.WriteLine("向服务器发送消息:{0}",sendMessage);
            }
            finally
            {
                clientSocket.Shutdown(SocketShutdown.Both);
                clientSocket.Close();
            }
            Console.WriteLine("发送完毕,按回车键退出");
            Console.ReadLine();
        }
```

13.2 局域网聊天应用

13.2.1 案例描述

视频 24
基于 TCP
协议的编程

局域网聊天程序是一个典型的网络编程的应用,界面如图 13-2 所示,下面通过学习本节的内容来完成这个小案例。

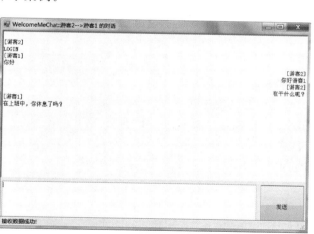

图 13-2 聊天程序图

13.2.2 知识引入

Socket 的编程过程如图 13-3 所示。

1. 服务器端

(1) 创建流式监听 Socket;

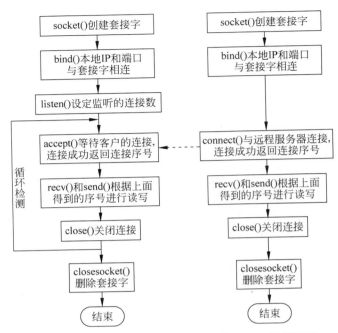

图 13-3　TCP 通信时服务器和客户端 Socket 通信流程

（2）获得本地 IP 地址、主机名和端口号，并用来填充 Socket；
（3）调用 bind() 函数绑定本地端口号；
（4）调用 listen() 开始进行监听；
（5）调用 accept() 函数建立连接，得到新的套接字；
（6）进行循环利用 recv()、send() 在新的套接字上读写数据，直到完成交换；
（7）关闭套接字。

2. 客户端

（1）建立流式套接字 Socket；
（2）利用 connect() 与服务器端连接；
（3）利用 send() 和 recv() 向服务器端进行数据交换；
（4）关闭套接字。

【**例 13-1**】　基于 TCP 的 Socket 编写。

创建步骤如下：

（1）建立连接。

① 服务器端代码如下：

```
int port = 2000;
string host = "127.0.0.1";
IPAddress ip = IPAddress.Parse(host);
IPEndPoint ipe = new IPEndPoint(ip,port);    //把 IP 和端口转化为 IPEndPoint 实例
Socket s = new Socket(AddressFamily.InterNetwork, SocketType.Stream, ProtocolType.Tcp);
s.Bind(ipe);                                  //绑定 2000 端口
s.Listen(10);                                 //开始监听
```

② 客户端代码如下:

```
int port = 2000;
string host = "127.0.0.1";
IPAddress ip = IPAddress.Parse(host);
IPEndPoint ipe = new IPEndPoint(ip, port);    //把 IP 和端口转化为 IPEndPoint 实例
Socket c = new Socket(
    AddressFamily.InterNetwork,
    SocketType.Stream,
    ProtocolType.Tcp);
Console.WriteLine("Conneting...");
c.Connect(ipe);                               //连接到服务器
```

(2) 发送和接收数据。

① 服务器端代码如下:

```
Console.WriteLine("Wait for connect");
Socket temp = s.Accept();                                    //为新建连接创建新的 Socket
Console.WriteLine("Get a connect");
string recvStr = "";
byte[] recvBytes = new byte[1024];
int bytes;
bytes = temp.Receive(recvBytes, recvBytes.Length, 0);   //从客户端接收信息
recvStr += Encoding.ASCII.GetString(recvBytes, 0, bytes);
Console.WriteLine("Server Get Message:{0}", recvStr);   //把客户端传来的信息显示出来
string sendStr = "Ok!Client Send Message Sucessful!";
byte[] bs = Encoding.ASCII.GetBytes(sendStr);
temp.Send(bs, bs.Length, 0);                            //返回客户端成功信息
Socket.Shutdown(SocketShutdown.Both);
temp.Close();
s.Close();
```

② 客户端代码如下:

```
string sendStr = "hello!This is a socket test";
byte[] bs = Encoding.ASCII.GetBytes(sendStr);
Console.WriteLine("Send Message");
c.Send(bs, bs.Length, 0);                               //发送测试信息
string recvStr = "";
byte[] recvBytes = new byte[1024];
int bytes;
bytes = c.Receive(recvBytes, recvBytes.Length, 0);      //从服务器端返回信息
recvStr += Encoding.ASCII.GetString(recvBytes, 0, bytes);
Console.WriteLine("Client Get Message:{0}", recvStr);   //显示服务器的返回信息
Socket.Shutdown(SocketShutdown.Both);
c.Close();
```

(3) 关闭连接。

通信完成后,必须先用 Shutdown() 方法停止会话,然后关闭 Socket 实例。

```
Socket.Shutdown(SocketShutdown.Both);
Socket.Close();
```

13.2.3 案例实现

1. 案例分析

本案例需要创建3个项目：第一个项目名为Commom，第二个项目名为MeChatClient，第三个项目名为MeChatServer。

(1) Commom项目：编写服务器端和客户端都用到的一个共同的程序，避免程序重复编写。

(2) MeChatServer项目：聊天程序的服务器端，记录服务器端的程序，并且转发客户端的信息。

(3) MeChatClient项目：聊天系统的客户端程序，用户可以通过该程序查找同网段下的其他用户，发送和接收消息。

2. 代码实现

1) Commom项目

该项目中有ChatMessage、CommonVar、LogHelper、PackHelper、SerializerHelper共5个类。下面分别看一下每一个类中的代码。

ChatMessage类代码如下：

```
/// <summary>
/// 定义一个类,所有要发送的内容,都按照这个来
/// </summary>
public class ChatMessage
{
    /// <summary>
    /// 头部信息
    /// </summary>
    public ChatHeader header { get; set; }
    /// <summary>
    /// 信息类型,默认为文本
    /// </summary>
    public ChatType chatType { get; set; }
    /// <summary>
    /// 内容信息
    /// </summary>
    public string info { get; set; }
}
/// <summary>
/// 头部信息
/// </summary>
public class ChatHeader
{
    /// <summary>
```

```csharp
        /// id 唯一标识
        /// </summary>
        public string id { get; set; }
        /// <summary>
        /// 源:发送方
        /// </summary>
        public string source { get; set; }
        /// <summary>
        /// 目标:接收方
        /// </summary>
        public string dest { get; set; }
    }
    /// <summary>
    /// 内容标识
    /// </summary>
    public enum ChatMark
    {
        BEGIN = 0x0000,
        END   = 0xFFFF
    }
    public enum ChatType {
        TEXT = 0,
        IMAGE = 1
    }
```

CommonVar 类代码如下：

```csharp
    /// <summary>
    /// 定义常量
    /// </summary>
    public class CommonVar
    {
        public static readonly string QUIT = "QUIT";
        public static readonly string LOGIN = "LOGIN";
    }
```

LogHelper 类代码如下：

```csharp
    /// <summary>
    /// 日志帮助类
    /// </summary>
    public class LogHelper
    {
        /// <summary>
        /// 写日志
        /// </summary>
        /// <param name="msg"></param>
        public static void WriteLog(string msg)
        {
```

```csharp
            string path = Environment.CurrentDirectory;
            string file = Path.Combine(path, "log\\" + DateTime.Now.ToString("yyyyMMdd") + ".log");
            if (!Directory.Exists(Path.GetDirectoryName(file))) {
                Directory.CreateDirectory(Path.GetDirectoryName(file));
            }
            using (FileStream fs = new FileStream(file, FileMode.Append))
            {
                using (StreamWriter sw = new StreamWriter(fs, Encoding.UTF8))
                {
                    sw.WriteLine(msg);
                }
            }
        }
    }
```

代码 5 PackHelper 类代码

PackHelper 类代码请扫码获取。

SerializerHelper 类代码如下:

```csharp
/// <summary>
/// 序列化帮助类
/// </summary>
public class SerializerHelper
{
    /// <summary>
    /// Json 序列化
    /// </summary>
    /// <param name="t"></param>
    /// <returns></returns>
    public static string JsonSerialize<T>(T t)
    {
        string strJson = JsonConvert.SerializeObject(t, Formatting.Indented);
        return strJson;
    }
    /// <summary>
    /// Json 反序列化
    /// </summary>
    /// <param name="json"></param>
    /// <returns></returns>
    public static T JsonDeserialize<T>(string json)
    {
        T t = JsonConvert.DeserializeObject<T>(json);
        return t;
    }
}
```

2) MeChatServer 项目

该项目是控制台应用程序。

App.Config 代码如下:

```xml
<?xml version = "1.0" encoding = "utf-8" ?>
<configuration>
    <appSettings>
      <add key = "ip" value = "127.0.0.1"/>
      <add key = "port" value = "8888"/>
    </appSettings>
    <startup>
        <supportedRuntime version = "v4.0" sku = ".NETFramework,Version = v4.6.1" />
    </startup>
</configuration>
```

ChatLinker 代码请扫码获取。

PackPool 代码请扫码获取。

Program 代码请扫码获取。

3）MeChatClient 项目

该项目是 WinFrom 应用程序。

App.config 文件代码如下：

代码 6
ChatLinker
代码

代码 7
PackPool
代码

代码 8
Program
代码

```xml
<?xml version = "1.0" encoding = "utf-8"?>
<configuration>
    <appSettings>
        <add key = "ip" value = "127.0.0.1" />
        <add key = "port" value = "8888" />
        <add key = "ClientSettingsProvider.ServiceUri" value = "" />
    </appSettings>
    <startup>
        <supportedRuntime version = "v4.0" sku = ".NETFramework,Version = v4.6.1" />
    </startup>
    <system.web>
        <membership defaultProvider = "ClientAuthenticationMembershipProvider">
            <providers>
                <add name = "ClientAuthenticationMembershipProvider"
type = "System.Web.ClientServices.Providers.ClientFormsAuthenticationMembershipProvider,
System.Web.Extensions, Version = 4.0.0.0,
Culture = neutral, PublicKeyToken = 31bf3856ad364e35" serviceUri = "" />
            </providers>
        </membership>
        <roleManager defaultProvider = "ClientRoleProvider" enabled = "true">
            <providers>
                <add name = "ClientRoleProvider" type = "System.Web.ClientServices.
Providers.ClientRoleProvider, System.Web.Extensions, Version = 4.0.0.0, Culture = neutral,
PublicKeyToken = 31bf3856ad364e35" serviceUri = "" cacheTimeout = "86400" />
            </providers>
        </roleManager>
    </system.web>
</configuration>
```

ChatInfo 类代码如下：

```csharp
public class ChatInfo
{
    /// <summary>
    /// 获取全局变量,昵称信息
    /// </summary>
    /// <returns></returns>
    public static Dictionary<string, string> GetNickInfo()
    {
        Dictionary<string, string> dicNick = new Dictionary<string, string>();
        dicNick.Add("0001", "游客1");
        dicNick.Add("0002", "游客2");
        return dicNick;
    }
    /// <summary>
    /// 源头
    /// </summary>
    public static string Source = "0001";
    /// <summary>
    /// 目标
    /// </summary>
    public static string Dest = "0002";
    /// <summary>
    /// 服务器端IP
    /// </summary>
    public static string IP = "";
    /// <summary>
    /// 服务器端口
    /// </summary>
    public static int PORT = 0;
    public static byte[] GetSendMsgBytes(string text)
    {
        return PackHelper.GetSendMsgBytes(text, ChatInfo.Source, ChatInfo.Dest);
    }
}
```

代码9
FrmLogin
界面的代码

代码10
FrmLogin
后台代码

代码11
FrmMain
界面代码

代码12
FrmMain
后台代码

FrmLogin 界面的代码请扫码获取。
FrmLogin 后台代码请扫码获取。
FrmMain 界面的代码请扫码获取。
FrmMain 后台代码请扫码获取。

3. 运行结果

服务器端界面如图 13-4 所示。
客户端程序演示如图 13-2 所示。

```
"header": {
    "id": "55dc4f9d-b1cf-4ebb-847b-83be9254c069",
    "source": "0001",
    "dest": "0002"
},
"chatType": 0,
"info": "在上班中,你休息了吗?"
}|0000FFFF
2021-02-25 11:00:39[发送]:0180|00000000|{
"header": {
    "id": "55dc4f9d-b1cf-4ebb-847b-83be9254c069",
    "source": "0001",
    "dest": "0002"
},
"chatType": 0,
"info": "在上班中,你休息了吗?"
}|0000FFFF
发送数据成功
```

图 13-4　服务器端运行结果

本章小结

本章主要介绍了使用 C♯ 进行网络编程的基础知识。在使用 C♯ 进行网络编程时,主要用到了 System.NET、System.NET.Sockets 和 System.NET.Mail 命名空间中的类,本章对这 3 个命名空间及其主要的类进行了详细介绍,并通过实例演示了各个类的用法。

第 14 章 GDI＋图形应用

视频 25
GDI＋
基础认识

14.1 GDI＋基础认识

14.1.1 案例描述

在程序编程中会经常出现需要生成图片的情况。如图 14-1 所示是一个可以在线生成一个捐赠书的案例,通过本节的学习将完成该案例。

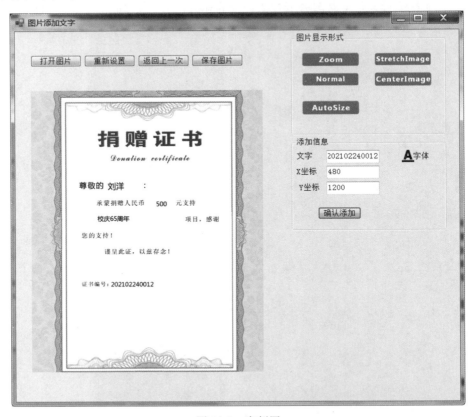

图 14-1 案例图

14.1.2 知识引入

1. GDI+绘图基础

1) GDI+概述

GDI+是指.NET框架中提供的图形、图像处理等功能,是构成Windows操作系统的4个子系统,它提供了图形图像操作的应用程序编程接口(API)。使用GDI+可以用相同的方式通过屏幕或打印机显示信息,而无须考虑特定显示设备的细节。GDI+类提供程序员用以绘制的方法,这些方法反过来,对特定的设备驱动程序进行适当调用。GDI+将应用程序与图形硬件隔离开来,使程序员能够创建与设备无关的应用程序。GDI+主要用于在窗体上绘制各种图形图像,可以用于绘制各种数据图形,进行数学仿真等。

GDI+可以在窗体程序中产生很多自定义的图形,便于开发人员以图形化方式展示各种数据。

GDI+就好像是一个绘图仪,它可以将已经制作好的图形绘制在指定的模板中,并可以对图形的颜色、线条粗细、位置等进行设置。

2) 创建Graphics类的对象

Graphics类是GDI+的核心,Graphics类的对象表示GDI+绘图表面,提供将对象绘制到显示设备的方法。Graphics类的对象与特定的设备上下文关联,是用于创建图形图像的对象。Graphics类封装了绘制直线、曲线、图形、图像和文本的方法,是进行一切GDI+操作的基础类。创建Graphics类的对象有以下3种方法。

(1) 在窗体或控件的Paint事件中创建,将其作为PaintEventArgs的一部分。在为控件创建绘制代码的同时,通常会使用此方法来获取对图形对象的引用。

(2) 使用控件或窗体的CreateGraphics()方法以获取对Graphics类的对象的引用,该对象表示控件或窗体的绘图画面。如果在已存在的窗体或控件上绘图,则应该使用此方法。

(3) 由从Image继承的任何对象创建Graphics类的对象,此方法在需要更改已存在的图像时十分有用。

3) 创建Pen类的对象

Pen类主要用于绘制线条,或者线条合成的其他几何形状。Pen类的构造函数语法如下:

```
public Pen(Color color,float width)
```

- color:设置Pen的颜色。
- width:设置Pen的宽度。

【例14-1】 创建一个Pen类的对象,使其颜色为蓝色,宽度为2。
代码如下:

```
Pen mypen1 = new Pen(Color.Blue,2);     //实例化一个Pen类,并设置其颜色和宽度
```

4) 创建Brush类的对象

Brush类是用于填充几何图形,如将矩形和圆形填充为其他颜色。Brush类是一个抽

象基类，不能进行实例化。若要创建一个画笔对象，需使用从 Brush 派生出的类，如 SolidBrush、HatchBrush 等，下面对这些派生的类进行详细介绍。

(1) SolidBrush 类。

SolidBrush 类定义单色画笔，画笔用于填充图形形状，如矩形、椭圆、扇形、多边形和封闭路径。

语法如下：

```
public SolidBrush(Color color)
```

- color：表示此画笔的颜色。

说明：当再需要返回的 Graphics 时，必须通过调用其 Dispose() 方法来释放它。Graphics 只在当前窗口消息出现期间有效。

【例 14-2】 创建一个 Windows 应用程序，通过 Brush 对象将绘制的矩形填充为红色。

代码如下：

```
private void button1_Click(object sender, EventArgs e)
{
//创建 Graphics 对象
Graphics ghs = this.CreateGraphics();
//使用 SolidBrush 类创建一个 Brush 对象
Brush mybs = new SolidBrush(Color.Red);
//绘制一个矩形
Rectangle rt = new Rectangle(10,10,100,100);
//用 Brush 填充 Rectangle
ghs.FillRectangle(mybs,rt);
}
```

(2) HatchBrush 类。

HatchBrush 类提供了一种特定样式的图形，用来制作填满整个封闭区域的绘图效果。HatchBrush 类位于 System.Drawing.Drawing2D 命名空间中。

语法如下：

```
public HatchBrush(HatchStyle hatchstyle,Color foreColor)
```

- hatchstyle：HatchStyle 值之一，表示此 HatchBrush 所绘制的图案。
- foreColor：Color 结构，它表示此 HatchBrush 所绘制线条的颜色。

【例 14-3】 创建一个 Windows 应用程序，利用 HatchStyle 值创建 5 个长条图示。

代码如下：

```
private void button1_Click(object sender, EventArgs e)
{
//创建 Graphics 对象
Graphics ghs = this.CreateGraphics();
//使用 for 循环
```

```
for(int i = 1; i < 6; i++){
//设置 HatchStyle 值
HatchStyle hs = (HatchStyle)(5 + i) ;
//实例化 HatchBrush 类
HatchBrush hb = new HatchBrush(hs,Color.White) ;
//值绘制矩形
Rectangle rt = new Rectangle(10,50,50,50) ;
//填充矩形
ghs.FillRectangle(hb,rt);
}
}
```

（3）LinerGradientBrush 类。

LinerGradientBrush 类提供一种渐变色彩的特效，可填满图形的内部区域。

语法如下：

```
public LinerGradientBrush(Point point1, Point point2,Color color1,Color color2)
```

说明：在使用 LinerGradientBrush 类时，必须在命名空间中添加 System. Drawing. Drawing2D。

【例 14-4】 创建一个 Windows 应用程序，通过 LinerGradientBrush 类绘制线形渐变图形。代码如下：

```
private void button1_Click(object sender,EventArgs e)
{
Point p1 = new Point(100,100);              //实例化两个 Point 类
Point p2 = new Point(150,150) ;
//实例化 LinerGradientBrush 类,设置其使用黑色和白色进行渐变
LinearGradientBrush lgb = new LinearGradientBrush(p1,p2,Color.Black,Color .White) ;
Graphic ghs = this.CreateGraphics();        //实例化 Graphics 类
//设置 Wrap Mode 属性指示该 LinearGradientBrush 的环绕模式
lgb.WrapMode = WrapMode.TileFlipX ;
ghs.FillRectangle(lgb,15,15,150,150);       //填充绘制矩形
```

2．基本图形绘制

1）GDI+中的直线和矩形

（1）绘制直线。

调用 Graphics 类中的 DrawLine()方法，结合 Pen 对象可以绘制直线。DrawLine()方法有以下两种构造函数。

① 用于绘制一条连接两个 Point 结构的线。

语法如下：

```
public void Drawline(Pen pen,Point pt1, Point pt2)
```

- pen：Pen 类的对象，它确定线条的颜色、宽度和样式。

- pt1：Point 结构，它表示要连接的第一个点。
- pt2：Point 结构，它表示要连接的第二个点。

说明：当参数 pt1 的值小于 pt2 时，所绘制的线将逆向绘制。

② 用于绘制一条连接由坐标指定的两个点的线条。

语法如下：

```
public void  Drawline(Pen pen, int x1, int y1, int x2, int y2)
```

（2）绘制矩形。

通过 Graphics 类中的 DrawRectangle()方法，可以绘制矩形图形。该方法可以绘制由坐标对、宽度和高度指定的矩形。

语法如下：

```
public void DrawRectangle(Pen pen, int x, int y, int width, int height)
```

说明：当参数 width 和 height 的值为负数时，矩形框将不在窗体中显示。

2) GDI+中的椭圆、圆弧和扇形

（1）绘制椭圆。

通过 Graphics 类中的 DrawEllipse()方法可以轻松地绘制椭圆。该方法可以绘制由一对坐标、高度和宽度指定的椭圆。

语法如下：

```
public void DrawEllipse(Pen pen, int x, int y, int width, int height)
```

- pen：Pen 类的对象，它确定曲线的颜色、宽度和样式。
- x：定义椭圆边框左上角的 x 坐标。
- y：定义椭圆边框左上角的 y 坐标。
- width：定义椭圆边框的宽度。
- height：定义椭圆边框的高度。

注意：在设置画笔的粗细时，如果其值小于或等于 0，那么按默认值 1 来设置画笔的粗。

（2）绘制圆弧。

通过 Graphics 类中的 DrawArc()方法，可以绘制圆弧。该方法可以绘制由一对坐标、宽度和高度指定的圆弧。

语法如下：

```
public void DrawArc(Pen pen, Rectangle rect, float startAngle, float sweepAngle)
```

- pen：Pen 类的对象，它确定曲线的颜色、宽度和样式。
- rect：Rectangle 结构，它定义圆弧的边界。
- startAngle：从 x 轴到弧线的起始点沿顺时针方向度量的角（以度为单位）。
- sweepAngle：从 startAngle 参数到弧线的结束点沿顺时针方向度量的角（以度为单位）。

(3) 绘制扇形。

通过 Graphics 类中的 DrawPie()方法可以绘制扇形。该方法可以绘制由一个坐标对、宽度、高度以及两条射线所指定的扇形。

语法如下：

```
public void DrawPie(Pen pen, float x, float y, float width, float height, float startAngle, float sweepAngle)
```

- pen：Pen 类的对象，它确定曲线的颜色、宽度和样式。
- x：左上角的 x 坐标，该边框定义扇形所属的椭圆。
- y：左上角的 y 坐标，该边框定义扇形所属的椭圆。
- width：边框的宽度。
- height：边框的高度。
- startAngle：从 x 轴到扇形的第一条边沿顺时针方向度量的角（以度为单位）。
- sweepAngle：从 startAngle 参数到扇形的第二条边沿顺时针方向度量的角（以度为单位）。

3）GDI+中的多边形

多边形是有 3 条或更多条直线的闭合图形。例如，三角形是有 3 条边的图形，矩形是有 4 条边的图形，五边形是有 5 条边的图形。若要绘制多边形，需要 Graphics 类的对象、Pen 类的对象和 Point（或 PointF）对象数组。

Graphics 类的对象提供 DrawPolygon()方法。

Graphics 类中的 DrawPolygon()方法用于绘制由一组 Point 结构定义的多边形。

语法如下：

```
public void DrawPolygon(Pen pen, Point[] points)
```

- pen：Pen 类的对象，用于确定多边形的颜色、宽度和样式。
- points：Point 结构数组，这些结构表示多边形的顶点。

① Pen 类的对象存储用于呈现多边形的线条属性，例如宽度和颜色。

② Point 对象数组存储由直线连接的点。

说明：如果多边形数组中的最后一个点和第一个点不重合，则这两个点指定多边形的最后一条边。

【例 14-5】 创建一个 Windows 应用程序，通过 Graphics 类中的 DrawPolygon()方法绘制多边形，其参数分别是 Pen 对象和 Point 对象数组，绘制一个线条宽度为 3 的黑色多边形。

代码如下：

```
private void button1_Click(object sender, EventArgs e)
{
Graphics ghs = this.CreateGraphics();              //实例化 Graphics 类
Pen myPen = new Pen(Color.Black,3);                //实例化 Pen 类
```

```
Point point1 = new Point(80, 20);              //实例化 Point 类
Point point2 = new Point(40, 50);              //实例化 Point 类
Point point3 = new Point(80, 80);              //实例化 Point 类
Point point4 = new Point(160, 80);             //实例化 Point 类
Point point5 = new Point(200, 50);             //实例化 Point 类
Point point6 = new Point(160, 20);             //实例化 Point 类
//创建 Point 结构数组
Point myPoints = { point1, point2, point3, point4, point5, point6 };
//调用 Graphics 类的对象的 DrawPolygon()方法绘制一个多边形
ghs.DrawPolygon (myPen, myPoints);
}
```

14.1.3 案例实现

1. 案例分析

案例中需要用到打开文件对话框、保存文件对话框和字体设置对话框。

2. 代码实现

界面设计代码请扫码获取。

后台管理代码请扫码获取。

14.2 GDI+绘图

14.2.1 案例描述

GDI+应用可用于实现一些如图 14-2 所示的曲线、柱形和饼形的图表，让用户在使用时看得更直观贴切。本节将实现如图 14-2 所示的统计报表。

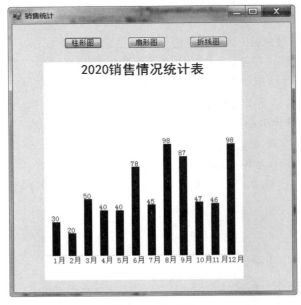

图 14-2 案例图

14.2.2 知识引入

下面通过 GDI+绘制一些常用的图形,其中包括柱形图、折线图和饼形图。

1. 绘制柱形图

柱形图也称为条形图,是程序开发中比较常用的一种图表技术。柱形图是通过 Graphics 类中的 FillRectangle()方法实现的,该方法用于填充由一对坐标、一个宽度和一个高度指定的矩形的内部区域。语法如下:

```
public void FillRectangle(Brush brush, int x, int y, int width, int height)
```

- brush:brush 对象,确定填充特性的 brush。
- x:要填充矩形左上角的 x 坐标。
- y:要填充矩形左上角的 y 坐标。
- width:要填充矩形的宽度。
- height:要填充矩形的高度。

说明: 如果想要实现动态的柱形图表,在重新绘制前,可使用柱形图表的绘制区域和当前控件的背景颜色对柱形图进行清空。

2. 绘制折线图

折线图可以很直观地反映出相关数据的变化趋势,折线图主要是通过绘制点和折线实现的。绘制点是通过 Graphics 类中的 FillEllipse()方法实现的。

语法如下:

```
public void FillEllipse(Brush brush, int x, int y, int width, int height)
```

- brush:brush 对象,确定填充特性的 brush。
- x:要填充折线左上角的 x 坐标。
- y:要填充折线左上角的 y 坐标。
- width:要填充折线的宽度。
- height:要填充折线的高度。

绘制折线是通过 Graphics 类中的 DrawLine()方法实现的。

3. 绘制饼形图

饼形图可以很直观地查看不同数据所占的比例情况,通过 Graphics 类中的 FillPie 方法,可以方便地绘制出饼形图。语法如下:

```
public void FillPie(Brush brush, int x, int y, int width, int height, int startAngle, int sweepAngle)
```

- brush:brush 对象,确定填充特性的 brush。
- x:边框左上角的 x 坐标,该边框定义扇形区域所属的椭圆。
- y:边框左上角的 y 坐标,该边框定义扇形区域所属的椭圆。

- width：边框宽度，该边框定义扇形区域所属的椭圆。
- height：边框高度，该边框定义扇形区域所属的椭圆。
- startAngle：从 x 轴沿顺时针方向旋转到扇形区的第一个边所测的角度（以度为单位）。
- sweepAngle：从 startAngle 参数沿顺时针方向旋转到扇形区的第二个边所测的角度（以度为单位）。

说明：如果 sweepAngle 参数大于 360°或小于 360°，则将其分别视为 360°或 360°。

14.2.3 案例实现

1. 案例分析

本案例要用到 2020 年每个月的销售额，这些销售额数据可以使用数组表示，也可以使用列表表示。本案例采用直接赋值的方式，在实际案例中可以采用从数据库读取的方式来实现数据的动态展示。

2. 代码实现

界面设计代码请扫码获取。
.cs 程序代码请扫码获取。

代码 15
界面设计
代码

代码 16
.cs 程序
代码

3. 运行结果

案例运行结果如图 14-3 所示。

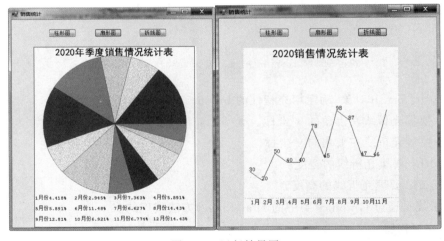

图 14-3 运行结果图

本章小结

本章详细介绍了 GDI＋基本绘图知识，其中包括 Graphics 类的对象、Pen 类的对象和 Brush 对象。Graphics 类是一切 GDI＋操作的基础类，通过 GDI＋可以绘制直线、矩形、椭圆、弧形、扇形和多边形等几何图形，还可以通过这些基本的图形绘制出柱形图、折线图和饼形图等。

第 15 章 程序调试与 Windows 项目打包

15.1 程序调试

15.1.1 案例描述

程序编写过程中可能会发现以下不知道原因的错误,无法得到想象中的结果。如图 15-1 所示,发现按下向右键最上面一行的两个 16 不能相加。究竟是什么原因呢?本节就来解决这个问题。

图 15-1 案例图

15.1.2 知识引入

1. 程序调试概述

程序调试是在程序中查找错误的过程,在开发过程中,程序调试是检查代码并验证它能够正常运行的有效方法。另外,在开发时,如果发现程序不能正常工作,就必须找出原因并解决有关问题。

在测试期间进行程序调试是很有用的,因为它对希望产生的代码结果提供了另外一级的验证。发布程序之后,程序调试提供了重新创建和检测程序错误的方法,程序调试可以帮助查找代码中的错误。

程序调试就相当于在组装完一辆汽车后,对其进行测试,检测一下油门、刹车、离合器、方向盘是否工作正常,如果发生异常,则需要对其进行修改。

2. 常用的程序调试操作

为了保证代码能够正常运行,要对代码进行程序调试。常用的程序调试包括断点操作,开始、中断和停止程序的执行,单步执行程序以及使程序运行到指定的位置。下面将对这几种常用的程序调试操作进行详细介绍。

1) 断点操作

断点是一个信号,它通知调试器在某个特定点上暂时将程序执行挂起。当执行在某个断点处挂起时,称程序处于中断模式。进入中断模式并不会终止或结束程序的执行。执行可以在任何时候继续。断点提供了一种强大的工具,能够在需要的时间和位置挂起执行。与逐句或逐条指令地检查代码不同的是,可以让程序一直执行,直到遇到断点,然后开始调试。这大大加快了调试过程。如果没有这个功能,那么调试大的程序几乎是不可能的。

插入断点的方法大体上可以分为 3 种。

(1) 在要设置断点的行旁边的灰色空白处单击,结果如图 15-2 所示。

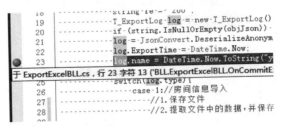

图 15-2　插入断点 1

(2) 选择某行代码,右击,在弹出的快捷菜单中选择"断点"→"插入断点"命令,如图 15-3 所示。

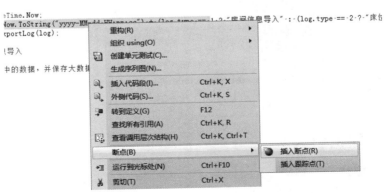

图 15-3　插入断点 2

（3）选中要设置断点的代码行，选择"调试"→"切换断点"命令，如图15-4所示。

删除断点的方法大体可以分为4种：

（1）可以单击设置了断点的代码行左侧的红色圆点。

（2）在设置了断点的代码行左侧的红色圆点上右击，在弹出的快捷菜单中选择"删除断点"命令，如图15-5所示。

图15-4　插入断点3

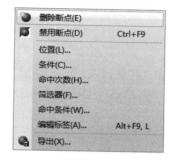
图15-5　删除断点1

（3）在设置了断点的代码行上右击，在弹出的快捷菜单中选择"断点"→"删除断点"命令，如图15-6所示。

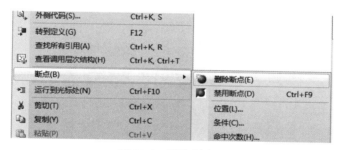
图15-6　删除断点2

（4）选中要设置断点的代码行，选择"调试"→"切换断点"命令。

说明：如果在程序中有两处隐藏的错误，并且这两处错误执行的相隔距离过长，则可以设置两个断点。当运行程序后，将会执行第一个断点，如果没有错误，则可以选择"启动调试"命令。这时，将会直接切换到第二个断点处。

2）开始、中断和停止程序的执行

程序编写完毕后，需要对程序代码进行调试。可以使用开始、中断和停止操作控制代码运行的状态。

（1）开始执行。

开始执行是最基本的调试功能之一，从"调试"菜单（如图15-7所示）中选择"启动调试"命令或在源窗口中右击可执行代码中的某一行，然后从弹出的快捷菜单中选择"运行到光标处"命令。

除了使用上述方法开始执行外，还可以直接单击工具栏中的按钮启动调试。工具栏按钮如图15-8所示。

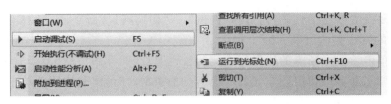

图 15-7 启动调试 1

图 15-8 启动调试 2

如果选择"启动调试"命令,则应用程序启动并一直运行到断点。可以在任何时刻中断执行,以检查值、修改变量和程序状态,如图 15-9 所示。

图 15-9 断点调试图 1

如果选择"运行到光标处"命令,则应用程序启动并一直运行到断点或光标位置,具体要看是断点在前还是光标在前,可以在源窗口中设置光标位置。如果光标在断点的前面,则代码首先运行到光标处,如图 15-10 所示。

图 15-10 断点调试图 2

(2) 中断执行。

当程序执行到一个断点或发生异常时,调试器将中断程序的执行。选择"调试"→"全部中断"命令后,调试器将停止所有在调试器下运行的程序的执行。程序并不退出,可以随时恢复执行。调试器和应用程序现在处于中断模式。"调试"菜单中的"全部中断"命令如图 15-11 所示。

除了通过选择"调试"→"全部中断"命令中断执行外,还可以单击工具栏中的按钮中断执行,如图 15-12 所示。

图 15-11 中断调试 1

图 15-12 中断调试 2

(3) 停止执行。

停止执行意味着终止正在调试的进程并结束调试会话,可以通过选择菜单中的"调试"→"停止调试"命令来结束运行和调试,也可以单击工具栏中的按钮停止执行,见图 15-13。

3）单步执行

通过单步执行，调试器每次只执行一行代码。单步执行主要是通过逐语句、逐过程和跳出这 3 种命令实现的。"逐语句"和"逐过程"的主要区别是当某一行包含函数调用时，"逐语句"仅执行调用本身，然后在函数内的第一个代码行处停止；而"逐过程"执行整个函数，然后在函数外的第一行处停止。如果位于函数调用的内部并想返回到调用函数，则应使用"跳出"命令，"跳出"命令将一直执行代码，直到函数返回，然后在调用函数中的返回点处中断。

当启动调试后，可以分别单击工具栏中的相应按钮执行"逐语句"、"逐过程"和"跳出"操作。工具栏按钮如图 15-14 所示。

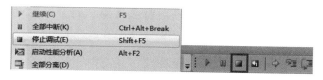

图 15-13 停止调试

图 15-14 工具栏图示

注意：除了在工具栏中单击这 3 个按钮外，还可以通过快捷键执行这 3 种操作，启动调试后，按下 F11 键执行"逐语句"操作，按下 F10 键执行"逐过程"操作以及按下 Shift＋F10 键执行"跳出"操作，运行到指定位置。

如果希望程序运行到指定的位置，则可以通过在指定代码行上右击，在弹出的快捷菜单中选择"运行到光标处"命令。这样，当程序运行到光标处时，会自动暂停。也可以在指定的位置插入断点，同样可以使程序运行到插入断点的代码行。

15.1.3 案例实现

1．案例分析

案例中需要确定按下"向左键"时触发的事件，然后输入断点再一步一步地向下执行。

2．代码实现

WinForm 设计代码请扫码获取。

后台代码请扫码获取。

在窗体的属性中找到了键盘按下时触发的事件名称如图 15-15 所示。

代码 17
WinForm
设计代码

代码 18
后台代码

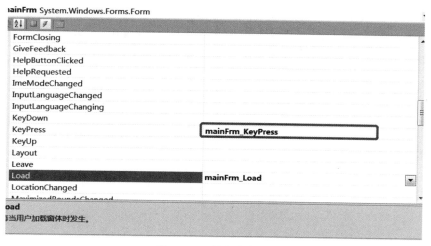

图 15-15 键盘事件图

双击进入，如图 15-16 所示在向左移动方法处插入断点，再一步一步向下执行操作。

```
112      private void mainFrm_KeyPress(object sender, KeyPressEventArgs e)
113      {
114          //MessageBox.Show("aaa");
115          switch (e.KeyChar.ToString().ToUpper())
116          {
117              case "A":
118                  //向左移动,to 0
119                  move_cell(0);
120                  init_game();
121                  break;
```

图 15-16　插入断点

最后发现，如图 15-17 所示，无论是什么时候向左移动时都是从第二行开始移动的，所以导致程序出现问题。

```
140      private void move_cell(int to)
141      {
142          mergSetArr = new int[4, 4];
143          change = 0;
144          flg = 0;
145          if (to == 0)
146          {
147              //向左移动
148              for (int r = 1; r < 4; r++)
149              {
150                  for (int c = 1; c < 4; c++)
151                  {
152                      if (map[r, c] == 0) continue;
153                      flg = 1;
154                      for (int i = c - 1; i >= 0 && flg > 0; i--)
155                      {
```

图 15-17　问题图片

将图 15-17 中的"r=1"修改为"r=0"，重新运行发现程序可以正常运行了。

3．运行结果

案例运行结果如图 15-18 所示。

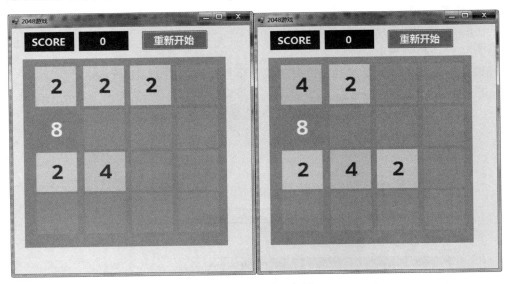

图 15-18　正确运行图

15.2 制作 Windows 安装程序

15.2.1 案例描述

项目的打包很重要,应将程序制作成一个可以让用户很方便地安装的程序。

视频 28
Windows 程
的打包

15.2.2 知识引入

1. Windows Installer 介绍

Windows Installer 提供了自定义安装的基础,它基于数据驱动模型,该模型在一个软件包中提供了所有安装数据和指令。而传统的脚本安装程序基于过程模型,为应用程序安装提供脚本指令。脚本安装程序强调"如何"安装,而 Windows Installer 则强调安装"什么"。

利用 Windows Installer 创建安装程序时,每台计算机都保留一个信息数据库,其中的信息与它所安装的应用程序有关,包括文件、注册表项和组件等内容。在卸载应用程序时,系统将检查数据库以确保在卸载该应用程序前没有其他应用程序依赖于已经安装的文件、注册表项或组件等,这样可以防止在卸载一个应用程序后中断另一个应用程序。

Windows Installer 可以安装和管理公共语言运行库程序集,其开发人员可以将程序集安装到全局程序集缓存中,或者安装到为特定应用程序隔离的位置上。

Windows Installer 具有以下支持公共语言运行库程序集的功能。

(1) 安装、修复或移除全局程序集缓存中的程序集。
(2) 安装、修复或移除为特定应用程序指定的专用位置上的程序集。
(3) 回滚失败的程序集安装、修复或移除操作。
(4) 需要时安装全局程序集缓存中具有强名称的程序集。
(5) 需要时安装为特定应用程序指定的专用位置中的程序集。
(6) 修补程序集。
(7) 公布指向程序集的快捷方式。

Visual Studio 2019 中的部署工具建立在 Windows Installer 的基础之上,可以迅速部署和维护使用 Visual Studio 2019 生成的应用程序。

程序打包其实就是将一个具有完整功能的项目进行封装,以便在其他计算机上进行使用。例如汽车上的地图仪,它在开发阶段是不能直接安装在汽车上的,必须将其制作成一个独立的仪器(程序的打包),然后将其安装在汽车上(程序的安装),当因为某种原因,不需要该地图仪时,可以将其拆解(程序的卸载)。

2. 创建 Windows 安装项目

要对一个 Windows 应用程序进行打包,首先需要创建 Windows 安装项目。创建 Windows 安装项目的步骤如下:

(1) 在 Visual Studio 2019 集成开发环境中打开一个要部署的项目,在"解决方案"上右击,在弹出的快捷菜单中选择"添加"→"新建项目"命令,如图 15-19 所示。

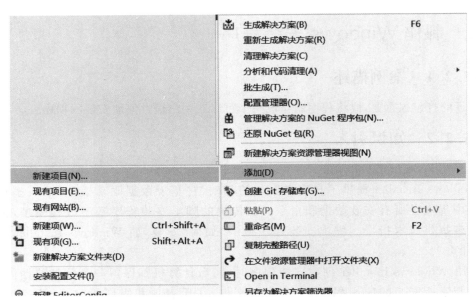

图 15-19 添加安装项目

(2) 弹出"添加新项目"对话框。在搜索框中输入 Setup,出现的项目类型列表中选中"Setup Project"选项,单击"下一步"按钮,如图 15-20 所示。

图 15-20 选择模板

(3) 在"项目名称"文本框中输入安装项目的名称,这里输入"天信通控制平台",在"位置"下拉列表框中选择存放安装项目文件的目录,如图 15-21 所示。

注意:只有在"解决方案"的右键快捷菜单中选择"新建项目",才能用"安装和部署"进行程序的打包工作。

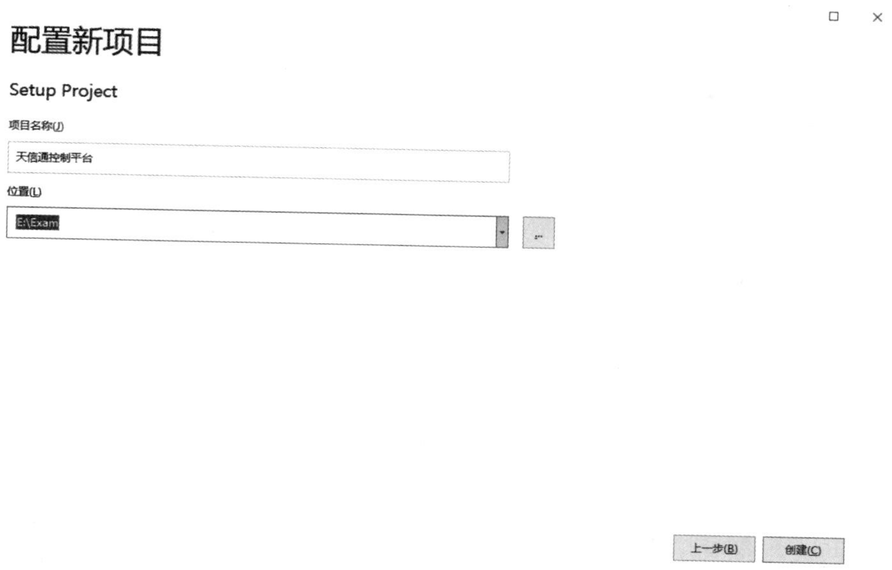

图 15-21　选择位置

（4）单击"创建"按钮，即可创建一个 Windows 安装项目，如图 15-22 所示。

图 15-22　添加完成

3. 制作 Windows 安装程序

创建完 Windows 安装项目之后，接下来讲解如何制作 Windows 安装程序。一个完整的 Windows 安装程序通常包括项目输出文件、内容文件、快捷方式和注册表项等，下面讲解如何在创建 Windows 安装程序时添加这些内容。

1) 添加项目输出文件

为 Windows 安装程序添加项目输出文件的步骤如下：

(1) 在文件系统的 File System on Target Machine→Application Folder 选项上右击，在弹出的快捷菜单中选择 Add→"项目输出"命令，如图 15-23 所示。

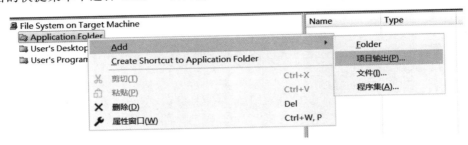

图 15-23　添加项目输出图

(2) 弹出如图 15-24 所示的"添加项目输出组"对话框，在"项目"下拉列表框中选择要部署的应用程序，然后选择要输出的类型，这里选择"主输出"选项，单击"确定"按钮，即可将项目输出文件添加到 Windows 安装程序中。

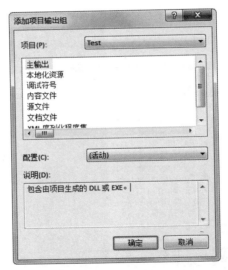

图 15-24　选择输出项目

2) 添加内容文件

为 Windows 安装程序添加内容文件的步骤如下：

(1) 在 Visual Studio 2019 集成开发环境的中间部分右击，在弹出的快捷菜单中选择 Add→文件命令，如图 15-25 所示。

(2) 弹出如图 15-26 所示的"添加文件"对话框，在该对话框中选择要添加的内容文件存放路径，单击"打开"按钮，即可将选中的内容文件添加到 Windows 安装程序中。

(3) 添加完内容文件的 Windows 安装项目如图 15-27 所示。

3) 创建快捷方式

为 Windows 安装程序创建快捷方式的步骤如下：

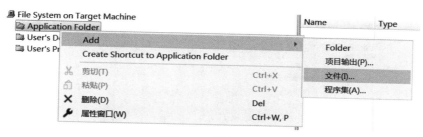

图 15-25　添加文件

图 15-26　选择文件

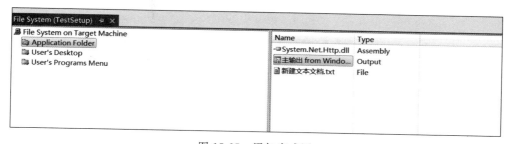

图 15-27　添加完成图

（1）在 Visual Studio 2019 集成开发环境的中间部分选中"主输出 from WindowsFormsApp1/（Active）"选项，右击，在弹出的快捷菜单中选择"Create Shortcut to 主输出 from WindowsFormsApp1（Active）"命令，如图 15-28 所示。

（2）这样就添加了一个"Create Shortcut to 主输出 from WindowsFormsApp1（Active）"选项，将其重命名为"天信通智能控制平台"，如图 15-29 所示。

（3）选中创建的快捷方式，然后将其拖放到左边"File System on Target Machine"中的

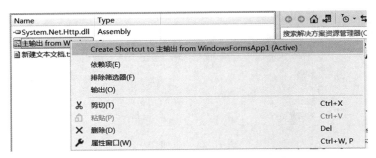

图 15-28　添加快捷方式

图 15-29　快捷方式重命名

"User's Desktop"文件夹。这样就为该 Windows 安装程序创建了桌面快捷方式。

4）生成 Windows 安装程序

添加完 Windows 安装程序所需的项目输出文件、内容文件、快捷方式等内容后，在"解决方案资源管理器"窗口中选中 Windows 安装项目，右击，在弹出的快捷菜单中选择"生成"命令，即可生成一个 Windows 安装程序，如图 15-30 所示。

图 15-30　生成安装文件

生成的 Windows 安装文件如图 15-31 所示。

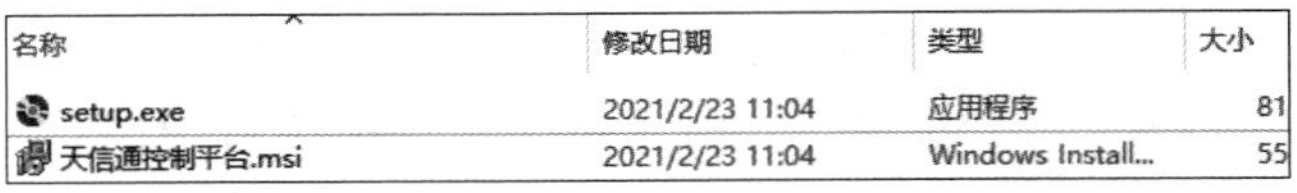

图 15-31　安装文件生成图

制作完 Windows 安装程序之后，双击 setup.exe 文件，即可将应用程序安装到自己的计算机上。

15.2.3 案例实现

1. 案例分析

本案例和 15.2.2 节中的内容很相似,都是将已经完成的项目进行打包,让用户只需要根据提示单击就可以完成安装。

(1) 用 Visual Studio 2019 打开已经完成的项目的解决方案。

(2) 选中解决方案,在其右键快捷菜单中选择"添加"→"项目"命令,在搜索框中输入 setup 即可搜索到,如图 15-32 所示。

图 15-32　添加安装文件项目

(3) 输入安装项目程序的名称之后,单击"创建"按钮,如图 15-33 所示。

图 15-33　修改保存位置

（4）完成之后如图 15-34 所示。

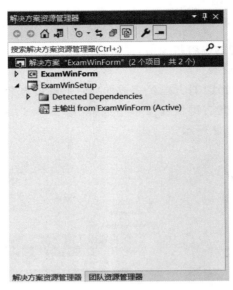

图 15-34　添加成功之后图

（5）在文件系统的 File System on Target Machine→Application Folder 选项上右击，在弹出的快捷菜单中选择 Add→"项目输出"命令，选择项目类型，单击"确定"按钮，如图 15-35 所示。

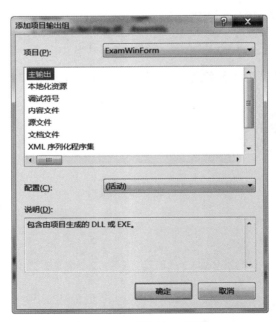

图 15-35　添加输出项目

（6）创建项目主程序的快捷键并将其复制到"开始"菜单和桌面文件夹中，如图 15-36 和图 15-37 所示。

图 15-36　将快捷键添加到桌面

图 15-37　添加快捷键到开始菜单

（7）选中 Windows 安装项目，右击，在弹出的快捷菜单中选择"生成"命令，即可生成一个 Windows 安装程序，安装文件如图 15-38 所示。

图 15-38　安装文件

2. 运行结果

双击 setup.exe 文件或者 ExamWinSetup.msi 文件，出现如图 15-39 所示的界面。

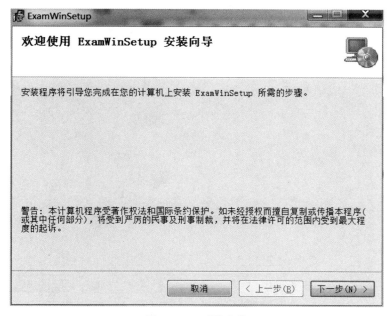

图 15-39　开始安装

单击"下一步"按钮,选择好安装位置之后进入如图15-40所示界面。

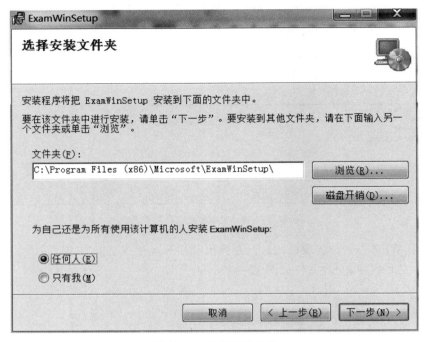

图15-40 选择安装位置

单击"下一步"按钮确认安装,完成项目的安装,效果如图15-41和图15-42所示。

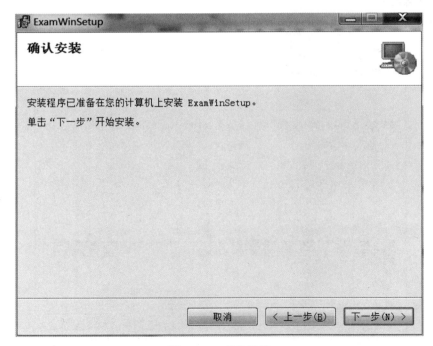

图15-41 确认安装

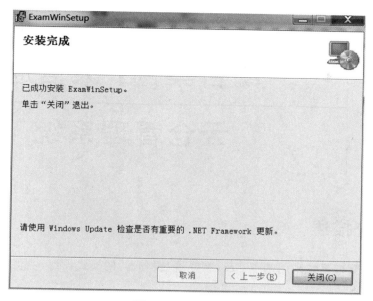

图 15-42　安装完成

本章小结

本章首先介绍了程序调试的必要性和程序调试过程,然后简单介绍了 Windows Installer,最后详细介绍了如何使用基于该包的 Visual Studio 2019 中的部署工具创建和制作 Windows 安装程序,同时还介绍了如何为制作的 Windows 安装程序添加项目输出文件、内容文件、快捷方式和注册表项等内容。

第 16 章 综合案例：天信通云仓管理系统

16.1 系统描述

天信通云仓管理系统采用基于 C/S(客户端/服务器)的模式设计，主要功能如下：

(1) 首页描述。

该模块为系统登录之后显示的首页，显示登录用户的信息和一些待办事项，如图 16-1 所示。

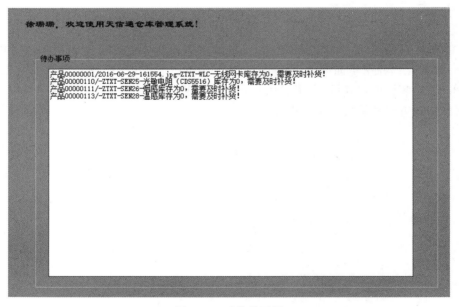

图 16-1 系统首页图

(2)"数据维护"界面描述。

该模块功能主要针对系统中所需要的数据进行维护的工作，主要包含"物资类型管理""物资编码""计量单位管理"3 部分。界面如图 16-2 所示。

(3)"主要业务"界面描述。

该模块为云仓管理系统中的主要功能模块，主要包含"入库信息""出库信息""状态信息"3 部分。界面如图 16-3 所示。

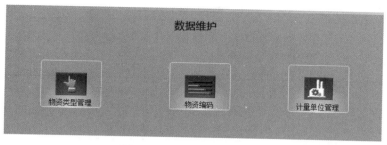

图 16-2 "数据维护"界面图

图 16-3 "主要业务"界面图

16.2 数据库设计

该案例采用 SQL Server 2019 数据库,主要包含 11 个数据库表,下面介绍其中的 9 个。

(1) 用户信息表(SYS_User)数据结构如表 16-1 所示。

表 16-1 用户信息表数据结构

字 段 名	类 型	说 明
ID	nvarchar(30)	用户表主键 ID,唯一
UserID	nvarchar(30)	用户名,用于登录
UserName	nvarchar(30)	用户名称
Pwd	nvarchar(30)	密码
RoleID	nvarchar(30)	角色表 ID
Memo	nvarchar(30)	备注
LoginTime	datetime	登录时间

(2) 角色表(SYS_Role)数据结构如表 16-2 所示。

表 16-2 角色表数据结构

字 段 名	类 型	说 明
ID	nvarchar(30)	角色表主键 ID,唯一
Name	nvarchar(30)	角色名称

(3) 物资单位表(SYS_MeasurementUnit)数据结构如表 16-3 所示。

表 16-3　物资单位表数据结构

字　段　名	类　型	说　明
ID	nvarchar(30)	物资单位表主键 ID,唯一
Name	nvarchar(30)	物资单位名称

（4）物资类型表(SYS_Material_Category)数据结构如表 16-4 所示。

表 16-4　物资类型表数据结构

字　段　名	类　型	说　明
CategoryID	nvarchar(30)	物资类型表主键 ID,唯一
CategoryName	nvarchar(30)	物资类型名称
Pare_CategoryID	nvarchar(30)	父级类型 ID
Flg	nvarchar(1)	状态
Memo	nvarchar(100)	备注

（5）物资表(SYS_Material)数据结构如表 16-5 所示。

表 16-5　物资表数据结构

字　段　名	类　型	说　明
MaterialID	nvarchar(30)	物资表主键 ID,唯一
MaterialNo	nvarchar(30)	物资图片
MaterialName	nvarchar(100)	物资名称
CategoryID	nvarchar(30)	类型
MaterialModel	nvarchar(30)	型号
MeasurementUnitID	nvarchar(30)	单位表 ID

（6）库存表(Business_Material)数据结构如表 16-6 所示。

表 16-6　库存表数据结构

字　段　名	类　型	说　明
ID	nvarchar(30)	库存表主键 ID,唯一
Num	int	数量
ProduceDate	nvarchar(100)	生产日期
EquipTime	datetime	入库时间
Memo	nvarchar(30)	备注
MaterialID	nvarchar(30)	物资 ID

（7）出库表(Business_OutStore)数据结构如表 16-7 所示。

表 16-7　出库表数据结构

字　段　名	类　型	说　明
ID	nvarchar(30)	出库表主键 ID,唯一
Num	int	数量
AllocateTime	Datetime	出库时间
MaterialID	nvarchar(30)	物资 ID
Memo	nvarchar(30)	备注

（8）入库表（Business_InStore）数据结构如表 16-8 所示。

表 16-8 入库表数据结构

字 段 名	类 型	说 明
ID	nvarchar(30)	入库表主键 ID，唯一
num	int	数量
Reason	nvarchar(30)	备注信息
MaterialID	nvarchar(30)	物资 ID
EquipTime	Date	入库时间
Memo	nvarchar(30)	备注
Price	decimal(18,2)	单价

（9）物资状态表（Business_State）数据结构如表 16-9 所示。

表 16-9 物资状态表数据结构

字 段 名	类 型	说 明
ID	nvarchar(30)	物资状态表主键 ID，唯一
EquipID	nvarchar(30)	物资 ID
num	int	数量
CreateDate	date	创建时间
ModifyDate	date	修改日期
EState	nvarchar(30)	状态

16.3 登录

该模块为用户的登录界面，用户单击"登录"按钮可以完成登录操作。

16.3.1 界面设计

登录界面设计如图 16-4 所示，由 3 个 Label 控件、2 个 PictureBox 控件、2 个 TextBox 控件和 2 个 Button 控件组成。在设计页面时需要进行如下操作：

（1）将输入用户名的 TextBox 的 Name 属性设置为 txtUserID。

（2）将输入密码的 TextBox 的 Name 属性设置为 txtPwd，PasswordChar 属性设置为"*"。

（3）将"确定"按钮的 Name 属性设置为 btn_Login，Text 属性设置为"确定"。

（4）将"取消"按钮的 Name 属性设置为 btn_Cancl，Text 属性设置为"取消"。

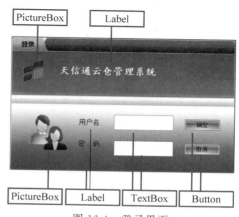

图 16-4 登录界面

16.3.2 后台代码实现

（1）在登录窗体的设计界面双击"确定"按钮，在后台代码处写入如下程序：

```csharp
private void btn_Login_Click(object sender, EventArgs e)
{
    if (string.IsNullOrEmpty(txtUserID.Text.Trim()))
    {
        MessageBox.Show("请输入用户名!");
        return;
    }
    if (string.IsNullOrEmpty(txtPwd.Text.Trim()))
    {
        MessageBox.Show("请输入密码!");
        return;
    }
    string userID = txtUserID.Text.Trim();
    string pwd = txtPwd.Text.Trim();
    SYS_Session.User = UserAction.GetUser(userID, pwd);
    if (SysFun.GetSYSInfo("timeSpan") == null)
    {
        SysFun.InsertIntoSYSInfo("timeSpan", "3600000");
    }
    SYS_Session.TimeSpan = Convert.ToInt32(SysFun.GetSYSInfo("timeSpan"));
    if (SYS_Session.User != null)
    {
        Form_Main mainForm = new Form_Main();
        mainForm.Show();
        this.Visible = false;
    }
    else {
        MessageBox.Show("用户名或密码输入错误!");
        this.txtPwd.ResetText();
    }
}
```

(2) 在登录窗体的设计界面双击"取消"按钮,在后台代码处写入如下程序:

```csharp
private void btn_Cancle_Click(object sender, EventArgs e)
{
    this.Close();
}
```

16.4 首页

在项目 WarehouseManageSys 中添加 Windows 窗体,将名称设置为 Form_Main。

16.4.1 界面设计

首页界面如图 16-5 所示。

第16章 综合案例：天信通云仓管理系统 301

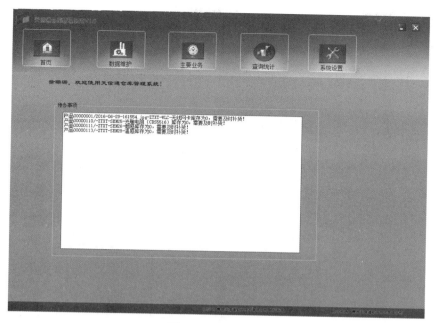

图 16-5 首页界面

设计界面的代码请扫码获取。

在项目 WarehouseManageSys 中添加用户控件，将名称设置为 UserControl_Index.cs。如图 16-6 所示。

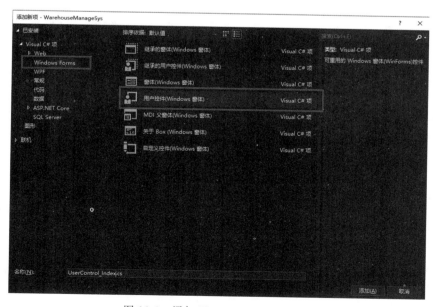

图 16-6 添加 UserControl_Index.cs

UserControl_Index.cs 的设计界面代码如下：

```csharp
#region 组件设计器生成的代码

/// <summary>
/// 设计器支持所需的方法，
/// 不要使用代码编辑器修改此方法的内容.
/// </summary>
private void InitializeComponent()
{
    this.lbTitle = new System.Windows.Forms.Label();
    this.groupBox1 = new System.Windows.Forms.GroupBox();
    this.textBox1 = new System.Windows.Forms.TextBox();
    this.groupBox1.SuspendLayout();
    this.SuspendLayout();
    //
    // lbTitle
    //
    this.lbTitle.Font = new System.Drawing.Font("隶书", 12F, System.Drawing.FontStyle.Regular, System.Drawing.GraphicsUnit.Point, ((byte)(134)));
    this.lbTitle.Location = new System.Drawing.Point(87, 22);
    this.lbTitle.Name = "lbTitle";
    this.lbTitle.Size = new System.Drawing.Size(730, 45);
    this.lbTitle.TabIndex = 0;
    this.lbTitle.Text = "欢迎使用";
    //
    // groupBox1
    //
    this.groupBox1.Controls.Add(this.textBox1);
    this.groupBox1.Location = new System.Drawing.Point(106, 83);
    this.groupBox1.Name = "groupBox1";
    this.groupBox1.Size = new System.Drawing.Size(649, 388);
    this.groupBox1.TabIndex = 1;
    this.groupBox1.TabStop = false;
    this.groupBox1.Text = "待办事项";
    //
    // textBox1
    //
    this.textBox1.Location = new System.Drawing.Point(21, 24);
    this.textBox1.Multiline = true;
    this.textBox1.Name = "textBox1";
    this.textBox1.Size = new System.Drawing.Size(588, 345);
    this.textBox1.TabIndex = 2;
    //
    // UserControl_Index
    //
    this.AutoScaleMode = System.Windows.Forms.AutoScaleMode.None;
    this.BackColor = System.Drawing.Color.FromArgb(((int)(((byte)(156)))), ((int)(((byte)(201)))), ((int)(((byte)(225)))));
    this.Controls.Add(this.groupBox1);
```

```csharp
            this.Controls.Add(this.lbTitle);
            this.Name = "UserControl_Index";
            this.Size = new System.Drawing.Size(901, 490);
            this.Load += new System.EventHandler(this.UserControl_DataBase_Load);
            this.groupBox1.ResumeLayout(false);
            this.groupBox1.PerformLayout();
            this.ResumeLayout(false);
        }
        #endregion
        private System.Windows.Forms.Label lbTitle;
        private System.Windows.Forms.GroupBox groupBox1;
    private System.Windows.Forms.TextBox textBox1;
```

16.4.2 后台代码实现

Form_Main.cs 代码请扫码获取。

UserControl_Index.cs 的代码如下：

代码 19
Form_Main.
cs 代码

```csharp
public UserControl_Index()
        {
                InitializeComponent();
        }
        public delegate void ChangeUserControl(string typestr);
        /// <summary>
        /// 更换用户控件
        /// </summary>
        public ChangeUserControl onChangeUserControl_Clicked = null;
        private void btnDB_WZLX_Click(object sender, EventArgs e)
        {
            if (onChangeUserControl_Clicked != null)
            {
                onChangeUserControl_Clicked("UserControl_DataBase_WZLX");
            }
        }

        private void btnDB_WZ_Click(object sender, EventArgs e)
        {

        }

        public void UserControl_DataBase_Load(object sender, EventArgs e)
        {
            this.lbTitle.Text = (SYS_Session.User!= null? SYS_Session.User.UserName
:"") + ",欢迎使用" + (SYS_Session.GetSYSInfo("1001")!= null? SYS_Session.GetSYSInfo
("1001"):"") +"!";
            DataTable dt = BusinessMaterialAction.GetBusinessMaterialList();
```

```
                this.textBox1.ResetText();
                if (dt.Rows.Count > 0)
                {
                    foreach (DataRow dr in dt.Rows)
                    {
                        this.textBox1.Text += "产品" + dr["MaterialID"].ToString() +
"/" + dr["MaterialName"].ToString() + "库存为 0,需要及时补货!\r\n";
                    }
                }
                else {
                    this.textBox1.AppendText("无待办事项!");
                }
            }
```

16.5 数据维护

在项目 WarehouseManageSys 中添加用户控件,将名称设置为 UserControl_DataBase。设计界面如图 16-7 所示。

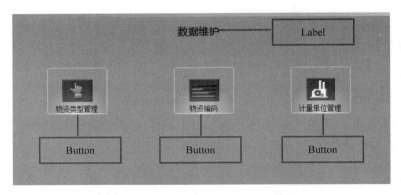

图 16-7 UserControl_DataBase 界面

将控件添加完成之后,需要进行设置步骤如下:

(1) 将"物资类型管理"按钮控件的 Name 属性改为 btnDB_WZLX,Text 改为"物资类型管理"。

(2) 将"物资编码"按钮控件的 Name 属性改为 btnDB_WZ,Text 改为"物资编码"。

(3) 将"计量单位管理"按钮控件的 Name 属性改为 btn_DW,Text 改为"计量单位管理"。

界面设计完成之后,进行如下步骤。

(1) 双击"物资类型管理"按钮,添加如下程序:

```
public delegate void ChangeUserControl(string typestr);
        /// < summary >
        /// 更换用户控件
        /// </ summary >
```

```
        public ChangeUserControl onChangeUserControl_Clicked = null;
        private void btnDB_WZLX_Click(object sender, EventArgs e)
        {
            if (onChangeUserControl_Clicked != null)
            {
                onChangeUserControl_Clicked("UserControl_DataBase_WZLX");
            }
        }
```

(2) 双击"物资编码"按钮,添加如下程序:

```
private void btnDB_WZ_Click(object sender, EventArgs e)
        {
            if (onChangeUserControl_Clicked != null)
            {
                onChangeUserControl_Clicked("UserControl_DataBase_WZ");
            }
        }
```

(3) 双击"计量单位管理"按钮,添加如下程序:

```
private void btn_DW_Click(object sender, EventArgs e)
        {
            if (onChangeUserControl_Clicked != null)
            {
                onChangeUserControl_Clicked("UserControl_DataBase_DW");
            }
        }
```

16.5.1 物资类型

1. 物资类型管理

在项目 WarehouseManageSys 中添加用户控件,将名称设置为 UserControl_DataBase_WZLX,界面如图 16-8 所示,包含 3 个 Button 控件和 1 个 TreeView 控件。

将控件添加完成之后,需要进行设置步骤如下:
(1) 将"增加类型"按钮控件的 Name 属性改为 btn_Add,Text 改为"增加类型"。
(2) 将"修改类型"按钮控件的 Name 属性改为 btn_Modify,Text 改为"修改类型"。
(3) 将"删除类型"按钮控件的 Name 属性改为 btn_Drop,Text 改为"删除类型"。
界面设计完成之后,进行如下步骤。
(1) 双击界面空白处,添加如下程序:

```
public TreeNode node;
        private void UserControl_DataBase_WZ_Load(object sender, EventArgs e)
        {                                    //MaterialCategoryAction
            this.treeView1.Nodes.Clear();
            node = new TreeNode("所有产品类型");
```

```
            node.Name = "000";
            this.treeView1.Nodes.Add(node);
            this.CreateTreeView(node,"000");
            this.treeView1.ExpandAll();
        }
```

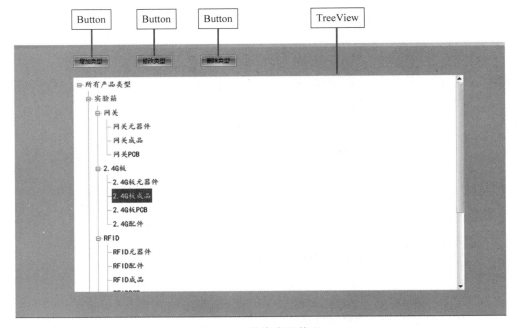

图 16-8　物资类型管理

(2) 双击"增加类型"按钮,添加如下程序:

```
private void btn_Add_Click(object sender, EventArgs e)
        {
            FormAddWZLX wzAddForm = new FormAddWZLX();
            wzAddForm.FormClosed += UserControl_DataBase_WZ_Load;
            wzAddForm.ShowDialog();
        }
```

(3) 双击"修改类型"按钮,添加如下程序:

```
private void btn_Modify_Click(object sender, EventArgs e)
        {
            TreeNode node = this.treeView1.SelectedNode;
            if (node == null)
            {
                MessageBox.Show("请先选择要修改的类型!");
                return;
            }
            if (node.Nodes.Count > 0)
```

```
            {
                MessageBox.Show("该类型下面有子类型,请先修改子类型!");
                return;
            }
            FormAddWZLX wzAddForm = new FormAddWZLX(node.Name);
            wzAddForm.FormClosed += UserControl_DataBase_WZ_Load;
            wzAddForm.ShowDialog();
        }
```

（4）双击"删除类型"按钮,添加如下程序:

```
private void btn_Drop_Click(object sender, EventArgs e)
        {
            TreeNode node = this.treeView1.SelectedNode;
            if (node == null)
            {
                MessageBox.Show("请先选择要删除的类型!");
                return;
            }
            if (node.Nodes.Count > 0)
            {
                MessageBox.Show("该类型下面有子类型,请先删除子类型!");
                return;
            }

            if (node.Parent!= null)
            {
                List < SYS_Material > list = MaterialCategoryAction.GetSYS_Material(node.Name);
                if (list.Count > 0)
                {
                    MessageBox.Show("正在使用!");
                }
                else
                {
                    if (MaterialCategoryAction.OnDelMaterialCategory(node.Name))
                    {
                        MessageBox.Show("删除成功!");
                        UserControl_DataBase_WZ_Load(sender, e);
                    }
                }
            }
            else
            {
                MessageBox.Show("总类型不可删除");
            }
        }
```

（5）该界面的其他补充程序如下：

```
public void CreateTreeView(TreeNode node, string parentID)
        {
                List < SYS_Material_Category > list = MaterialCategoryAction.GetSYS_Material_CategoryList(parentID);
                foreach (SYS_Material_Category c in list)
                {
                    TreeNode nodeChild = new TreeNode();
                    nodeChild.Name = c.CategoryID;
                    nodeChild.Text = c.CategoryName;
                    if (MaterialCategoryAction.GetSYS_Material_CategoryList(c.CategoryID).Count > 0)
                    {
                        CreateTreeView(nodeChild, c.CategoryID);
                    }
                    node.Nodes.Add(nodeChild);
                }
        }
        private void treeView1_MouseDoubleClick(object sender, MouseEventArgs e)
        {
            btn_Modify_Click(sender,e);
        }
```

2．添加类型

在项目 WarehouseManageSys 中添加窗体，将名称设置为 FormAddWZLX，界面如图 16-9 所示，由 Label 控件、Button 控件、TextBox 控件和两个 RadioButton 组成。

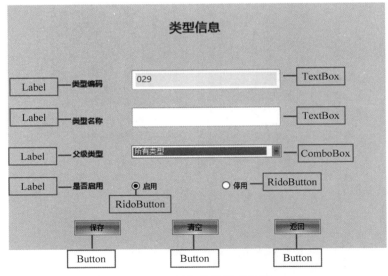

图 16-9　添加物资类型界面

将控件添加完成之后，需要进行如下设置步骤：

(1) 将"类型编码"的 TextBox 控件的 Name 属性改为 lxBM。
(2) 将"类型名称"的 TextBox 控件的 Name 属性改为 lxName。
(3) 将"父级类型"的 ComboBox 控件的 Name 属性改为 comParentID。
(4) 将"启用"的 RadioButton 控件的 Name 属性改为 rbFlg，Text 属性改为"启用"。
(5) 将"停用"的 RadioButton 控件的 Name 属性改为 rbFlg1，Text 属性改为"停用"。
(6) 将"保存"按钮控件的 Name 属性改为 btn_Save，Text 改为"保存"。
(7) 将"清空"按钮控件的 Name 属性改为 btnReset，Text 改为"清空"。
(8) 将"返回"按钮控件的 Name 属性改为 btnGoBack，Text 改为"返回"。

界面设计完成之后，进行如下步骤。

(1) 双击界面空白处，添加如下程序：

```
private void FormAddWZLX_Load(object sender, EventArgs e)
    {
        this.comParentID.DataSource = MaterialCategoryAction.GetSYS_Material_CategoryList();
        this.comParentID.DisplayMember = "CategoryName";
        this.comParentID.ValueMember = "CategoryID";
        if (string.IsNullOrEmpty(ID))
        {
            this.lxBM.Text = MaterialCategoryAction.GetMaterialCategoryBH();
            this.rbFlg.Checked = true;
        }
        else
        {
            btnReset.Visible = false;
            SetFormValue(ID);
        }
    }
```

(2) 双击"保存"按钮，添加如下程序：

```
private void btn_Save_Click(object sender, EventArgs e)
    {
        DialogResult dir = DialogResult.OK;
        if (lxName.Text != comParentID.Text)
        {
            if (string.IsNullOrEmpty(ID) && !MaterialCategoryAction.CheckMaterialCategoryName(lxName.Text.Trim()))
            {
                dir = MessageBox.Show("物资类型已存在!确定要重复添加吗?", "提示信息", MessageBoxButtons.OKCancel);
            }
            if (dir == DialogResult.OK)
            {
                SYS_Material_Category obj = GetObjectMC();
                bool re = MaterialCategoryAction.OnSaveMaterialCategory(obj);
                if (re)
```

```
                    {
                        MessageBox.Show("添加成功!");
                        this.Close();

                    }
                }
            }
        }
```

(3) 双击"清空"按钮,添加如下程序:

```
private void btnReset_Click(object sender, EventArgs e)
        {
            lxName.ResetText();
            comParentID.SelectedIndex = 0;
            rbFlg.Checked = true;
        }
```

(4) 双击"返回"按钮,添加如下程序:

```
private void btnGoBack_Click(object sender, EventArgs e)
        {
            this.Close();
        }
```

(5) 该界面的其他补充程序如下:

```
private SYS_Material_Category GetObjectMC()
        {
            SYS_Material_Category obj = new SYS_Material_Category();
            obj.CategoryID = lxBM.Text.Trim();
            obj.CategoryName = lxName.Text.Trim();
            obj.Pare_CategoryID = comParentID.Items.Count == 0 ? null : comParentID.SelectedValue.ToString();
            obj.Flg = rbFlg.Checked ? "0" : "1";
            return obj;
        }
    public FormAddWZLX(string id)
        {
            InitializeComponent();
            ID = id;
        }
        string ID = "";
    private void SetFormValue(string id)
        {
            SYS_Material_Category obj = MaterialCategoryAction.GetObject(id);
            lxBM.Text = obj.CategoryID;
            lxName.Text = obj.CategoryName;
            comParentID.SelectedValue = obj.Pare_CategoryID;
```

```
                    if (obj.Flg == "0")
                    {
                        rbFlg.Checked = true;
                    }
                    else
                    {
                        rbFlg1.Checked = true;
                    }
                }
```

16.5.2 物资编码

1. 物资编码管理

在项目 WarehouseManageSys 中添加用户控件,将名称设置为 UserControl_DataBase_WZ,界面如图 16-10 所示。界面包含 Label 控件、TextBox 控件、四个 Button 控件,还包含一个 DataGridView 控件。

图 16-10 物资编码管理

将控件添加完成之后,需要进行如下设置步骤:
(1) 将"编号"TextBox 控件的 Name 属性改为 wzBM。
(2) 将"名称"TextBox 控件的 Name 属性改为 wzName。
(3) 将"型号"TextBox 控件的 Name 属性改为 wzXH。
(4) 将"类型"ComboBox 控件的 Name 属性改为 wzLX。
(5) 将"查询"按钮控件的 Name 属性改为 btn_Query,Text 改为"查询"。
(6) 将"添加"按钮控件的 Name 属性改为 btn_Add,Text 改为"添加"。
(7) 将"修改"按钮控件的 Name 属性改为 btn_Modify,Text 改为"修改"。
(8) 将"删除"按钮控件的 Name 属性改为 btn_Del,Text 改为"删除"。

界面设计完成之后,进行如下步骤。

(1) 双击界面空白处,添加如下程序:

```csharp
private void UserControl_DataBase_WZ_Load(object sender, EventArgs e)
        {
            CreateCom();
            this.wzLX.SelectedValue = "000";
            wzLX.SelectedValueChanged += btn_Query_Click;
            wzBM.SkinTxt.TextChanged += btn_Query_Click;
            wzName.SkinTxt.TextChanged += btn_Query_Click;
            wzXH.SkinTxt.TextChanged += btn_Query_Click;
            this.dataGridView1.ReadOnly = true;
            btn_Query_Click(sender,e);
        }
        public delegate void ChangeUserControl(string typestr,string id);
        /// <summary>
        /// 更换用户控件
        /// </summary>
        public ChangeUserControl onChangeUserControl_Clicked = null;

        private void CreateCom() {
            List<SYS_Material_Category> list = MaterialCategoryAction.GetSYS_Material_CategoryList();
            SYS_Material_Category obj = new SYS_Material_Category();
            obj.CategoryID = "";
            obj.CategoryName = "";
            list.Add(obj);
            this.wzLX.DataSource = list;
            wzLX.DisplayMember = "CategoryName";
            wzLX.ValueMember = "CategoryID";

        }
```

(2) 双击"查询"按钮,添加如下程序:

```csharp
private void btn_Query_Click(object sender, EventArgs e)
        {
            dataGridView1.Focus();
            DataSet ds = MaterialAction.GetMaterialList(GetObjectMaterial());
            this.dataGridView1.DataSource = ds.Tables.Count > 0 ? ds.Tables[0]:null;
            this.dataGridView1.SelectionMode = DataGridViewSelectionMode.FullRowSelect;
            this.dataGridView1.MultiSelect = false;
        }
```

(3) 双击"添加"按钮,添加如下程序:

```csharp
private void btn_Add_Click(object sender, EventArgs e)
        {
                FormAddWZ addForm = new FormAddWZ();
                addForm.FormClosed += UserControl_DataBase_WZ_Load;
                addForm.ShowDialog();
        }
```

（4）双击"删除"按钮，添加如下程序：

```csharp
private void btn_Del_Click(object sender, EventArgs e)
        {
                if (this.dataGridView1.SelectedRows.Count == 0)
                {
                    MessageBox.Show("请先选择要删除的物资信息");
                    return;
                }
                DataGridViewRow dr = this.dataGridView1.SelectedRows[0];
                List < Business_Material > list = MaterialAction.GetBusiness_Material(dr.Cells["MaterialID"].Value.ToString());
                if (list.Count > 0)
                {
                    MessageBox.Show("该类型正在使用", "删除失败");
                }
                else
                {
                      if (MaterialAction.OnDelMaterial(dr.Cells["MaterialID"].Value.ToString()))
                    {
                        MessageBox.Show("删除成功!");
                        btn_Query_Click(sender, e);
                    }
                }
        }
```

（5）双击"修改"按钮，添加如下程序：

```csharp
private void btn_Modify_Click(object sender, EventArgs e)
        {
                if (this.dataGridView1.SelectedRows.Count == 0) {
                    MessageBox.Show("请先选择要修改的物资信息");
                    return;
                }
                DataGridViewRow dr = this.dataGridView1.SelectedRows[0];
                FormAddWZ addForm = new FormAddWZ(dr.Cells["MaterialID"].Value.ToString());
                addForm.FormClosed += UserControl_DataBase_WZ_Load;
                addForm.ShowDialog();
        }
```

（6）界面下的其他补充程序如下：

```
private SYS_Material GetObjectMaterial()
        {
            SYS_Material obj = new SYS_Material();
            obj.CategoryID = wzLX.SelectedValue.ToString();
            obj.MaterialID = wzBM.Text.Trim();
            obj.MaterialName = wzName.Text.Trim();
            obj.MaterialModel = wzXH.Text.Trim();
            return obj;
        }
```

2．添加物资

在项目 WarehouseManageSys 中添加窗体，将名称设置为 FormAddWZ，界面如图 16-11 所示，由 Label 控件、Button 控件和 TextBox 控件组成。

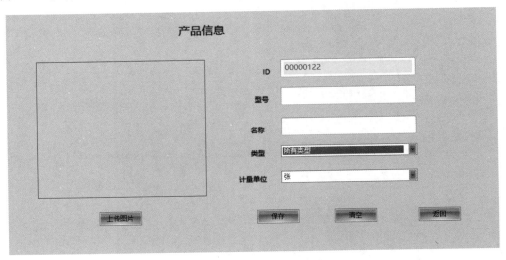

图 16-11　添加物资界面

将控件添加完成之后，需要进行如下设置步骤：
（1）将 ID 的 TextBox 控件的 Name 属性改为 idTXT。
（2）将"型号"的 TextBox 控件的 Name 属性改为 xhTXT。
（3）将"名称"的 TextBox 控件的 Name 属性改为 nameTXT。
（4）将"类型"的 ComboBox 控件的 Name 属性改为 lxCom。
（5）将"计量单位"的 ComboBox 控件的 Name 属性改为 jldwCom。
（6）将"保存"按钮控件的 Name 属性改为 btn_Save，Text 改为"保存"。
（7）将"清空"按钮控件的 Name 属性改为 btnReset，Text 改为"清空"。
（8）将"返回"按钮控件的 Name 属性改为 btnGoBack，Text 改为"返回"。
界面设计完成之后，进行如下步骤。
（1）双击界面空白处，添加如下程序：

```
        string image = "";
            private void FormAddWZLX_Load(object sender, EventArgs e)
            {
                this.lxCom.DataSource = MaterialCategoryAction.GetSYS_Material_CategoryList();
                this.lxCom.DisplayMember = "CategoryName";
                this.lxCom.ValueMember = "CategoryID";
                this.jldwCom.DataSource = MeasurementUnitAction.GetMeasurementUnitList();
                this.jldwCom.DisplayMember = "Name";
                this.jldwCom.ValueMember = "ID";
                if (string.IsNullOrEmpty(ID))
                {
                    this.idTXT.Text = MaterialAction.GetMaterialID();
                }
                else
                {

                    btnReset.Visible = false;
                    SetFormValue(ID);
                }
            }
    private void SetFormValue(string id)
            {
                SYS_Material obj = MaterialAction.GetObject(id);
                lxCom.SelectedValue = obj.CategoryID;
                idTXT.Text = obj.MaterialID;
                nameTXT.Text = obj.MaterialName;
                xhTXT.Text = obj.MaterialModel.Trim();
                jldwCom.SelectedValue = obj.MeasurementUnitID;
                image = obj.MaterialNo;
                this.pictureBox1.ImageLocation = SysFun.GetImage(obj.MaterialNo);

            }
```

（2）双击"保存"按钮，添加如下程序：

```
private void btn_Save_Click(object sender, EventArgs e)
            {
                DialogResult dir = DialogResult.OK;
                if (string.IsNullOrEmpty(ID) && !MaterialAction.CheckMaterialByModel(xhTXT.Text.Trim()))
                {
                    dir = MessageBox.Show("同一型号的产品已经存在!确定要重复添加吗?","提示信息", MessageBoxButtons.OKCancel);
                }

                if (dir == DialogResult.OK)
                {
```

```csharp
                    SYS_Material obj = GetObjectMaterial();
                    if (pictureBox1.ImageLocation != null && image != pictureBox1.ImageLocation.Substring(pictureBox1.ImageLocation.LastIndexOf('/') + 1))
                    {
                        obj.MaterialNo = DateTime.Now.ToString("yyyy-MM-dd-HHmmss") + ".jpg";
                        string fileName = obj.MaterialNo;
                        if (SysFun.SaveImage(fileName, pictureBox1.ImageLocation))
                        {

                        }
                        else
                        {
                            MessageBox.Show("上传图片失败!");
                            return;
                        }
                    }
                    bool re = MaterialAction.OnSaveMaterial(obj);
                    if (re)
                    {
                        MessageBox.Show(string.IsNullOrEmpty(ID) ? "添加成功!" : "修改成功");
                        this.Close();
                    }
                }
            }
```

(3) 双击"清空"按钮,添加如下程序：

```csharp
private void btnReset_Click(object sender, EventArgs e)
        {
            nameTXT.ReSetText();
            xhTXT.ResetText();
            lxCom.SelectedValue = " ";
            jldwCom.SelectedIndex = 0;
        }
```

(4) 双击"返回"按钮,添加如下程序：

```csharp
private void btnGoBack_Click(object sender, EventArgs e)
        {
            this.Close();
        }
```

(5) 该界面的其他补充程序如下：

```csharp
public FormAddWZ(string id)
        {
            InitializeComponent();
```

```
            ID = id;
        }
private SYS_Material GetObjectMaterial()
        {
            SYS_Material obj = new SYS_Material();
            obj.CategoryID = lxCom.SelectedValue.ToString();
            obj.MaterialID = idTXT.Text.Trim();
            obj.MaterialName = nameTXT.Text.Trim();
            obj.MaterialModel = xhTXT.Text.Trim();
            obj.MeasurementUnitID = jldwCom.SelectedValue.ToString();
            return obj;
        }

        private void SetFormValue(string id)
        {
            SYS_Material obj = MaterialAction.GetObject(id);
            lxCom.SelectedValue = obj.CategoryID;
            idTXT.Text = obj.MaterialID;
            nameTXT.Text = obj.MaterialName;
            xhTXT.Text = obj.MaterialModel.Trim();
            jldwCom.SelectedValue = obj.MeasurementUnitID;
            image = obj.MaterialNo;
            this.pictureBox1.ImageLocation = System.Environment.CurrentDirectory + @"/
image/" + obj.MaterialNo;
        }
```

16.5.3　计量单位

在项目 WarehouseManageSys 中添加窗体，将名称设置为 FormAddZL，界面如图 16-12 所示，由 Label 控件、Button 控件和 TextBox 控件组成。

图 16-12　计量单位界面

界面设计完成之后,进行如下步骤。

(1) 双击界面空白处,添加如下程序:

```csharp
private void FormAddZL_Load(object sender, EventArgs e)
        {
            textBox2.Text = "";
            MaterialBLL nmb = new MaterialBLL();
            textBox1.Text = nmb.GetMmu();
            dataGridView1.DataSource = MeasurementUnitAction.GetMeasurementUnitList();
            this.dataGridView1.SelectionMode = DataGridViewSelectionMode.FullRowSelect;
            dataGridView1.Columns[2].Visible = false;
            textBox2.TextChanged += button3_Click;
        }
```

(2) 双击"保存"按钮,添加如下程序:

```csharp
private void button1_Click(object sender, EventArgs e)
        {
            if (string.IsNullOrEmpty(textBox1.Text)||string.IsNullOrEmpty(textBox2.Text))
            {
                MessageBox.Show("请把信息补充完整!");
            }
            else
            {
                SYS_MeasurementUnit obj = GetObjectUnit();
                List<SYS_MeasurementUnit> list = MeasurementUnitAction.Addlist(obj.Name);
                if (list.Count > 0)
                {
                    MessageBox.Show("该单位已保存!");
                }
                else
                {
                    bool re = MeasurementUnitAction.OnSaveUnit(obj);
                    if (re)
                        MessageBox.Show("保存成功");
                    else
                        MessageBox.Show("修改成功");
                }
            }
            FormAddZL_Load(sender, e);
        }
```

(3) 双击"删除"按钮,添加如下程序:

```csharp
private void button4_Click(object sender, EventArgs e)
        {
```

```csharp
            if (this.dataGridView1.SelectedRows.Count == 0)
            {
                MessageBox.Show("请先选择要删除的单位信息");
                return;
            }
            DataGridViewRow dr = this.dataGridView1.SelectedRows[0];
            List<SYS_Material> list = MeasurementUnitAction.GetSYS_Material(dr.Cells["ID"].Value.ToString());
            if (list.Count > 0)
            {
                MessageBox.Show("该单位正在使用", "删除失败");
            }
            else
            {
                if (MeasurementUnitAction.OnDelUnit(dr.Cells["ID"].Value.ToString()))
                {
                    MessageBox.Show("删除成功!");
                    FormAddZL_Load(sender, e);
                }
            }
        }
```

（4）双击"查询"按钮，添加如下程序：

```csharp
private void button3_Click(object sender, EventArgs e)
        {
            dataGridView1.DataSource = MeasurementUnitAction.GetList(GetObject());
            this.dataGridView1.SelectionMode = DataGridViewSelectionMode.FullRowSelect;
            this.dataGridView1.MultiSelect = false;
        }
```

（5）双击"返回"按钮，添加如下程序：

```csharp
private void btnGoBack_Click(object sender, EventArgs e)
        {
            this.Close();
        }
```

（6）该界面的其他补充程序如下：

```csharp
private SYS_MeasurementUnit GetObjectUnit()
        {
            SYS_MeasurementUnit obj = new SYS_MeasurementUnit();
            obj.ID = textBox1.Text.Trim();
            obj.Name = textBox2.Text.Trim();
            return obj;
        }
```

```
private SYS_MeasurementUnit GetObject()
{
    SYS_MeasurementUnit obj = new SYS_MeasurementUnit();
    obj.Name = textBox2.Text.Trim();
    return obj;
}
```

16.6 主要业务

在项目 WarehouseManageSys 中添加用户控件,将名称设置为 UserControl_Business。设计界面如图 16-13 所示。

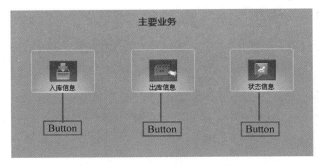

图 16-13　UserControl_Business 界面

将控件添加完成之后,需要进行如下设置步骤:
(1) 将"入库信息"按钮控件的 Name 属性改为 btnEquip,Text 改为"入库信息"。
(2) 将"出库信息"按钮控件的 Name 属性改为 btnAllocate,Text 改为"出库信息"。
(3) 将"状态信息"按钮控件的 Name 属性改为 btnState,Text 改为"状态信息"。
界面设计完成之后,进行如下步骤。
(1) 双击"入库信息"按钮,添加如下程序:

```
private void btnEquip_Click(object sender, EventArgs e)
    {
        if (onChangeUserControl_Clicked != null)
        {
            onChangeUserControl_Clicked("UserControl_BusinessEquip");
        }
    }
```

(2) 双击"出库信息"按钮,添加如下程序:

```
private void btnAllocate_Click(object sender, EventArgs e)
    {
        if (onChangeUserControl_Clicked != null)
        {
```

```
                onChangeUserControl_Clicked("UserControl_BusinessAllocate");
            }
        }
```

(3) 双击"状态信息"按钮,添加如下程序:

```
private void btnState_Click(object sender, EventArgs e)
        {
            if (onChangeUserControl_Clicked != null)
            {
                onChangeUserControl_Clicked("UserControl_BusinessState");
            }
        }
```

16.6.1 入库信息

1. 入库信息管理

在项目 WarehouseManageSys 中添加用户控件,将名称设置为 UserControl_BusinessEquip,界面如图 16-14 所示。界面中包含 Label 控件、TextBox 控件、3 个 Button 控件,还包含一个 DataGridView 控件。

图 16-14 入库信息管理界面

将控件添加完成之后,需要进行如下设置步骤:
(1) 将"产品名称"TextBox 控件的 Name 属性改为 zbTXT。
(2) 将"查询"按钮控件的 Name 属性改为 btn_Query,Text 改为"查询"。
(3) 将"添加"按钮控件的 Name 属性改为 btn_Add,Text 改为"添加"。
(4) 将"修改"按钮控件的 Name 属性改为 btn_Modify,Text 改为"修改"。
界面设计完成之后,进行如下步骤。

(1) 双击界面空白处，添加如下程序：

```csharp
private JObject GetJObject() {
    JObject obj = new JObject();
    obj.Add("MaterialName", zbTXT.Text.Trim());
    return obj;
}
private void UserControl_BusinessEquip_Load(object sender, EventArgs e)
{
    btn_Del.Visible = false;
    btn_Query_Click(sender, e);
    this.dataGridView1.SelectionMode = DataGridViewSelectionMode.FullRowSelect;
    this.dataGridView1.MultiSelect = false;
    zbTXT.SkinTxt.TextChanged += btn_Query_Click;
}
```

(2) 双击"查询"按钮，添加如下程序：

```csharp
public void btn_Query_Click(object sender, EventArgs e)
{
    DataSet ds = BusinessEquipAction.GetBusiness_InStoreList(GetJObject());
    this.dataGridView1.DataSource = ds.Tables[0];
}
```

(3) 双击"添加"按钮，添加如下程序：

```csharp
private void btn_Add_Click(object sender, EventArgs e)
{
    FormAddEquip fae = new FormAddEquip();
    fae.FormClosed += btn_Query_Click;
    fae.ShowDialog();
}
```

(4) 双击"修改"按钮，添加如下程序：

```csharp
private void btn_Modify_Click(object sender, EventArgs e)
{
    if (this.dataGridView1.SelectedRows.Count == 0)
    {
        MessageBox.Show("请先选择要修改的入库信息");
        return;
    }
    DataGridViewRow dr = this.dataGridView1.SelectedRows[0];
    FormAddEquip addForm = new FormAddEquip(dr.Cells["ID"].Value.ToString());
    addForm.FormClosed += btn_Query_Click;
    addForm.ShowDialog();
}
```

2. 添加入库信息

在项目 WarehouseManageSys 中添加窗体，将名称设置为 FormAddEquip，界面如图 16-15 所示，由 Label 控件、Button 控件和 TextBox 控件组成。

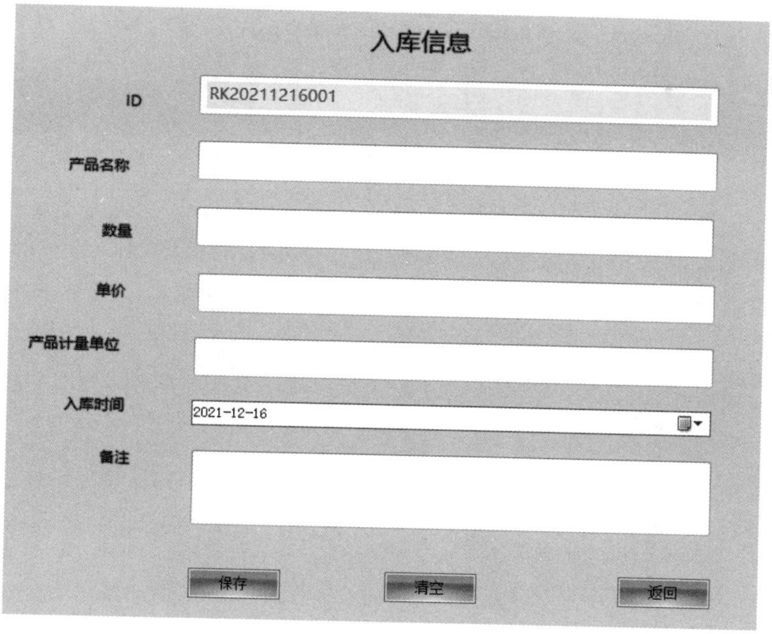

图 16-15　添加物资界面

将控件添加完成之后，需要进行如下设置步骤：
(1) 将 ID 的 TextBox 控件的 Name 属性改为 idTXT。
(2) 将"产品名称"的 TextBox 控件的 Name 属性改为 nameTXT。
(3) 将"数量"的 TextBox 控件的 Name 属性改为 numTXT。
(4) 将"单价"的 TextBox 控件的 Name 属性改为 skinTextBox1。
(5) 将"产品计量单位"的 TextBox 控件的 Name 属性改为 jldwTXT。
(6) 将"入库时间"的 DataTimePicker 控件的 Name 属性改为 dtp_pbsj。
(7) 将"备注"的 TextBox 控件的 Name 属性改为 memoTXT。
(8) 将"保存"按钮控件的 Name 属性改为 btn_Save，Text 改为"保存"。
(9) 将"清空"按钮控件的 Name 属性改为 btnReset，Text 改为"清空"。
(10) 将"返回"按钮控件的 Name 属性改为 btnGoBack，Text 改为"返回"。

界面设计完成之后，进行如下步骤。
(1) 双击界面空白处，添加如下程序：

```
public FormAddEquip(string id)
        {
            InitializeComponent();
            ID = id;
        }
        string ID = "";
```

```csharp
private void FormAddDW_Load(object sender, EventArgs e)
{
    dtp_pbsj.Format = DateTimePickerFormat.Custom;
    dtp_pbsj.CustomFormat = "yyyy-MM-dd";
    this.dtp_pbsj.MaxDate = DateTime.Now;
    this.nameTXT.SkinTxt.MouseClick += nameTXT_DoubleClick;
    if (string.IsNullOrEmpty(ID))
    {
        this.idTXT.Text = BusinessEquipAction.GetBusinessEquipID();
    }
    else
    {
        btnReset.Visible = false;
        this.btn_Save.Visible = false;
        SetFormValue(ID);
    }
}

private string MaterialID = "";

private string BMID = "";
private Business_InStore GetBusiness_InStore()
{
    Business_InStore obj = new Business_InStore();
    obj.ID = idTXT.Text.Trim();
    obj.MaterialID = MaterialID;
    obj.num = Convert.ToInt32(numTXT.Text.Trim());
    obj.EquipTime = Convert.ToDateTime(dtp_pbsj.Text);
    obj.Reason = memoTXT.Text;
    obj.Price = Convert.ToDecimal(skinTextBox1.Text.Trim());
    return obj;
}
private Business_Material GetBusiness_Material()
{
    Business_Material obj = new Business_Material();
    obj.MaterialID = MaterialID;
    obj.num = Convert.ToInt32(numTXT.Text.Trim());
    obj.Memo = memoTXT.Text.Trim();
    return obj;
}
private void SetFormValue(string id)
{
    Business_InStore obj = BusinessEquipAction.GetObject(id);
    idTXT.Text = obj.ID;
    BMID = obj.MaterialID;
    MaterialID = obj.Business_Material.MaterialID;
```

```
                nameTXT.Text = obj.Business_Material.SYS_Material.MaterialModel == null ? "" :
obj.Business_Material.SYS_Material.MaterialModel + "/" + (obj.Business_Material.SYS_Material.
MaterialName == null ? "" :
obj.Business_Material.SYS_Material.MaterialName);
                numTXT.Text = obj.num.ToString();
                jldwTXT.Text = obj.Business_Material.SYS_Material.SYS_MeasurementUnit.Name;
                memoTXT.Text = obj.Business_Material.Memo;
                dtp_pbsj.Text = obj.EquipTime.ToString();
            }
```

(2) 双击"保存"按钮,添加如下程序:

```
private void btn_Save_Click(object sender, EventArgs e)
        {
            MessageBoxForm mbf = new MessageBoxForm();
            DialogResult re = mbf.ShowMessageDialog(new MessageBoxArgs(this, "请核对入库信息,保存之后不可修改!", "确认", MessageBoxButtons.OKCancel, null, MessageBoxDefaultButton.Button2));
            if (re == DialogResult.OK)
            {
                Business_InStore obj = GetBusiness_InStore();
                if (BusinessEquipAction.OnSaveBusinessEquip(obj, GetBusiness_Material()))
                {
                    MessageBox.Show("添加成功!");
                    this.Close();
                }
            }
        }
```

(3) 双击"清空"按钮,添加如下程序:

```
private void btnReset_Click (object sender, EventArgs e)
        {
            jldwTXT.ResetText();
            nameTXT.ResetText();
        }
```

(4) 双击"返回"按钮,添加如下程序:

```
private void btnGoBack_Click(object sender, EventArgs e)
        {
            this.Close();
        }
```

16.6.2 出库信息

1. 出库信息管理

在项目 WarehouseManageSys 中添加用户控件,将名称设置为 UserControl_BusinessAllocate,界面如图 16-16 所示。界面中包含 Label 控件、TextBox 控件、3 个 Button 控件,还包含一

个 DataGridView 控件。

图 16-16 出库信息管理界面

将控件添加完成之后,需要进行如下设置步骤:
(1) 将"产品名称"TextBox 控件的 Name 属性改为 zbTXT。
(2) 将"查询"按钮控件的 Name 属性改为 btn_Query,Text 改为"查询"。
(3) 将"添加"按钮控件的 Name 属性改为 btn_Add,Text 改为"添加"。
(4) 将"修改"按钮控件的 Name 属性改为 btn_Modify,Text 改为"修改"。
界面设计完成之后,进行如下步骤。
(1) 双击界面空白处,添加如下程序:

```
private JObject GetJObject() {
        JObject obj = new JObject();
        obj.Add("MaterialName", zbTXT.Text.Trim());
        return obj;
    }

    private void UserControl_BusinessAllocate_Load(object sender, EventArgs e)
    {
        this.dataGridView1.SelectionMode = DataGridViewSelectionMode.FullRowSelect;
        this.dataGridView1.MultiSelect = false;
        zbTXT.SkinTxt.TextChanged += btn_Query_Click;
        btn_Query_Click(sender, e);
    }
```

(2) 双击"查询"按钮,添加如下程序:

```
public void btn_Query_Click(object sender, EventArgs e)
        {
```

```csharp
            DataSet ds = BusinessAllocateAction.GetBusiness_OutStoreList(GetJObject());
            this.dataGridView1.DataSource = ds.Tables[0];
        }
```

（3）双击"添加"按钮，添加如下程序：

```csharp
private void btn_Add_Click(object sender, EventArgs e)
        {
            FormAddAllocate fae = new FormAddAllocate();
            fae.FormClosed += btn_Query_Click;
            fae.ShowDialog();
        }
```

（4）双击"修改"按钮，添加如下程序：

```csharp
private void btn_Modify_Click(object sender, EventArgs e)
        {

            if (this.dataGridView1.SelectedRows.Count == 0)
            {
                MessageBox.Show("请先选择要修改的出库信息");
                return;
            }
            DataGridViewRow dr = this.dataGridView1.SelectedRows[0];
            FormAddAllocate addForm = new FormAddAllocate(dr.Cells["ID"].Value.ToString());
            addForm.FormClosed += btn_Query_Click;
            addForm.ShowDialog();
        }
```

2．添加出库信息

在项目 WarehouseManageSys 中添加窗体，将名称设置为 FormAddAllocate，界面如图 16-17 所示，由 Label 控件、Button 控件和 TextBox 控件组成。

将控件添加完成之后，需要进行如下设置步骤：

（1）将 ID 的 TextBox 控件的 Name 属性改为 idTXT。
（2）将"产品名称"的 TextBox 控件的 Name 属性改为 nameTXT。
（3）将"出库数量"的 TextBox 控件的 Name 属性改为 numTXT。
（4）将"计量单位"的 TextBox 控件的 Name 属性改为 jldwTXT。
（5）将"出库时间"的 DataTimePicker 控件的 Name 属性改为 tpsjTXT。
（6）将"备注"的 TextBox 控件的 Name 属性改为 txtMemo。
（7）将"保存"按钮控件的 Name 属性改为 btn_Save，Text 改为"保存"。
（8）将"清空"按钮控件的 Name 属性改为 btnReset，Text 改为"清空"。
（9）将"返回"按钮控件的 Name 属性改为 btnGoBack，Text 改为"返回"。

界面设计完成之后，进行如下步骤。

（1）双击界面空白处，添加如下程序：

图 16-17　出库信息界面

```
public FormAddAllocate(string id)
{
    InitializeComponent();
    ID = id;
}
string ID = "";
string MaterialID = "";
int num;
private void FormAddAllocate_Load(object sender, EventArgs e)
{
    tpsjTXT.Format = DateTimePickerFormat.Custom;
    tpsjTXT.CustomFormat = "yyyy-MM-dd";
    this.nameTXT.SkinTxt.MouseClick += nameTXT_DoubleClick;
    if (string.IsNullOrEmpty(ID))
    {
        this.idTXT.Text = BusinessAllocateAction.GetBusinessAllocateID();
    }
    else
    {
        btnReset.Visible = false;
        this.btn_Save.Visible = false;
        SetFormValue(ID);
    }
}

private Business_OutStore GetBusiness_OutStore()
{
```

```csharp
            Business_OutStore obj = new Business_OutStore();
            obj.ID = idTXT.Text.Trim();
            obj.Num = Convert.ToInt32(numTXT.Text.Trim());
            obj.Memo = txtMemo.Text.Trim();
            obj.AllocateTime = tpsjTXT.Value == null ? DateTime.Now: tpsjTXT.Value;
            return obj;
        }

        private void SetFormValue(string id)
        {
            Business_OutStore obj = BusinessAllocateAction.GetObject(id);
            idTXT.Text = obj.ID;
            // uIn = obj.SYS_Unit1;
            //uOut = obj.SYS_Unit;
            num = obj.Business_Material.num == null ? 0 : (int)(obj.Business_Material.num + obj.Num);
            //equip = obj.Business_InStore;
            nameTXT.Text = (obj.Business_Material.SYS_Material.MaterialModel == null
? "" : obj.Business_Material.SYS_Material.MaterialModel) + "/" + obj.Business_Material.SYS_Material.MaterialName;
            numTXT.Text = obj.Num.ToString();
            jldwTXT.Text = obj.Business_Material.SYS_Material.SYS_MeasurementUnit.Name;
            MaterialID = obj.Business_Material.ID;
            equip.MaterialID = obj.Business_Material == null ?null:obj.Business_Material.MaterialID;
            tpsjTXT.Text = obj.AllocateTime.ToString();
            txtMemo.Text = obj.Memo;
        }
        private bool CheckForm() {
            if (string.IsNullOrEmpty(nameTXT.Text.Trim()))
            {
                MessageBox.Show("请选择产品名称!");
                return false;
            }
            return true;
        }
```

（2）双击"保存"按钮，添加如下程序：

```csharp
private void btn_Save_Click(object sender, EventArgs e)
        {
            if (!CheckForm()) return;
            MessageBoxForm mbf = new MessageBoxForm();
            DialogResult re = mbf.ShowMessageBoxDialog(new MessageBoxArgs(this, "请核对出库信息,保存之后不可修改?", "确认", MessageBoxButtons.OKCancel, null, MessageBoxDefaultButton.Button2));
            if (re == DialogResult.OK)
            {
```

```csharp
        if (equip.ID == null && !string.IsNullOrEmpty(MaterialID))
        {
            equip.ID = MaterialID;
            equip.num = num;
        }
        Business_OutStore obj = GetBusiness_OutStore();
        if (!checkNum())
        {
            return;
        }
        if (BusinessAllocateAction.OnSaveBusinessAllocate(obj, equip))
        {
            MessageBox.Show("添加成功!");
            this.Close();
        }
    }
}
```

(3) 双击"清空"按钮,添加如下程序:

```csharp
private void btnReset_Click (object sender, EventArgs e)
        {
            jldwTXT.ResetText();
            nameTXT.ResetText();
        }
```

(4) 双击"返回"按钮,添加如下程序:

```csharp
private void btnGoBack_Click(object sender, EventArgs e)
        {
            this.Close();
        }
```

16.6.3 状态信息

1. 状态信息管理

在项目 WarehouseManageSys 中添加用户控件,将名称设置为 UserControl_BusinessState,界面如图 16-18 所示。界面中包含 Label 控件、TextBox 控件、四个 Button 控件,还包含一个 DataGridView 控件。

将控件添加完成之后,需要进行如下设置步骤:
(1) 将"产品名称"TextBox 控件的 Name 属性改为 zbTXT。
(2) 将"查询"按钮控件的 Name 属性改为 btn_Query,Text 改为"查询"。
(3) 将"添加"按钮控件的 Name 属性改为 btn_Add,Text 改为"添加"。
(4) 将"修改"按钮控件的 Name 属性改为 btn_Modify,Text 改为"修改"。
(5) 将"删除"按钮控件的 Name 属性改为 btn_Del,Text 改为"删除"。
界面设计完成之后,进行如下步骤。

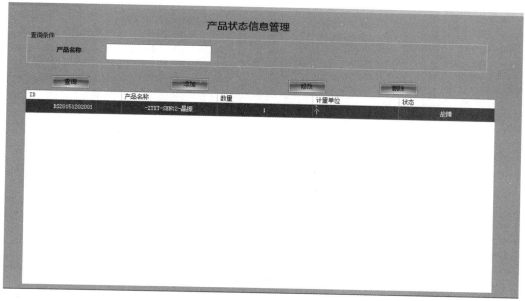

图 16-18 状态信息管理界面

(1)双击界面空白处,添加如下程序:

```
private JObject GetJObject() {
    JObject obj = new JObject();
    obj.Add("MaterialName", zbTXT.Text.Trim());
    return obj;
}
private void UserControl_BusinessState_Load(object sender, EventArgs e)
{
    btn_Query_Click(sender,e);
    this.dataGridView1.SelectionMode = DataGridViewSelectionMode.FullRowSelect;
    this.dataGridView1.MultiSelect = false;
    zbTXT.SkinTxt.TextChanged += btn_Query_Click;
    this.dataGridView1.DataSource = BusinessStateAction.GetBusiness_StateList(GetJObject());
}
```

(2)双击"查询"按钮,添加如下程序:

```
public void btn_Query_Click(object sender, EventArgs e)
{
    this.dataGridView1.DataSource = BusinessStateAction.GetBusiness_StateList(GetJObject());
}
```

(3)双击"添加"按钮,添加如下程序:

```csharp
private void btn_Add_Click(object sender, EventArgs e)
        {
            FormAddState fae = new FormAddState();
            fae.FormClosed += btn_Query_Click;
            fae.ShowDialog();
        }
```

(4) 双击"删除"按钮，添加如下程序：

```csharp
private void btn_Del_Click(object sender, EventArgs e)
        {
            if (this.dataGridView1.SelectedRows.Count == 0)
            {
                MessageBox.Show("请先选择要删除的产品状态信息");
                return;
            }
            DataGridViewRow dr = this.dataGridView1.SelectedRows[0];
            if(BusinessEquipAction.OnDelect(dr.Cells["ID"].Value.ToString())){
                MessageBox.Show("删除成功!");
            }else{
                MessageBox.Show("删除失败");
            }        }
```

(5) 双击"修改"按钮，添加如下程序：

```csharp
private void btn_Modify_Click(object sender, EventArgs e)
        {
            if (this.dataGridView1.SelectedRows.Count == 0)
            {
                MessageBox.Show("请先选择要修改的产品状态信息");
                return;
            }
            DataGridViewRow dr = this.dataGridView1.SelectedRows[0];
            FormAddState addForm = new FormAddState(dr.Cells["ID"].Value.ToString());
            addForm.FormClosed += btn_Query_Click;
            addForm.ShowDialog();            }
```

2. 添加状态信息

在项目 WarehouseManageSys 中添加窗体，将名称设置为 FormAddState，界面如图 16-19 所示，由 Label 控件、Button 控件和 TextBox 控件组成。

将控件添加完成之后，需要进行如下设置步骤：

(1) 将 ID 的 TextBox 控件的 Name 属性改为 idTXT。
(2) 将"数量"的 TextBox 控件的 Name 属性改为 numTXT。
(3) 将"产品名称"的 TextBox 控件的 Name 属性改为 nameTXT。
(4) 将"计量单位"的 TextBox 控件的 Name 属性改为 jldwTXT。
(5) 将"录入时间"的 DataTimePicker 控件的 Name 属性改为 lrsjTXT。

第16章 综合案例：天信通云仓管理系统

图 16-19 添加产品状态信息界面

(6) 将"技术状态"的 ComboBox 控件的 Name 属性改为 zt。
(7) 将"保存"按钮控件的 Name 属性改为 btn_Save，Text 改为"保存"。
(8) 将"返回"按钮控件的 Name 属性改为 btnGoBack，Text 改为"返回"。
界面设计完成之后，进行如下步骤。
(1) 双击界面空白处，添加如下程序：

```
public FormAddState(string id)
    {
        InitializeComponent();
        ID = id;
    }
    string ID = "";
    string MaterialOutID = "";
    int num;
    private void FormAddState_Load(object sender, EventArgs e)
    {
        this.nameTXT.SkinTxt.MouseClick += nameTXT_DoubleClick;

        jldwTXT.Enabled = false;
        if (string.IsNullOrEmpty(ID))
        {
            this.idTXT.Text = BusinessStateAction.GetBusinessStateID();
            zt.SelectedIndex = 0;
        }
        else
        {
            btnReset.Visible = false;
            SetFormValue(ID);
        }
    }
    private string unitID = "";
    private Business_State GetBusiness_State()
```

```csharp
            {
                Business_State obj = new Business_State();
                obj.ID = idTXT.Text.Trim();
                obj.EquipID = equip.ID;
                obj.num = Convert.ToInt32(numTXT.Text.Trim());
                obj.EState = zt.SelectedItem.ToString();
                obj.CreateDate = lrsjTXT.Value;
                return obj;
            }
            private void SetFormValue(string id)
            {
                Business_State obj = BusinessStateAction.GetObject(id);
                idTXT.Text = obj.ID;
                num = obj.Business_Material.num == null ? 0 : (int)(obj.Business_Material.num + obj.num);
                //equip = obj.Business_InStore;
                // unitTXT.Text = (obj.Business_Material.SYS_Unit.UnitNo == null ? "" :
                //obj.Business_Material.SYS_Unit.UnitNo) + "-" + (obj.Business_Material.SYS_Unit.UnitName
                // == null ? "" : obj.Business_Material.SYS_Unit.UnitName);
                nameTXT.Text = (obj.Business_Material.SYS_Material.MaterialModel == null
                ? "" : obj.Business_Material.SYS_Material.MaterialModel) + "/" + obj.Business_Material.SYS
                _Material.MaterialName;
                numTXT.Text = obj.num.ToString();
                jldwTXT.Text = obj.Business_Material.SYS_Material.SYS_MeasurementUnit.Name;
                equip.MaterialID = obj.Business_Material == null ?null:obj.Business_Material.MaterialID;
                MaterialOutID = obj.EquipID;
                zt.SelectedItem = obj.EState;
                lrsjTXT.Value = obj.CreateDate!= null?(DateTime)obj.CreateDate:DateTime.Now;
                //scsjTXT.Text = obj.Business_Material.ProduceDate.ToString();

            }
```

(2) 双击"保存"按钮,添加如下程序:

```csharp
private void btn_Save_Click(object sender, EventArgs e)
        {
            if (!CheckForm()) return;
            if (equip.ID == null && !string.IsNullOrEmpty(MaterialOutID))
            {
                equip.ID = MaterialOutID;
                equip.num = num;

            }
            Business_State obj = GetBusiness_State();
            if(!checkNum()){
                return;
```

```
            }
            if (BusinessStateAction.OnSaveBusinessState(obj))
            {
                MessageBox.Show("添加成功!");
                this.Close();
            }
        }
```

(3)双击"返回"按钮,添加如下程序:

```
private void btnGoBack_Click(object sender, EventArgs e)
        {
            this.Close();
        }
```

参 考 文 献

[1] 克利里.C#并发编程经典实例[M].2版.北京:人民邮电出版社,2020.
[2] 帕金斯.C#入门经典[M].北京:清华大学出版社,2019.
[3] 软件开发技术联盟.C#开发实例大全[M].北京:清华大学出版社,2016.
[4] 王先水,彭玉华,刘艳.C#语言程序设计教程[M].北京:清华大学出版社,2020.
[5] 明日科技.零基础学C#[M].长春:吉林大学出版社,2017.